Rare Earth Cerium-Based Materials for Environmental Catalysis

稀土铈基环境催化材料

董林　等编著

化学工业出版社
·北京·

内 容 简 介

本书简要介绍了稀土铈基催化材料的特征、应用背景及面临的挑战。重点阐述了该材料在大气污染催化控制中的工作原理及最新研究进展。此外，还介绍了稀土铈基材料在废水催化净化中的应用。本书包括 7 章，分别从稀土铈基材料的结构特征、材料合成、性质表征以及在氮氧化物、挥发性有机污染物、废水等催化控制体系中的应用等方面展开，力求系统、全面地介绍铈基催化材料在环境催化控制技术领域中的应用、研究进展和未来展望。

本书具有较强的理论性、系统性和专业性，对从事催化化学、环境科学与工程的科技人员具有参考价值。

图书在版编目（CIP）数据

稀土铈基环境催化材料 / 董林等编著. —北京：化学工业出版社，2022.8
ISBN 978-7-122-41369-7

Ⅰ. ①稀…　Ⅱ. ①董…　Ⅲ. ①铈基合金-金属材料-催化机理-研究　Ⅳ. ①TQ426.8

中国版本图书馆 CIP 数据核字（2022）第 077055 号

责任编辑：张　艳　于　岚　　文字编辑：郭丽芹　陈小滔
责任校对：李雨晴　　装帧设计：王晓宇

出版发行：化学工业出版社（北京市东城区青年湖南街 13 号　邮政编码 100011）
印　　装：北京虎彩文化传播有限公司
710mm×1000mm　1/16　印张 14¼　彩插 1　字数 241 千字　2023 年 3 月北京第 1 版第 1 次印刷

购书咨询：010-64518888　　售后服务：010-64518899
网　　址：http://www.cip.com.cn
凡购买本书，如有缺损质量问题，本社销售中心负责调换。

定　　价：128.00 元　

前言

我国的稀土总储量占世界总储量的五分之一以上，并以镧、铈等轻稀土矿为主。随着钆、钇等中、重稀土材料在永磁、冶金、荧光粉等领域的迅速发展，铈和镧等高丰度轻稀土元素的大量积压，造成稀土资源利用的严重失衡。因此，要实现稀土资源的高质、高效利用，解决好高丰度稀土元素（例如，铈）的利用问题十分重要。研究发现，铈元素由于其独特的4f电子层结构，是稀土元素中最活泼的金属，在化学反应过程中表现出良好的催化性能。因此，将铈用作催化材料是综合利用稀土资源的有效途径。本书系统地阐述了稀土铈基催化材料在大气、水污染控制领域中的应用，对于轻稀土资源的高质、高效利用及治理我国环境污染均有着重要意义。

本书从稀土铈基材料的结构特征出发，以催化控制主要大气污染物为研究对象，力求系统、全面地阐述铈基催化材料在大气污染物催化控制中的工作原理、研究方法和最新应用进展，此外还介绍了稀土铈基催化材料在废水催化净化中的应用。对于从事催化化学、环境科学与工程的科技人员及在校研究生有较好的参考价值。

全书共分7章。第1章概述，介绍了稀土元素的概念，氧化铈的晶体结构、酸碱性、储释氧性能，在几类大气污染物催化净化中的应用，并提出了氧化铈在催化材料领域的应用研究方向。第2章稀土铈基催化材料的制备，首先从铈盐在水中的解离络合和热分解化学两方面介绍稀土铈基催化材料制备的科学基础，接着详细介绍了纯CeO_2和复合CeO_2催化材料的制备方法，最后对稀土铈基催化材料的后处理制备做了简要介绍。第3章稀土铈基催化材料的表征方法，对影响该材料反应性能的储释氧能力、氧空位浓度及酸碱性等重要特征参数的表征方法进行了详细阐述，同时辅以实例，加深对催化剂“构效关系”的认识。第 4 章稀土铈基催化材料在移动源尾气催化消除中的基础应用，针对移动污染源的排放特点，重点探讨了稀土催化剂的组成、结构、性质之间的关系及其在该催化净化中的应用。第 5 章稀土铈基催化材料在固定源氮氧化物催化消除中的基础应用，介绍了固定源的 NO_x 排放情况及治理方法，总结了稀土铈基材料在 NH_3 选择性催化还原 NO_x 应用中的关于反应活性、反应机理及抗水、抗二氧化硫和抗碱中毒方面的研究进展。第 6 章稀土铈基催化材料在典型挥发性有机物催化消除中的基础应用，介绍了挥发性有机污染物去除技术、催化氧化机理、催化加氢脱氯机理、稀土铈基催化材料在有机废气催化净化中的应用。第 7 章稀土铈基催化材料在光催化消除污染物中的基础应用，从表面改性、离子掺杂以及形貌调变三个方面研究稀土铈基材料的光催化性能，介绍了该材料在光催化室内挥发性有机污染物、氮氧化物、废水净化中的应用。

本书主要由董林（南京大学）编著，其他参加编写的人员包括高飞（南京大学）、李露露（江苏科技大学）、汤常金（南京师范大学）、孙传智（山东师范大学）、孙敬方（南京大学）、万海勤（南京大学）、邹伟欣（南京大学）。各章节的执笔分工如下：第 1 章由董林、李露露共同撰写；第 2 章由董林、汤常金共同撰写；第 3 章由董林、孙敬方共同撰写；第 4 章由董林、高飞共同撰写；第 5 章由董林、孙传智共同撰写；第 6 章由董林、万海勤共同撰写；第 7 章由董林、邹伟欣共同撰写。

在本书的成稿过程中，虞硕涵、熊燕、张雷、姚小江、张洪亮、李婉芹等对本书的资料收集、内容修订、图表编辑和文献校对做了大量工作，并提出了不少宝贵意见；万海勤对本书的统稿做了大量工作，在此一并表示衷心感谢。

由于笔者水平所限，经验不足，书中难免有遗漏、偏颇之处，恳请读者提出批评和建议，以便再版时加以改进和完善。

编著者

2022 年 10 月

目录

第4章 稀土铈基催化材料在移动源尾气催化消除中的基础应用

第5章 稀土铈基催化材料在固定源氮氧化物催化消除中的基础应用

第6章 稀土铈基催化材料在典型挥发性有机物催化消除中的基础应用

161-190

第7章 稀土铈基催化材料在光催化消除污染物中的基础应用

191-215

第 1 章 概述

1.1 稀土元素简介

稀土元素是指元素周期表（见文前彩插）中第三副族（ⅢB），包括原子序数57～71的15个镧系元素——镧（La）、铈（Ce）、镨（Pr）、钕（Nd）、钷（Pm）、钐（Sm）、铕（Eu）、钆（Gd）、铽（Tb）、镝（Dy）、钬（Ho）、铒（Er）、铥（Tm）、镱（Yb）、镥（Lu），以及物理化学性质与镧系元素相似的21号元素钪（Sc）和39号元素钇（Y）共17个元素，常用符号“RE”或“R”表示。稀土一词是历史遗留下来的名称，因稀土金属最初是在稀有的氧化物共生矿中被发现的而得名。通常根据原子序数（或原子量）的大小，从镧（La）到铕（Eu）被归为轻稀土（或铈组稀土），从钆（Gd）到镥（Lu）加上钇（Y）被归为重稀土（或钇组稀土）；有时人们还把钐（Sm）到钆（Gd）几种元素称为中稀土。

稀土元素是元素周期表中开发较晚的一类元素，最早由芬兰科学家J. Gadolin在1794年发现第一个稀土元素钇（Y）。由于分离困难，直到1947年J.A. Marinsky等用人工方法从核反应堆中铀的分裂碎片中分离出最后一个稀土元素钷（Pm），人们对稀土元素的认识历经了近两个世纪。其实自然界中的稀土矿物并不稀少，稀土也不是土，而是典型的金属元素，其活泼性仅次于碱金属和碱土金属。稀土元素在自然界中广泛存在，其在地壳中的总含量为153g/t，约占地壳质量的0.016%，这个数值已经超过了常见金属锡（Sn）、锌（Zn）、钴（Co）、镍（Ni）等的含量[1]。其中丰度最大的铈（Ce）在地壳中占0.0046%，其次是钇（Y）、钕（Nd）和镧（La）等。不过，稀土矿常常以伴生矿存在于其他矿石之中，不易分离，如在我国最大的稀土矿山包头白云鄂博铁矿中就含有非常丰富的稀土工业矿物氟碳铈镧矿[2]。

稀土金属元素与其他金属元素在物理、化学性质上的区别是基于其原子和离子的电子结构不同，原子的核外电子排布及金属晶体的构型是研究稀土元素金属物理化学性质的重要参数，稀土元素原子的电子层结构和半径如表1-1所示[3]。

表1-1 稀土元素原子的电子层结构和半径

原子序数	元素名称	元素符号	电子构型		原子半径/pm	离子半径(+3)/pm
			0	+3		
21	钪	Sc	$[Ar]3d^1 4s^2$	[Ar]	164.0	73.0
39	钇	Y	$[Kr]4d^1 5s^2$	[Kr]	189.0	89.0

续表

原子序数	元素名称	元素符号	电子构型		原子半径/pm	离子半径(+3)/pm
			0	+3		
57	镧	La	$[Xe]5d^16s^2$	$[Xe]4f^0$	187.7	106.1
58	铈	Ce	$[Xe]4f^15d^16s^2$	$[Xe]4f^1$	182.4	103.4
59	镨	Pr	$[Xe]4f^36s^2$	$[Xe]4f^2$	182.6	101.3
60	钕	Nd	$[Xe]4f^46s^2$	$[Xe]4f^3$	182.1	99.5
61	钷	Pm	$[Xe]4f^56s^2$	$[Xe]4f^4$	181.0	97.9
62	钐	Sm	$[Xe]4f^66s^2$	$[Xe]4f^5$	180.2	96.4
63	铕	Eu	$[Xe]4f^76s^2$	$[Xe]4f^6$	204.2	95.0
64	钆	Gd	$[Xe]4f^75d^16s^2$	$[Xe]4f^7$	180.2	93.8
65	铽	Tb	$[Xe]4f^96s^2$	$[Xe]4f^8$	178.2	92.3
66	镝	Dy	$[Xe]4f^{10}6s^2$	$[Xe]4f^9$	177.3	90.8
67	钬	Ho	$[Xe]4f^{11}6s^2$	$[Xe]4f^{10}$	176 .6	89.4
68	铒	Er	$[Xe]4f^{12}6s^2$	$[Xe]4f^{11}$	175.7	88.1
69	铥	Tm	$[Xe]4f^{13}6s^2$	$[Xe]4f^{12}$	174.6	86.9
70	镱	Yb	$[Xe]4f^{14}6s^2$	$[Xe]4f^{13}$	194.0	85.8
71	镥	Lu	$[Xe]4f^{14}5d^16s^2$	$[Xe]4f^{14}$	173.4	84.8

注：$1pm=10^{-12}m$。

根据稀土元素的电子构型可知，稀土金属离子的外层 d、f 轨道未被填满，因此其电子具有较强的跃迁能力，失去少量电子后可以达到全空或者半充满的稳定构型。镧系元素最外两层的电子壳层基本相同，内层的 4f 轨道从镧（La）到镥（Lu）逐一得到填充，因而 $[Xe]4f^n5d^{0\sim1}6s^2$ 相同的外层电子决定了它们的共性。又由于镧系元素具有不同数目的 4f 电子，它们之间又产生了明显的个性，它们的三价离子的半径随着原子序数的增加而有规律地缩小（见表 1-1），这称为“镧系收缩”[4-6]。由于镧系收缩现象的存在，镧系元素的物理化学性质随着原子序数的增大而有规律地递变。例如，一些配体与镧系元素离子的配位能力随原子序数的增大呈递增趋势；金属离子的碱度随原子序数增大而减弱；氢氧化物开始沉淀的 pH 值随原子序数增大呈递减趋势等。镧系收缩后造成稀土元素间晶体化学性质相似，这就导致稀土元素在自然界经常共生，这也是镧系元素具有相近的地球化学性质和化学行为的一个主要原因。钪（Sc）和钇（Y）在化学元素周期表中与 15 个镧系元素同处于第ⅢB 族，它们的最外层电子的排列方式与镧系元素的最外层电子排列相似，因而导致它们的许多化学性质也与镧系元素相似。但钪（Sc）由于原子结构中没有 4f 电子，许多性能上不像钇（Y）那样相似于镧系元素，由于其离子半径小得多，因而与其他稀土元素的性能差异也比较大。稀土元素具有独特的 4f 电子结构、较大的原子磁矩、很强的自旋耦合等特性，这使它们与其他元素形成稀土配合物时，配位数可在 6～12 之间变化；并且稀土化合物的晶体结构多种多样，致使稀土元素及其化合物无论是在传统材料领域还是高技术新材料领域都有着极为广泛的应用，被人们称为新材料的"宝库"[7-9]。

稀土材料对我国的经济发展尤为重要，邓小平同志曾指出"中东有石油，中国有稀土"，可见稀土材料在我国的重要性。我国是世界上稀土矿产资源最丰富的国家，根据美国地质勘探局（United States Geological Survey，USGS）的统计，2017 年世界稀土储量（按氧化物计）为 12000 万吨，其中中国约为 4400 万吨，巴西、越南均为 2200 万吨，俄罗斯约为 1800 万吨。我国的稀土资源储量大，品种全，并以轻稀土矿为主，其中镧（La）、铈（Ce）等组分约占 60%以上。如我国的白云鄂博矿中轻稀土的含量就占到 79%左右，特别是铈（Ce）、钕（Nd）等元素含量丰富[10]。然而，随着稀土材料在永磁、冶金、荧光粉等领域的迅速发展，中、重稀土的用量不断增加，铈（Ce）和镧（La）等高丰度轻稀土元素则大量积压，造成我国稀土元素利用的严重不平衡。因此，要实现稀土资源的高质、高效利用，解决好高丰度稀土元素铈的利用问题至关重要。目前，稀土铈元素在磁性材料、发光、抛光、冶金、轻纺等多个领域均有涉及。研究发现，铈元素由于其独特的 4f 电子层结构（$4f^15d^16s^2$），是稀土金属中活泼性最高的金属，其在化学反应过程中表现出良好的助催化性能与功效。因此，将铈元素用作催化材料有利于实现稀土资源的高效优质综合利用。目前稀土铈基催化材料在消除大气分子污染物、挥发性有机物和降解水体污染物等环境污染治理方面都有着广泛的应用。

1.2 稀土氧化铈及其固溶体的结构

1.2.1 氧化铈的结构特征

铈，元素符号 Ce，原子序数 58，在地壳中的含量约为百万分之四十六，是地壳中丰度最高的稀土金属元素，甚至超过了常见的锡（百万分之二）的含量[11]。铈单质呈灰色，质地较软，具有延展性。Ce 元素的价电子层结构为 $4f^15d^16s^2$，通常能够显示+3 和+4 两种氧化价态，也就是说存在两种铈的氧化物——三氧化二铈（Ce_2O_3）和二氧化铈（CeO_2）。中间价态的氧化物的组成则是在 Ce_2O_3 和 CeO_2 之间。热力学数据显示（见表 1-2）[12]，金属 Ce 的化学性质很不稳定，因此在有氧或无氧的条件下，CeO_2 和 Ce_2O_3 两相之间的变化非常容易。因此，对于铈的氧化物，其最终的铈氧原子化学计量比的状态与化学环境中的温度和氧气分压的关系非常密切。常温常压下，CeO_2 是铈元素最稳定的氧化物。

表 1-2　Ce 氧化物的相关热力学数据

反应	$\Delta H_{298}^{\ominus}$/ (kJ/mol)	$\Delta G_{298}^{\ominus}$ /(kJ/mol)	$S_{298}^{\ominus}$/[J/(mol・K)]
$Ce+O_2 = CeO_2$	−1089	−1025	61.5
$2Ce+1.5O_2 = Ce_2O_3$	−1796	−1708	151
$CeO_{1.5}+0.25O_2 = CeO_2$	−191	−172	—

注：$\Delta H_{298}^{\ominus}$为物质的标准生成焓；$\Delta G_{298}^{\ominus}$为物质的标准生成 Gibbs 自由能；$S_{298}^{\ominus}$为物质的标准熵。

CeO_2 是一种淡黄色或黄褐色的疏松粉末［如图 1-1（a）］，密度为 7.13g/cm^3，熔点为 2600℃，具有强氧化性，通常以草酸铈或氢氧化铈为前体经焙烧制得。分子量为 172.12，不溶水和碱，微溶于酸。表 1-3 列出了一些纯化学计量 CeO_2 的性能参数[13]。CeO_2 作为铈元素的稳定氧化物，具有较好的稳定性，从室温到熔点的整个温度区间，CeO_2 均可以保持相似的晶体结构。

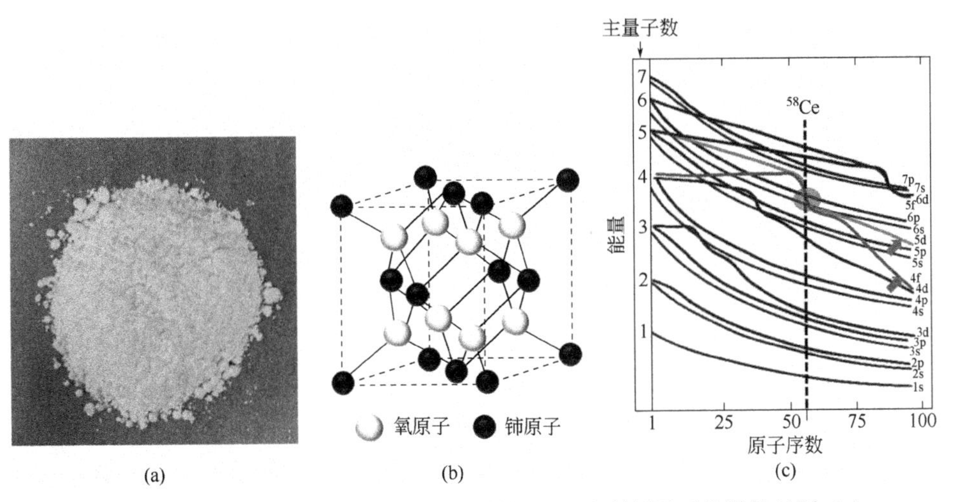

图 1-1　CeO_2 粉末（a）和 CeO_2 的晶体结构（b）和科顿原子轨道能级图（c）

表 1-3　纯化学计量 CeO_2 物理性质性能参数

性能	参数
密度/(g/cm^3)	7.22
熔点/(K)	2750（计算值）
比热容/[J/(kg·K)]	460（计算值）
热导率/[W/(m·K)]	12（计算值）
折射率	2.1 可见光（计算值）
	2.2 红外光（计算值）
相对介电常数(0.5～50MHz)	11
泊松比	0.3（计算值）
硬度	5～6
晶格常数/ nm	0.5411
电导率（298K）/（S/cm）	2.48×10^{-8}

纯二氧化铈（CeO_2）具有萤石晶体结构，同氟化钙矿物结构十分类似，为面心立方（face-centered cubic，FCC）晶体，晶体空间群为 *Fm3m*，晶胞参数 $a=0.5413$nm。理论上完美的 CeO_2 晶体中［如图 1-1（b)]，铈阳离子（Ce^{4+}）按照面心立方点阵排列，每一个 Ce^{4+} 周围有八个同等化学环境的氧阴离子（O^{2-}）与之配位。Ce^{4+} 位于立方体的正中心，每一个 O^{2-} 周围有着四个同等环境的 Ce^{4+}，这时的铈离子呈+4 价。从科顿原子轨道能级图［图 1-1（c)］可以看出，与其他稀土元素相比，Ce 原子的 4f 和 5d 轨道能级非常接近，这使 Ce 除了稳定的+4 价外（对应失去 $4f^15d^16s^2$ 四个电子），还可以保留 $4f^1$ 电子，显示稀土元素通常所呈现的+3 价（对应失去 $5d^16s^2$ 三个电子）[14]。因此，CeO_2 中部分 Ce^{4+} 很容易被 Ce^{3+} 所取代。当 CeO_2 被贫氧或者高温（>950℃）还原后，其表面的一部分 Ce^{4+} 会被还原成 Ce^{3+}，并形成氧空位，形成一系列不确定的具有氧缺陷结构的非化学计量比的 CeO_{2-x} 亚稳氧化物，并保持其立方萤石晶体结构。在富氧或氧化条件下，这些亚稳氧化物又容易被氧化成 CeO_2，因而氧化铈具有优越的储释氧及氧化还原能力[15, 16]。此外，从晶胞结构上看，CeO_2 晶体结构存在着大量的八面体空隙，这样就为离子的快速扩散或者构造掺杂晶体提供了有利的基础条件。而正是由于这样一个基于结构本身非常重要的特点，CeO_2 才被广泛地用于研究其离子的迁移效果、储释氧性能等物理化学性质。

另一方面，CeO_2 也拥有不同的形貌，如纳米颗粒、纳米棒、纳米立方等[17, 18]。这些不同的形貌使得 CeO_2 暴露不同的晶面，从而表现出不同的物理化学性质。通常情况下，CeO_2 晶体结构中有三个低米勒指数的晶面，即稳定和低表面能的（111）晶面、不太稳定的（110）晶面和高表面能的（100）晶面，如图 1-2 所示。其他的晶面如（211）、（210）、（311）等在实际中会发生重构，转变为稳定的低指数晶面[19]。为了降低表面能，CeO_2 在生长过程中，具有更高表面能的（110）晶面和（100）晶面的生长速度会更快，因而通常情况下 CeO_2 晶粒优先暴露低能的（111）晶面[20]。科学研究发现，（111）晶面的表面原子拥有 O—Ce—O—O—Ce—O 的结构，O 和 Ce 各有一个配位不饱和的位点；（110）晶面则因为晶体的张力发生弛豫现象，O 原子稍向外而 Ce 原子稍向内偏移，因而 O 有一个配位不饱和的位点而 Ce 有两个配位不饱和的位点；而（100）晶面则有着 O—Ce—O—Ce 交替排列的结构，O 和 Ce 各有两个配位不饱和的位点[21, 22]。作为三个晶面中稳定性最差的晶面，（100）晶面的弛豫现象最复杂。研究表明，晶面的不同结构改变了 CeO_2 的氧化还原能力和表面吸附能力，从而使得不同形貌的 CeO_2 表现出不同的物理化学性质[23, 24]。

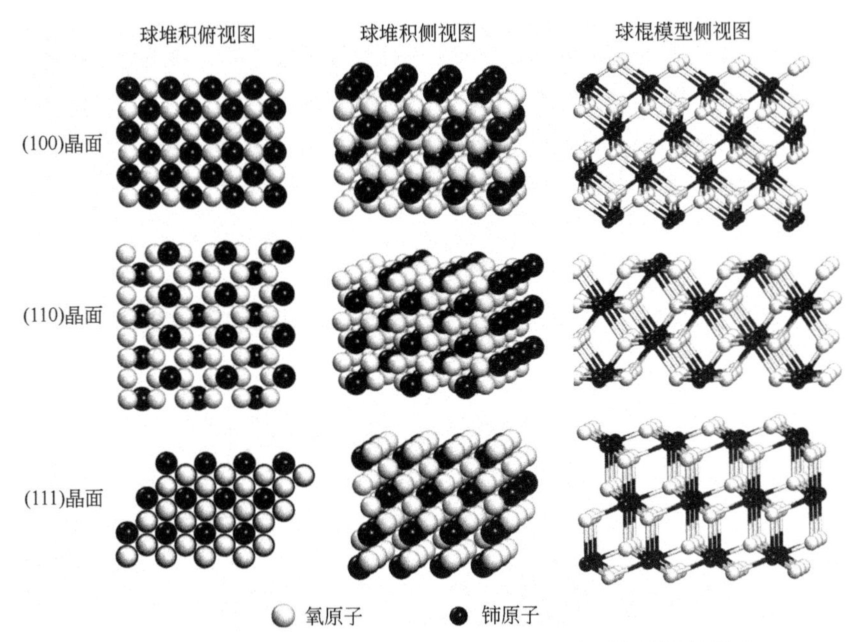

图 1-2　二氧化铈（100）、（110）和（111）晶面的结构和组成

1.2.2　铈基固溶体

由于 CeO_2 晶体的敞开型结构，使得 CeO_2 很容易与其他金属复合形成固溶体结构的复合氧化物。研究发现，CeO_2 的立方晶格内可以实

现多种其他氧化物的掺杂，进而形成固溶体。如第ⅣB 族元素的氧化物 ZrO_2、TiO_2 和 HfO_2，还包括一些倍半氧化物，如 Y_2O_3、Sm_2O_3、Eu_2O_3、Gd_2O_3、Dy_2O_3、La_2O_3、Pr_2O_3、Nd_2O_3、Yb_2O_3 等，此外，还有第ⅡA 族的氧化物如 MgO、CaO、SrO、BaO 等与之形成固溶体[25-27]。它们的最大固溶度各不相同，主要受到掺杂离子的电荷数、半径等因素的综合影响。

在上面提及的铈基固溶体中，以铈锆（CeO_2-ZrO_2）固溶体的应用最为广泛[28]，相关的研究也最多。

CeO_2 作为典型的立方萤石结构的晶体，O^{2-}位于面心立方的 Ce^{4+}四面体的间隙中。Zr^{4+}掺杂后，取代 Ce^{4+}的位置形成固溶体。随着 Zr^{4+}掺杂量不同，铈锆固溶体表现出不同的晶体结构。目前，研究者对于铈锆固溶体的组成与结构的关系做了大量的研究工作，除了四方相和立方相等热力学稳定相之外，铈锆固溶体还存在许多亚稳相。铈锆固溶体的结构主要由铈锆比例来控制，图 1-3 为不同铈锆比例（$Ce_xZr_{1-x}O_2$）体系的相图。随着铈锆组成比例的变化，铈锆固溶体晶型各异。在 1273K 以下，当 CeO_2 的摩尔分数小于 10%时，固溶体呈现单斜晶相 m；当 CeO_2 的摩尔分数大于 80%时，固溶体呈现立方相 c。当 CeO_2 的摩尔分数在 10%～80%时，存在四方对称的 t、t'及 t''等稳定相和亚稳相，但很难确定晶体的本质[29, 30]。

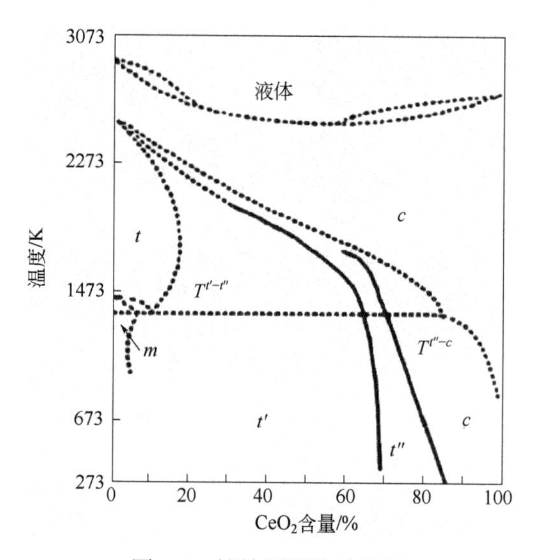

图 1-3　铈锆固溶体的相图
（图中 $T^{t'-t''}$、$T^{t''-c}$ 均指代相转变温度；虚线表示亚稳相分界线；实线表示稳定相分界线）

研究发现，与 CeO_2 相比，铈锆固溶体（图 1-4）在结构上有如下特征：①ZrO_2 的引入造成了二氧化铈晶胞的扭曲和收缩，增加了铈锆固溶体内的结构缺陷，使其氧空穴的浓度增加，促进了氧的迁移和扩散。②Ce^{4+}、Ce^{3+}和 Zr^{4+}的有效离子半径分别为 0.097nm、0.114nm、0.084nm，在 $2CeO_2 \rightleftharpoons Ce_2O_3+0.5\ O_2$ 过程中，随着 Ce^{4+}向 Ce^{3+}的转化，CeO_2 体积增大，体积膨胀引发的应力抑制了 Ce^{4+}向 Ce^{3+}的转化。在立方晶系的 CeO_2 晶格中引入离子半径较小的 Zr^{4+}，可以补偿体积膨胀效应，促进氧化还原的进行。③CeO_2 的储氧能力以表面氧为主，受比表面积的影响较大，高温下烧结会导致 CeO_2 的储氧能力大幅度下降，而铈锆固溶体的储氧能力以体相氧为主，对比表面积的依赖程度减小，因此高温烧结对铈锆固溶体储氧能力的影响减弱。

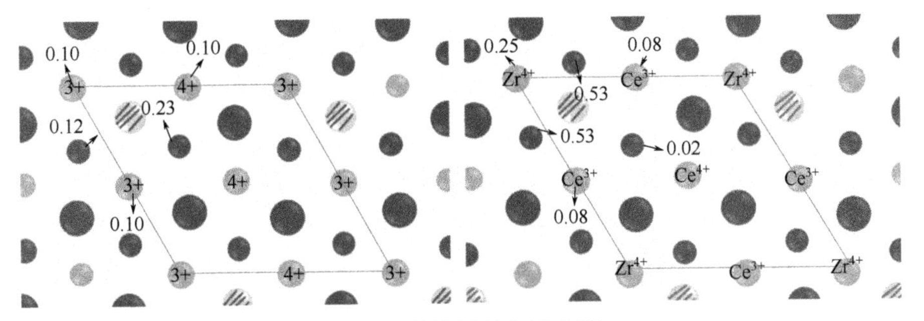

图 1-4　铈锆固溶体示意图

此外，研究者还发现，除了晶型以外，铈锆的原子比例也决定了铈锆复合氧化物的比表面积、储释氧性能、氧化还原性能以及热稳定性。Trovarelli 通过研究发现，随着 ZrO_2 含量的增加，铈锆复合氧化物的比表面积逐渐增加。当 ZrO_2 的摩尔分数达到 60%及以上，铈锆复合氧化物的比表面积基本保持恒定[31]。铈锆原子比对铈锆固溶体的储释氧能力也有重要影响，铈锆的原子比在 1～4 时铈锆复合氧化物的储释氧性能较好，在铈锆原子比为 1 时储氧量达到最大值，即 $Ce_{0.5}Zr_{0.5}O_2$。这是因为在此范围内的铈锆复合氧化物可以形成萤石型结构的固溶体，具有较好的氧迁移能力；而继续增加 ZrO_2 的含量，将导致四方相结构的产生，故而降低了其氧化还原性能。Fornasiero 制备了一系列 CeO_2-ZrO_2 固溶体，其中 CeO_2 的摩尔分数从 10%增加到 90%。H_2 程序升温还原的结果表明，ZrO_2 的添加量显著地影响着铈锆固溶体的氧化还原性能。研究发现，CeO_2 在 500℃和 830℃附近有两个还原峰，前者归属为表面氧的还原，后者归属为体相氧的还原。在 ZrO_2 含量较低的情况下，铈锆固溶体存在表面氧和体相氧两个还原峰。随着 ZrO_2 含量的增加，铈锆固溶体的表面氧还原峰越来越强且向低温偏移，而体相氧的还原峰逐渐变弱。当 ZrO_2 的摩尔分数超过 50%后，铈锆固溶体的 H_2 还原图谱中只有一个特征峰，该特征峰的峰温介于 CeO_2 表面氧和体相氧还原峰温之间。研究者制备了四种不同铈锆含量的铈锆固溶体（铈锆摩尔比分别为 15/85、50/50、68/32、80/20），实验测得它们的比表面积分别为 $104m^2/g$、$120m^2/g$、$110m^2/g$ 和 $122m^2/g$。经过多次氧化还原后，铈锆比为 15/85 的固溶体依然保持了较高的比表面积[32，33]。

铈锆固溶体的物相结构、晶粒大小、比表面积、颗粒形貌和热稳定性等性质也强烈地依赖于其制备方法。长期以来，研究者们对各种合成方法进行了大量的研究，以制得性能优良的铈锆固溶体。目前文献报道的铈锆固溶体的制备方法主要有共沉淀法、水热法、溶胶-凝胶法、微乳法、模板剂法、高能球磨法、聚合络合法、固态合成法和溶液燃烧法等[13，32，34]。

此外，还有其他金属元素掺杂的铈基固溶体 $Ce_xM_{1-x}O_y$。通常四价金属离子被考虑用作 CeO_2 的掺杂剂，主要包括元素周期表上第ⅣA族和第ⅣB 族的元素。根据密度泛函理论（DFT）计算得到的缺陷形成能结果，当稀土铈基催化材料的外来金属元素的掺杂量（摩尔分数）为 3%时，第ⅣB 族元素（Ti、Zr 和 Hf）仍然可以分散在 CeO_2 的晶格中，然而第ⅣA 族元素则会优先偏析在 CeO_2 表面。且铈基材料的缺陷形成能的大小会随着掺杂元素尺寸的增加而减小，这是因为其与 Ce^{4+}的尺寸匹配得更好[35-38]。然而，尽管理论计算认为 Ti 可以与 CeO_2 形成固溶体，但实验发现，Ti 掺杂 CeO_2 材料仅在低温下被成功合成，且 Ti 的可掺杂含量及稳定性都还面临着较大挑战[39-42]。

在 CeO_2-HfO_2 体系中，样品具有与 CeO_2-ZrO_2 固溶体所观察到的非常相似的结构。通过对 1400℃处理 48h 的样品进行 X 射线衍射（XRD）分析，发现 $Ce_xHf_{1-x}O_2$ 固溶体在铈原子的摩尔分数高于 85%（$x>0.85$，富 CeO_2）时具有立方萤石结构，在铈原子的摩尔分数低于 15%（$x<0.15$，富 HfO_2）时为单斜结构[43]。采用高分辨 X 射线衍射（XRD）和拉曼光谱（Raman spectrum）相结合的方法，对淬火试样进行了亚稳四方相（t'和 t''）的观察。发现采用较低煅烧温度制备的 CeO_2-HfO_2 材料通常被认为是立方结构，尽管它们经常被认为是 t''相[44-46]。采用库仑滴定法测定了混合氧化物的热力学氧化还原性能，证明铈-铪与铈-锆是十分相似的。然而，铈-铽和铈-镨固溶体则表现出优异的相稳定性，

铈-铽和铈-镨在 1100℃下煅烧仍然保持了立方相稳定。此外，CeO_2 与 Y_2O_3 的固溶体以及+3 价氧化态的镧系氧化物固溶体在固体氧化物燃料电池（SOFC）电极中作为电解质或混合离子电子导体的应用已经得到了广泛的研究。Etsell 和 Flengas 报道了许多 M_2O_3 在 CeO_2 晶格中的溶解度极限，在 1400℃煅烧的样品中，已报道 M = Y、Sm、Eu、Gd 和 Dy 与 CeO_2 完全混溶，而 M = La、Pr、Nd 和 Yb 的最大溶解度（摩尔分数）在 25%～50%左右[47, 48]。

还有研究报道了可以用二价碱土金属离子（Mg、Ca、Sr 和 Ba）掺杂改性 CeO_2。在 1600℃下制备的掺杂 CeO_2 材料中，Mg、Ca 和 Sr 的溶解度（摩尔分数）极限分别为 2%、15%和 9%；在 700℃下制备的 CaO-CeO_2 固溶体，Ca 的含量（摩尔分数）高达 30%。随着制备温度的升高，在 1000℃时，Ca 的溶解度极限（摩尔分数）降至约 20%，而在 1200℃时甚至更低，形成二次相，称为 Ce 掺杂 CaO[49-52]。在 Sr 掺杂的 CeO_2 基固体氧化物燃料电池电解液中，碱土元素作为共沉淀物形成固溶体，在 800℃时对 Ca 和 Sr 具有最好的导电性。值得注意的是，对于 Sr 和 Ba，已经鉴定出三元化合物——掺杂的 $SrCeO_3$ 和掺杂的 $BaCeO_3$ 显示出潜在的应用，例如固体氧化物燃料电池和电解槽用高温质子导体，而 Sr_2CeO_4 是蓝宝石发光材料[53-55]。

1.3 氧化铈的基本性质

1.3.1 氧化还原和储释氧性能

氧化铈或者含铈的复合氧化物在催化领域中有着非常广泛的应用，这主要是因为氧化铈中 Ce^4/Ce^{3+} 具有较小的氧化还原电势（1.3～1.8V）较容易在 Ce（Ⅲ）和 Ce（Ⅳ）之间迅速转换，同时表现出优良的储释氧性能（oxygen storage capacity，OSC）性能。这些性质与氧化铈独特的电子结构有关，铈原子的最外层电子排布为 $4f^1 5d^1 6s^2$，是元素周期表中第一个被研究者发现在 4f 轨道上具有基态电子的元素，可以有效地储存电子。例如，在富燃条件氧气不足时，二氧化铈可以释放部分氧，从而引起铈离子氧配位的改变以及 CeO_2 晶格中氧空位的形成，也就是形成了非化学计量比的 CeO_{2-x}。值得注意的是，即使在缺氧的状态下形成了大量的氧空位，CeO_{2-x} 也能很好地保持萤石型的晶体结构。正是由于这种氧空位的产生，使 CeO_{2-x} 在贫燃条件下（氧气过量）时，又可以储存氧，这就是二氧化铈的储释氧性能。

正是氧空位的存在，使 CeO_2 具备了超常的氧化还原能力。

有关 CeO_2 储释氧性能的最早研究是源于汽车尾气净化器中的三效催化剂。三效催化剂的目的是促进汽车尾气中的一氧化碳（CO）和碳氢化合物（HC）同时氧化消除和氮氧化物（NO_x）的还原消除，但只有在理论空燃比（AlF = 14.6）附近才能使三者的转化率达到最大。但汽车发动机处于工作状态时空燃比并不是恒定的，而是发生贫氧—富氧—贫氧的周期性变化，这就要求催化剂中必须引入具有储释氧性能的材料，使得这三种污染物能在一个较为稳定的三效窗口下同时得到净化。氧化铈和铈锆固溶体 $Ce_xZr_{1-x}O_2$ 正是这种能调节氧化还原气氛、扩大三效催化剂的工作窗口的缓冲剂，其中铈锆固溶体储释氧的过程如图 1-5 所示[56, 57]。

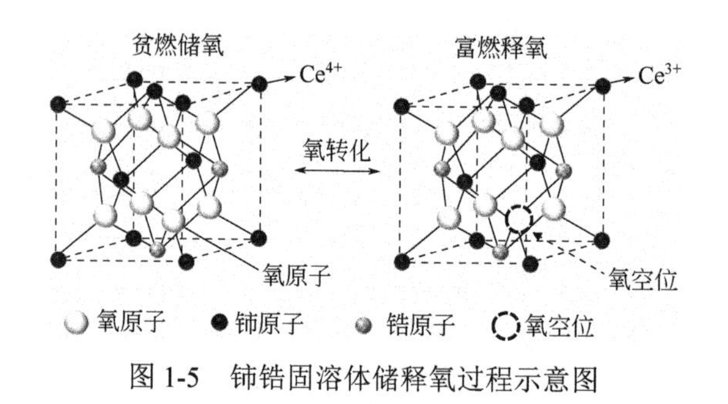

图 1-5 铈锆固溶体储释氧过程示意图

目前为止，关于 OSC 还没有一个标准的定义。一般认为材料的储释氧性能大体分为总储释氧性能（TOSC）和动态储释氧性能（DOSC）。总储释氧性能是在恒定气氛（氧化或还原）条件下，储氧材料在较宽的温度范围（100～900℃）内可以储存或释放的氧的总量，可以理解为铈基材料热力学意义上的储释氧能力，它与铈基材料中可变价的铈离子总量相关。动态储释氧性能是指在氧化-还原气氛周期性变化（变化频率一般小于 1Hz）条件下，一定时间内储氧材料在某温度点（温度范围一般为 300～600℃）的储氧量或释氧量及储释氧速度，也与铈基材料中可变价的铈离子总量相关，但更多的取决于铈基材料的微观结构，它受到氧迁移速率等动力学因素的控制[58-60]。测定稀土铈基材料的总储氧量，可采用程序升温还原（TPR）、程序升温氧化（TPO）及热重分析（TGA）等方法以及更为精确的动态储氧量测试和 CO 脉冲氧同位素示踪等方法[61-63]。在 Yao 等的工作中，用脉冲氧化色谱法对 CeO_2 进行 CO 瞬态氧化，测得 CeO_2 的 OSC 值在 50～100μmol/g

左右，其数值强烈地依赖 CeO_2 材料的比表面积、颗粒大小、热或化学处理以及制备方法等因素[64]。

通常，添加 Zr 或其他添加剂（如 Ni、Cu 等）可以提高 CeO_2 的储氧性能，其中 $Ce_xZr_{1-x}O_2$ 固溶体在 $0.6 < x < 0.8$ 的范围内具有最大的储氧能力。理论计算结果显示，纯 CeO_2 中的氧往往被限制在其表面，而 $Ce_xZr_{1-x}O_2$ 固溶体中的晶格氧也会参与到氧的储释放过程。$Ce_xZr_{1-x}O_2$ 固溶体结构缺陷和局部化合物的形成被认为是其储释氧性能和氧化还原热力学发生变化的原因[65-67]。此外，负载金属对 CeO_2 和 CeO_2−ZrO_2 的 OSC 提高也有很大的促进作用，两者都是通过金属/金属氧化物（M/MO）的氧化还原循环直接参与并激活载体的氧物种。例如，在负载贵金属（如 Rh、Ir、Pd 和 Pt）条件下，在 400℃时，CeO_2-ZrO_2 的 OSC 可以提高 3～4 倍[13, 68-70]。

通常，铈基材料的氧化还原性质可以在平衡条件下运用不同的研究方法进行测定。而二氧化铈的氧化还原性质则可以通过测定反应式（1-1）在不同温度下的平衡数据来获得，通过反应式（1-1）可以得到 CeO_2 确切的氧化焓。

$$CeO_2 \longrightarrow CeO_{2-y} + \frac{y}{2} O_2 \tag{1-1}$$

由于纯固相物质的活度均为 1，所以反应式（1-1）的经验平衡常数等于 $P(O_2)^{1/2}$。氧分压[$P(O_2)$]则可以通过将二氧化铈暴露于 H_2-H_2O 或 CO-CO_2 的平衡混合物中或通过库仑滴定来控制，通过电化学方法来控制氧化电势[71, 72]。图 1-6 给出了晶相二氧化铈和含有 30% CeO_2 的 CeO_2/La-Al_2O_3 复合氧化物的等温数据和不同物质的氧化反应焓变。与晶相二氧化铈相比，负载型的二氧化铈在较高的 $P(O_2)$ 才开始还原。此外，两个样品的氧化焓也大不相同：对于晶相二氧化铈，其氧化焓为 −750kJ/mol 和−800kJ/mol；而对于负载型二氧化铈，其在较低还原程度下的氧化焓约为−500kJ/mol，这与晶相二氧化铈在高还原程度下的氧化焓相当。CeO_2-ZrO_2 复合氧化物的氧化焓也在−500kJ/mol 左右，且随着氧化学计量比或者 Ce、Zr 原子比例的变化并没有发生变化。这一现象归因于有序烧绿石型 $Ce_2Zr_2O_7$ 结构的形成。纯 CeO_2 的氧化焓随其还原程度和热处理程度的变化规律可归因于有序萤石结构对 Ce^{4+} 的稳定作用，但负载活性组分或者低温煅烧会在 CeO_2 中形成缺陷，从而导致有序萤石结构被破坏，但这一结论目前缺少实验数据的支持。经过近 50 年的研究，稀土铈基材料的氧化还原性能仍然有待新技术来进一步完善[73, 74]。

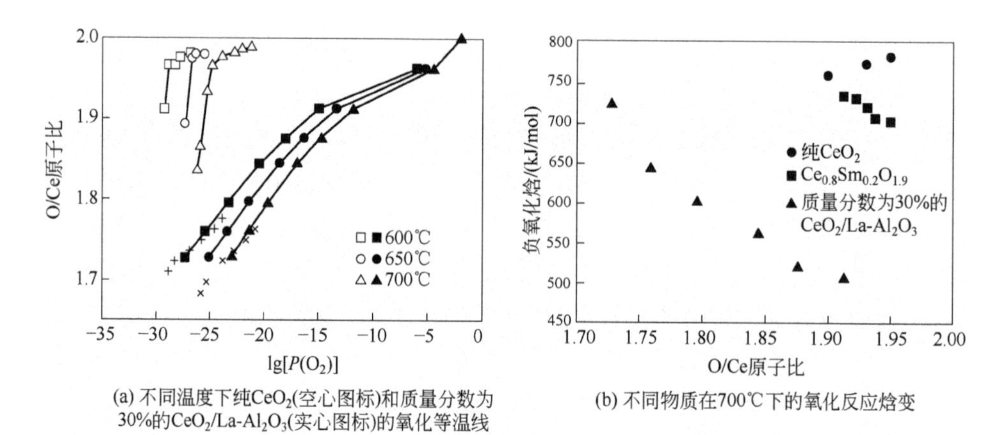

图 1-6 晶相二氧化铈和 $CeO_2/La\text{-}Al_2O_3$ 的等温数据和不同物质的氧化反应焓变

1.3.2 酸碱性

二氧化铈不仅具有优异的氧化还原性能，而且具有独特的酸碱性。实验表明，CeO_2 能吸附吡咯和 CO_2 等酸性分子，说明其表面存在强 Lewis 碱性位点。Martin 和 Duprez 等发现常见氧化物的基本碱性位点密度（以每单位面积的 CO_2 吸附量表示，$mmol/m^2$）大小顺序为：CeO_2 ($3.23mmol/m^2$) > MgO ($1.77mmol/m^2$) > ZrO_2 ($1.45mmol/m^2$) ≫ Al_2O_3 ($0.18mmol/m^2$) > SiO_2 ($0.02mmol/m^2$)，这些值是通过在室温下吸附 CO_2 得到的[75, 76]。Lee 等已经证明了在 100℃时 CeO_2 上处于化学吸附状态的 CO_2 的量降为 $0.67mmol/m^2$[77]。这些结果表明，CeO_2 具有较高浓度的弱碱和中强碱位点。但是值得注意的是，CeO_2 表面氧空位的产生也伴随着配位不饱和 Ce 的形成，这些配位不饱和的 Ce 位点作为 Lewis 酸中心能够吸附吡啶，这表明 CeO_2 也能表现出一定的酸性。Binet 等也观察到了 CeO_2 的 CO 和吡啶化学吸附，但 CeO_2 的 Lewis 酸强度明显较低，比 ZrO_2 或氧化钛的酸性弱[74]。王等的工作发现：CeO_2 表面氧空位浓度与 Lewis 酸浓度正相关，即 CeO_2 表面氧空位浓度越高，表面 Lewis 酸位点浓度越高[78]。但是，CeO_2 表面氧空位相对浓度、类型、分布等与其酸性的强度、浓度之间的关系还需要进一步系统的研究。CeO_2 具有弱酸性、较强碱性，是典型的酸碱催化剂，可用于催化脱水、酮基化和缩合等反应[79]。

1.3.3 热稳定性

二氧化铈在三效催化剂中的工作环境温度很高，使纯二氧化铈容易发生严重烧结而丧失储释氧能力，导致三效催化剂的催化效率明显降低。这是因为二氧化铈的储释氧性能与氧空位数量、氧空位活动性及比表面积有很大关系，比表面积越大储释氧性能越好。而单纯的二氧化铈颗粒经过高温老化后会发生烧结，晶粒迅速长大，比表面积大幅度下降，导致储释氧性能降低。为了提高 CeO_2 的热稳定性，科学家展开了一系列 CeO_2 改性研究。1993 年，Murota 等首次用 ZrO_2 掺杂 CeO_2 形成铈锆固溶体，并得到热稳定性和储释氧性能都很优良的、具有均一结构铈锆固溶体[80]。研究表明，在 CeO_2 中添加 ZrO_2，用小半径的 Zr^{4+}(0.084nm) 取代原 CeO_2 晶格中的部分较大半径的 Ce^{4+}(0.097nm)，晶胞参数收缩，同时由于结构空位数量的增加，CeO_2 的热稳定性显著提高，铈锆组成($Ce_xZr_{1-x}O_2$)在 $0.5<x<0.8$ 时，表现出最佳的热稳定性。同时用较小的金属离子逐渐取代较大的金属离子 Ce^{4+}，使氧离子在晶格中的迁移通道相对增大，可以有效地降低氧在晶格中的扩散位阻，提高 CeO_2 中氧的活动能力。此外，将 CeO_2 分散在高温热稳定性好的载体上，如 CeO_2 负载在 Al_2O_3 或 CeO_2 与其他氧化物充分混合，形成复合氧化物或固溶体，以提高其高温热稳定性[81，82]。

1.4 稀土铈基催化材料的应用概述

稀土 Ce 元素独特的 4f 电子层结构，使其具有优越的氧化还原性质和储释氧能力，在化学反应过程中表现出良好的助催化性能与功效。因此，稀土铈基催化材料是稀土铈元素综合利用的最佳途径之一。与传统的贵金属催化剂相比，稀土铈基催化材料在资源丰度、成本、制备工艺以及性能等方面都具有较大的优势。目前不仅大量用于汽车尾气净化，还拓展到工业有机废气、室内空气净化、催化燃烧以及燃料电池等领域。稀土铈基催化材料在环保催化剂产品市场，特别是在有毒、有害气体的净化方面，具有巨大的应用市场和发展潜力。下面将简要总结稀土铈基催化材料在汽车尾气、工业废气和光催化环境净化等方面的应用概况。

1.4.1 机动车尾气净化

三效催化净化技术是目前全世界普遍采用的汽油车尾气后处理技术，自 20 世纪 80 年代起，二氧化铈就被用于制备净化汽车尾气的三效催化剂。三效催化剂是以堇青石蜂窝陶瓷为载体，活性氧化铝为涂层的贵金属催化剂，它能够同时去除汽车尾气中的 HC、NO_x 和 CO 这 3 种主要的汽车尾气污染物[83]。为了达到最好的催化效果，其中的气体必须在合理的氧化/还原计量比范围内，因此由 Ce、La 等轻稀土氧化物组成的催化剂助剂和储氧材料发挥了关键作用。1993 年，Murota 等首次报导了利用 ZrO_2 掺杂 CeO_2 形成 CeO_2-ZrO_2 复合氧化物用作储氧材料[80]。时至今日，CeO_2-ZrO_2 复合氧化物已经发展为主流的储氧材料，广泛应用于三效催化材料中，且短期内无法替代。二氧化铈在三效催化剂中所发挥的重要作用，主要包括：①促进贵金属的分散；②增强 Al_2O_3 基体的稳定性；③有利于金属-基体界面的催化活性位的生成；④提供晶格氧有助于去除 CO；⑤分别在富氧、缺氧条件下储存和释放氧[84, 85]。据统计，我国每年仅用于汽车尾气净化的 CeO_2-ZrO_2 复合氧化物的需求量就高达 4000t[86]。随着汽车产量持续增长，以 CeO_2-ZrO_2 复合氧化物为代表的稀土催化材料的需求量也将不断增加。根据生态环境部发布的《中国移动源环境管理年报（2020）》，2019 年，全国机动车四项污染物排放总量初步核算为 1603.8 万吨。其中，CO、HC、NO_x、颗粒物（PM）排放量分别为 771.6 万吨、189.2 万吨、635.6 万吨、7.4 万吨。柴油车 NO_x 排放量超过汽车排放总量的 80%；PM 排放量超过 90%；汽油车 CO 排放量超过汽车排放总量的 80%，HC 排放量超过 70%。机动车污染防治的紧迫性日益凸显。由此可见，未来我国对汽车尾气净化催化剂的需求量将会进一步增加，而我国贵金属资源较贫乏，但稀土铈资源丰富，因此，用于汽车尾气净化的稀土铈基催化材料的发展前景极为广阔。

目前，我国国产汽车尾气催化剂发展迅速，形成了以无锡威孚力达催化净化器有限责任公司、昆明贵金属研究所、四川中自环保科技股份有限公司等为主的国产汽车尾气催化剂生产体系，国内总市场份额达到约 30%。近年来，面对日益严格的机动车尾气排放法规和国外同行公司强大的市场竞争力，上述公司成立专属材料研发部门以加强机动车尾气后处理过程材料的开发力度。可见，未来机动车尾气催化后处理技术的关键是高性能催化材料的研发。

1.4.2 氮氧化物的催化消除

随着我国工业化的迅猛发展，大气污染已成为当今社会面临的重要问题。氮氧化物（NO_x：NO 和 NO_2 等）是大气污染的主要的污染物之一，因其可以引起光化学烟雾、酸雨、臭氧层破坏和温室效应等环境问题，而受到了人们的广泛关注[87]。从“十二五”开始 NO_x 就被列为我国大气污染防治的约束性指标，在“十三五”期间已持续成为大气污染的重点防治对象。近几年，全国各地“超低排放”政策陆续启动，《中华人民共和国环境保护税法》也于2018年1月1日起正式施行。在烟气NO_x脱除技术中，选择性催化还原法（selective ceutalytic reducton，SCR）是目前国际上应用最为广泛的烟气脱硝技术。该方法主要采用尿素或氨（NH_3）作为还原剂，将NO_x选择性还原为N_2。在氨气选择性催化还原（NH_3-SCR）过程中，用$WO_3(MoO_3)$改性的V_2O_5/TiO_2催化剂是目前市场上最常用的商业催化剂，该催化剂广泛应用于工业固定源和柴油车移动源的脱硝处理中，但其自身仍然存在着操作温度较高、高温时大量生成N_2O造成二次污染以及硫酸盐中毒等问题。另外，V_2O_5具有生物毒性，在移动源氮氧化物净化过程中容易发生升华或脱落，对生态环境和人体健康造成潜在危害。因此，开发高效稳定、环境友好的新型脱硝催化剂是氮氧化物净化技术研发的重要任务，而稀土铈基氧化物由于自身具有一定的氧化-还原能力而被广泛研究。在早期的报道中，CeO_2主要作为助剂或第二活性组分被引入催化剂体系，随着研究的逐步深入，研究者发现稀土铈基氧化物本身也对SCR反应有很好的催化活性[88]。所以，稀土铈基催化材料在该方面体现了重要的潜在应用价值。目前国内第一套稀土脱硝催化剂标准——《稀土型选择性催化还原（SCR）脱硝催化剂》（GB/T 34700—2017）已经制定出台。国内也有部分企业已经将稀土铈基脱硝催化材料应用于国内部分火电厂和工业锅炉。同时，2017年之后，火电行业原有的钒钛脱硝催化剂逐渐进入失效期，需要逐步开始换装。近年来，我国开始要求非电行业（如钢铁厂、水泥厂、玻璃厂等）实现氮氧化物的超洁净排放。而非电行业烟气组分复杂，温度跨度大，且脱硝体量不一，这些特点限制了钒钨钛催化剂在非电行业烟气脱硝中的应用。为了将更为高效的SCR技术向非电行业推广，开发低温性能优越的SCR催化剂是核心任务。若以稀土铈基脱硝催化剂代替钒钛催化剂，每年需用4万～5万吨CeO_2。这为稀土铈基脱硝催化剂的应用带来了机遇，同时也为氧化铈在大气污染治理的高附加值应用开拓了市场。

1.4.3 VOCs的催化消除

挥发性有机物（VOCs）是指常温常压下可挥发的有机物的总称。世界卫生组织（WHO）对总挥发性有机化合物（TVOCs）的定义为，熔点低于室温而沸点在50～260℃之间的挥发性有机物的总称。近年来，VOCs已成为大气污染物的主要来源，严重危害人类的健康，制约社会经济的可持续发展，其具有排放量大、种类多和难降解等特点，已成为治理最困难的大气污染物之一。目前常见的VOCs处理方法多以活性炭吸附为工作原理，然而活性炭的使用效率低，回收困难，并容易造成二次污染。采用催化燃烧的方法在相对温和的条件下处理VOCs具有转化效率高、结构灵活、可持续使用等多种优势，在VOCs净化处理过程中显示出了极大的竞争力。催化燃烧技术核心问题在于高效、稳定催化剂的设计和制备。最近的研究发现，利用稀土 CeO_2 可以改善VOCs催化剂的催化燃烧效果，可以降低燃烧温度、提高燃烧效率、减少 NO_x 和不完全燃烧产物的形成，具有高效节能、环境友好等优点。Alifanti 等尝试将 $LaCoO_3$ 钙钛矿材料负载于不同载体上对比其VOCs处理效率，结果表明以铈锆材料为载体可以获得最优的甲苯脱除能力[89]。当氧化铈用作贵金属（Pd、Pt 和 Au）的高比表面积载体时，由于金属分散性增加和 CeO_2 参与反应，催化体系在低温下往往表现出较好的VOCs催化活性。此外，相关研究表明，过渡金属掺杂的稀土铈基催化剂也能够有效催化VOCs燃烧过程。目前，关于VOCs 催化消除稀土铈基催化剂的研究，主要还集中在对催化剂的设计和制备上，将稀土铈基氧化物用于VOCs催化反应机理还有待进一步研究。

近年来，《“十三五”挥发性有机物污染防治工作方案》《重点行业挥发性有机物综合治理方案》等一系列政策方案的出台，极大地推动了VOCs治理工作发展。《2020年挥发性有机物治理攻坚方案》的发布，标志着在未来较长一段时期，VOCs防治将成为我国污染控制舞台上主角之一，为“十四五”期间空气质量进一步改善，乃至碳减排贡献重要力量。业内人士分析指出，在政策强力推动下，VOCs治理市场将迎来爆发式增长，市场规模预计将超过1500亿元。这预示着与VOCs处理相关的新型环境催化产业即将出现，同时为高性能、长寿命的稀土催化材料的研发工作带来新的机遇与挑战。

1.4.4 光催化及其他方面的催化应用

1972年，Honda 和 Fujishima 在 *Nature* 杂志上发表关于 TiO_2 光解水的文章，标志着光催化时代的开始[90]。到目前为止，在环境治理中得到应用的半导体材料有 TiO_2、ZnO、CdS 等物质，而 TiO_2 是其中应用最广泛、最有效的光催化剂。但 TiO_2 的禁带（约为3.2eV）较宽，需要能量较高的紫外光（$\lambda<387.5nm$）才能使其价带中的电子受激发，因此单独的 TiO_2 催化剂只能在高能的紫外光照射下才能表现出光催化活性。然而太阳光中的紫外光只占总辐射的3%～5%，所以 TiO_2

对太阳光的低利用率就成为其发展的瓶颈。在众多的光催化半导体材料中，二氧化铈（CeO_2）有着与 TiO_2 类似的性能，也被视为热门的光催化材料。受制备工艺等因素的影响，CeO_2 禁带宽度为 2.7～3.4eV，这使其在光催化过程中仅对紫外光敏感，因而限制了其应用的范围。因此，Vieira 等总结了降低 CeO_2 禁带宽度的主要途径：①在系统内部引入缺陷；②掺杂其他元素；③开发复合均匀的混合体系。有研究人员采用溶胶-凝胶法制备了 V-Ce-TiO_2 光催化剂，发现其在紫外光照射下，V-Ce-TiO_2 在 2h 内对甲醛的降解率达到 58%，高于 V-TiO_2 的 45%和纯 TiO_2 的 25%，显示出了对气相污染物甲醛良好的光催化净化能力[91]。

此外，研究发现稀土铈基氧化物作为催化剂或者载体在光催化氧化染料反应中也有着广泛的应用，特别是在含氮染料中的光催化降解。Zhu 等发现 CeO_2 的加入有利于罗丹明 B（RhB）的降解，这是因为 CeO_2 不仅可以促进 RhB 在催化剂表面的吸附，同时 Ce^{3+}与 Ce^{4+}间的氧化还原电对促进了活性氧物种超氧自由基的生成，进而加快 RhB 的光催化氧化过程[92]。此外，稀土铈基催化材料在含铬、酚醛等工业废水的光催化净化中也有应用。

1.5 结语

催化材料发展的核心是不断开发出高效、稳定、低成本的催化材料。随着纳米技术和材料制备新技术的发展，以 CeO_2 为代表的稀土铈基催化材料在组成、结构和形貌、性能等方面的规律性探索仍需加强并有很大的研究和发展空间。尽管我国稀土资源丰富，但目前处于大而不强的地位，促进稀土材料产品的高质、高效应用仍是稀土产业发展的重要出路。从这个意义上说，深化稀土催化材料在环境治理方面的技术开发和应用，既可减少环境污染，又能高效利用我国高丰度的轻稀土资源，将是加快可持续发展的生态文明社会建设的重助推剂。

参考文献

[1] 徐光宪. 稀土（上册）[M]. 2 版. 北京：冶金工业出版社, 1995.

[2] 易宪武, 黄春辉, 王蔚, 等. 无机化学丛书：第七卷　钪、稀土元素[M]. 北京：科学出版社, 1992.

[3] 赵卓, 彭鹏, 傅丰平. 稀土催化材料在环境保护中的应用[M]. 北京：化学工业出版社, 2013.

[4] 科顿(Cotton F A), 威尔金森(Wilkinson G). 高等无机化学[M]. 北京师范大学, 兰州大学,吉林大学, 等译. 北京：人民教育出版社, 1980.

[5] 武汉大学，吉林大学，等. 无机化学[M]. 3 版. 北京：高等教育出版社, 1994.
[6] 江祖成，蔡汝秀，张华山. 稀土元素分析化学[M]. 2 版. 北京：科学出版社, 2000.
[7] 张洪杰，等. 稀土纳米材料[M]. 北京：化学工业出版社, 2018.
[8] 张希艳，卢利平，等. 稀土发光材料[M]. 北京：国防工业出版社, 2005.
[9] 张胤，李霞，许剑铁，等. 稀土功能材料[M]. 北京: 化学工业出版社, 2015.
[10] 叶信宇，等. 稀土元素化学[M]. 北京: 冶金工业出版社, 2019.
[11] 张环. 锡基合金熔析凝析过程中元素迁移规律的研究[D]. 昆明: 昆明理工大学, 2019.
[12] Speight J G. Langes's Handbook of Chemistry [M].16th ed. New York：McGraw-Hill Professioral Publishing, 2005.
[13] Sun C W, Li H, Chen L Q. Nanostructured ceria-based materials: Synthesis, properties, and applications[J]. Energy & Environment Science, 2012, 5(9): 8475-8505.
[14] Batley G E, Halliburton B, Kirby J K, et al. Charaterization and ecological risk assessment of nanoparticulate CeO_2 as a diesel fuel catalyst[J]. Environmental Toxicology and Chemistry, 2013, 32(8): 1896-1905.
[15] 唐定骧. 稀土功能材料[M]. 北京: 冶金工业出版社, 2011.
[16]Luches P, Pagliuca F, Valeri S, et al. Nature of Ag islands and nanoparticles on the CeO_2(111) surface[J]. The Journal of Physical Chemistry C, 2012, 116(1): 1122-1132.
[17] Fu Q, Li W X, Yao Y, et al. Interface-confined ferrous centers for catalytic oxidation[J]. Science, 2010, 328(5982): 1141-1144.
[18] Branda M M, Ferullo R M, Causa M, et al. Relative stabilities of low index and stepped CeO_2 surfaces from hybrid and GGA+U implementations of density functional theory [J]. The Journal of Physical Chemistry C, 2011,115(9): 3716-3721.
[19] Zhou K B, Wang X, Sun X M, et al. Enhanced catalytic activity of ceria nanorods from well- defined reactive crystal planes [J]. Journal of Catalysis, 2005, 229(1): 206-212.
[20] Huang M, Fabris S. CO adsorption and oxidation on ceria surfaces from DFT+U calculations [J]. Journal of Physical Chemistry C, 2008, 112(23): 8643-8648.
[21] Yang C W, Yu X J, Heiler S, et al. Surface faceting and reconstruction of ceria nanoparticles[J]. Angewandte Chemie International Edition, 2017, 56(1): 375-379.
[22] Liu X W, Zhou K B, Wang L, et al. Oxygen vacancy clusters promoting reducibility and activity of ceria nanorods [J]. Journal of the American Chemical Society, 2009, 131(9): 3140-3141.
[23] Lin Y Y, Wu Z L, Wen J Q. Imaging the atomic surface structures of CeO_2 nanoparticles[J]. Nano Letters, 2014, 14(1): 191-196.
[24] Paier J, Penschke C, Sauer J. Oxygen defects and surface chemistry of ceria: Quantum chemical studies compared to experiment [J]. Chemical Reviews, 2013, 113(6): 3949-3985.
[25] Chavan S V, Tyagi A K. Sub-solidus phase equilibria in CeO_2-SrO system[J]. Thermochimica Acta, 2002, 390(1-2): 79-82.
[26] Truffault L, Devers T, Konstantinov, et al. Application of nanostiuctured CeO_2 for ultraviolet filtration[J]. Materials Research Buuetin, 2010, 45(5): 527-535.
[27] 周格格. 氧化铈锆固溶体稳定性及储氧性能第一性原理理论研究[D]. 北京: 北京科技大学, 2020.
[28] Zhang Z, Yu J F, Zhang J X, et al. Tailored metastable Ce-Zr oxides with highly distorted

lattice oxygen for accelerating redox cydes[J]. Chemical Science, 2018, 9(13): 3386-3394.

[29] Montini T, Melchionna M, Monai M, et al. Fundamentals and catalytic applications of CeO_2-based materials[J]. Chemical Reviews, 2016,116(10): 5987-6041.

[30] Yashima M, Arashi H, Kakihana M, et al. Raman scattering study of cubic-tetragonal phase transition in Zr_{1-x} Ce_xO_2, solid solution[J]. Journal of the American Ceramic Society, 1994, 77(4): 1067-1071.

[31] Trovarelli A, Dolcetti G. Design better cerium-based oxidation catalysts[J]. Chemical Technology, 1997, 27(6): 32-37.

[32] Fornasiero P, Balducci Q, Di Monte R, et al. Modification of the redox behavior of CeO_2 induced by structural doping with ZrO_2[J]. Journal of Catalysis, 1996, 164(1): 173-183.

[33] Gonzalez-Velasco J R, Gutierrez-Ortiz M A, Marc J L, et al. Effects of redox thermal treaments and feedstream composition on the activity of Ce/Zr mixed oxides for TWC application[J]. Applied Catalysis B: Environmental, 2000, 25(1): 19-29.

[34] Adachi G, Imanaka N. The binary rare earth oxides[J]. Chemical Reviews, 1998, 98(4): 1479-1514.

[35] Fornasiero P, Speghini A, Monte R D, et al. Laser-excited luminescence of trivalent lanthanide impurities and local structure in CeO_2-ZrO_2 mixed oxides[J]. Chemistry of Materials, 2004, 16(10): 1938-1944.

[36] Vanpoucke D E P, Cottenier S, Van Speybroeck V, et al. Tetravalent doping of CeO_2: The impact of valence electron character on group Ⅳ dopant influence[J]. Journal of the American Ceramic Society, 2014, 97(1): 258-266.

[37] Chen W F, Hong J M, Li H Q, et al. Fabrication and ultraviolet-shielding properties of silica-coated titania-doped ceria nanoparticles[J]. Journal of Rare Earths, 2011, 29(8): 810-814.

[38] Van Hal H A M, Hintzen H T. Compound formation in the Ce_2O_3-SiO_2 system[J]. Journal of Alloys and Compounds, 1992, 179(1-2): 77-85.

[39] Zec S, Bošković S, Bogdanov Z, et al. Low temperature $Ce_2Si_2O_7$ polymorph formed by mechanical activation[J]. Materials Chemistry and Physics, 2006, 95(1): 150-153.

[40] Rocchini E, Vicario M, Llorca J, et al. Reduction and oxygen storage behavior of noble metals supported on silica-doped ceria[J]. Journal of Catalysis, 2002, 211(2): 407-421.

[41] Rocchini E, Trovarelli A, Llorca J, et al. Relationships between structural/morphological modifications and oxygen storage-redox behavior of silica-doped ceria[J]. Journal of Catalysis, 2000, 194(2): 461-478.

[42] Chavan S V, Tyagi A K. Investigations on ceria-hafnia system for phase analysis, and HT-XRD studies on a few cubic compositions[J]. Materials Science and Engineering: A, 2006, 433(1-2)：203-207.

[43] Fujimori H, Yashima M, Sasaki S, et al. Internal distortion in ceria-doped hafnia solid solutions: High-resolution X-ray diffraction and Raman scattering[J]. Physical Review B: Condensed Matter and Materials Physics, 2001, 64(13): 419-427

[44] Reddy B M, Bharali P, Thrimurthulu G, et al. Catalytic efficiency of ceria-zirconia and ceria-hafnia nanocomposite oxides for soot oxidation[J]. Letters, 2008, 123(3): 327-333.

[45] Khder A E R S, Hassan H M A, Betiha M A, et al. CO oxidation over Au and Pd nanoparticles supported on ceria-hafnia mixed oxides[J]. Reaction Kinetics Mechanisms &

Catalysis, 2014, 112(1): 61-75.

[46] Harshini D, Lee D H, Jeong J, et al. Enhanced oxygen storage capacity of $Ce_{0.65}Hf_{0.25}M_{0.1}O_{2-\delta}$ (M = rare earth elements): Applications to methane steam reforming with high coking resistance[J]. Appllied Catalysis B: Environmental, 2014, 148-149: 415-423.

[47] Zhou G, Gorte R J. Thermodynamic investigation of the redox properties for ceria-hafnia, ceria-terbia, and ceria-praseodymia solid solutions[J]. The Journal of Physical Chemistry B, 2008, 112(32): 9869-9875.

[48] Chavan S V, Tyagi A K. Sub-solidus phase equilibria in CeO_2-SrO system[J]. Thermoc himica Acta, 2002, 390(1-2): 79-82.

[49] Truffault L, Ta M T, Devers T, et al. Application of nanostructured Ca doped CeO_2 for ultraviolet filtration[J]. Materials Research Bulletin, 2010, 45(5): 527-535.

[50] Yan M, Mori T, Ye F, et al. Effects of dopant concentration and calcination temperature on the microstructure of Ca-doped ceria nanopowders[J]. Journal of the European Ceramic Society, 2008, 28(14): 2709-2716.

[51] Yan M, Mori T, Zou J, et al. Effect of grain growth on densification and conductivity of Ca-doped CeO_2 electrolyte[J]. Journal of the American Ceramic Society, 2009, 92(11): 2745-2750.

[52] Wu Y C, Lin C C. The microstructures and property analysis of aliovalent cations (Sm^{3+}, Mg^{2+}, Ca^{2+}, Sr^{2+}, Ba^{2+}) co-doped ceria-base electrolytes after an aging treatment[J]. International Journal of Hydrogen Energy, 2014, 39(15): 7988-8001.

[53] Kreuer K D, Proton-conducting oxides[J]. Annual Review of Materials Research, 2003, 33: 333-359.

[54] Bi L, Boulfrad S, Traversa E. Steam electrolysis by solid oxide electrolysis cells (SOECs) with proton-conducting oxides[J]. Chemical Society Reviews, 2014, 43(24): 8255-8270.

[55] Su E C, Montreuil C N, Rothschild W G. Oxygen storage capacity of monolith three-way catalysts[J]. Appllied Catalysis B: Environmental, 1985, 17(1): 75-86.

[56] Kummer J T. Catalysts for automobile emission control[J]. Progress in Energy & Combustion Science, 1980, 6(2): 177-199.

[57] Madier Y, Descorme C, Le Govic A M, et al. Oxygen mobility in CeO_2 and $Ce_xZr_{(1-x)}O_2$ compounds: Study by CO transient oxidation and $^{18}O/^{16}O$ isotopic exchange[J]. The Journal of Physical Chemistry B, 1999, 103(50): 10999-11006.

[58] Fornasiero P, Dimonte R, Rao G R, et al. Rh-loaded CeO_2-ZrO_2 solid-solutions as highly efficient oxygen exchangers: Dependence of the reduction behavior and the oxygen storage capacity on the structural-properties[J]. Journal of Catalysis, 1995, 151(1): 168-177.

[59] Murota T, Hasegawa T, Aozasa S, et al. Production method of cerium oxide with high storage capacity of oxygen and its mechanism[J]. Journal of Alloys and Compounds, 1993, 193(1-2): 298-299.

[60] Miki T, Ogawa T, Haneda M, et al. Enhanced oxygen storage capacity of cerium oxides in $CeO_2/La_2O_3/Al_2O_3$ containing precious metals[J]. The Journal of Physical Chemistry, 1990, 94(16): 6464-6467.

[61] Maillet T, Madier Y, Taha R, et al. Spillover of oxygen species in the steam reforming of

propane on ceria-containing catalysts[J]. Studies in Surface Science and Catalysis, 1997, 112: 267-275.

[62] Cho B. Chemical modification of catalyst support for enhancement of transient catalytic activity: Nitric oxide reduction by carbon monoxide over rhodium[J]. Journal of Catalysis, 1991, 131(1): 74-87.

[63] Yao H, Yao Y. Ceria in automotive exhaust catalysts Ⅰ: Oxygen storage[J]. Journal of Catalysis, 1984, 86(2): 254-265.

[64] Rossignol S, Madier Y, Duprez D. Preparation of zirconia-ceria materials by soft chemistry[J]. Catalysis Today, 1999, 50(2): 261-270.

[65] Trovarelli A, Zamar F, Llorca J, et al. Nanophase fluorite-structured CeO_2-ZrO_2 catalysts prepared by high-energy mechanical milling[J]. Journal of Catalysis, 1997, 169(2): 490-502.

[66] Kacimi S, Barbier J, Taha R, et al. Oxygen storage capacity of promoted Rh/CeO_2 catalysts. Exceptional Behavior of RhCu/CeO_2[J]. Catalysis Letters, 1993, 22(4): 343-350.

[67] Bedrane S, Descorme C, Duprez D. Investigation of the oxygen storage process on ceria- and ceria-zirconia-supported catalysts[J]. Catalysis Today, 2002, 75(1-4): 401-405.

[68] Descorme C, Taha R, Mouaddib-Moral N, et al. Oxygen storage capacity measurements of three-way catalysts under transient conditions[J]. Applied Catalysis A: General, 2002, 223(1-2): 287-299.

[69] Martin D, Taha R, Duprez D. Effects of sintering and of additives on the oxygen storage capacity of PtRh catalysts[J]. Studies Surface Science Catalysis, 1995, 96: 801-811.

[70] Zhou G, Shah P R, Montini T, et al. Oxidation enthalpies for reduction of ceria surfaces[J]. Surface Science, 2007, 601(12): 2512-2519.

[71] Shah P R, Kim T, Zhou G, et al. Evidence for entropy effects in the reduction of ceria-zirconia solutions[J]. Chemistry of Materials, 2006,18(22): 5363-5369.

[72] Kim T, Vohs J M, Gorte R J. Thermodynamic investigation of the redox properties of ceria-zirconia solid solutions[J]. Industrial & Engineering Chemistry Research, 2006, 45(16): 5561-5565.

[73] Zhou G, Shah P R, Kim T, et al. Oxidation entropies and enthalpies of ceria-zirconia solid solutions[J]. Catalysis Today, 2007, 123(1-4): 86-93.

[74] Binet C, Daturi M, Lavalley J C. IR study of polycrystalline ceria properties in oxidized and reduced states[J]. Catalysis Today, 1999, 50(2): 207-225.

[75] Martin D, Duprez D. Evaluation of the acid-base surface properties of several oxides and supported metal catalysts by means of model reactions[J]. Journal of Molecular Catalysis A: Chemical, 1997, 118(1): 113-128.

[76] Vivier L, Duprez D. Ceria-based solid catalysts for organic chemistry[J]. ChemSusChem, 2010, 3(6): 654-678.

[77] Lee S M, Cho S N, Cheon J. Anisotropic shape control of colloidal inorganic nanocrystals[J]. Advanced Materials, 2003, 15(5): 441-444.

[78] Wang Y H, Wang F, Song Q, et al. Heterogeneous ceria catalyst with water-tolerant Lewis acidic sites for one-pot synthesis of 1,3-diols via prins condensation and hydrolysis reactions[J]. Journal of the American Ceramic Society, 2013, 135(4): 1506-1515.

[79] Nunan J Q, Bortun A I. Enhancement of the OSC properties of Ce-Zr based solid solu

tion[P]. US 6585944[P] . 2003-07-01.
[80] Murota T, Hasegawa T, Aozasa S, et al. Production method of cerium oxide with high storage capacity of oxygen and its mechanism[J]. Journal of Alloys and Compounds, 1993, 193(1-2): 298-299.
[81] Daley R A, Christou S Y, Efstathiou A M. Influence of oxychlorination treatments on the redox and oxygen storage and release properties of thermally aged Pd-Rh/$Ce_xZr_{1-x}O_2/Al_2O_3$ model three-way catalysts[J]. Applied Catalysis B: Environmental, 2005, 60(1-2): 117-127.
[82] Zhang L, Sun J f, Li L L, et al. Selective catalytic reduction of NO by NH_3 on CeO_2-MO_x (M=Ti, Si, and Al) dual composite catalysts: Impact of surface acidity[J]. Industrial & Engineering Chemistry Research, 2018, 57(2): 490-497.
[83] Lambrou P S, Costa C N, Christou S Y. Dynamics of oxygen storage and release on commercial aged Pd-Rh three-way catalysts and their characterization by transient experiments[J]. Applied Catalysis B: Environmental, 2004, 54(4): 237-250.
[84] Zhou G, Shah P R, Montini T, et al. Oxidation enthalpies for reduction of ceria surfaces[J]. Surface Science, 2007, 601(12): 2512-2519.
[85] Shah P R, Kim T, Zhou G, et al. Evidence for entropy effects in the reduction of ceria-zirconia solutions[J]. Chemistry of Materials, 2006, 18(22): 5363-5369.
[86] 翁端，冉锐，曹译丹，等. 铈基稀土催化材料在大气污染治理中的研究进展[J]. 中国材料进展, 2018, 37(10): 756-764.
[87] 王修文，李露露，孙敬方，等. 我国氮氧化物排放控制及脱硝催化剂研究进展[J]. 工业催化， 2019, 27(2): 1-23.
[88] Tang C J, Zhang H L, Dong L. Ceria-based catalysts for low-temperature selective catalytic reduction of NO with NH_3[J]. Catalysis Science & Technology, 2016, 6(5) :1248-1264.
[89] Alifanti M, Florea M, Parvulescu VI. Ceria-based oxides as supports for $LaCoO_3$ perovskite; catalysts for total oxidation of VOC[J]. Applied catalysis B: Environmental, 2007, 70: 400-405.
[90] Fujishima A, Honda K. Electrochemical photolysis of water at a semiconductor electrode[J]. Nature, 1972, 238(5358): 37-38
[91] 张荣，李娟，宋莉，等. V/Ce共掺杂TiO_2光催化降解甲醛的实验研究[J]. 环境工程学报, 2011,5(9): 2095-2100.
[92] Zhu L Y, Li H, Xia P F, et al. Hierarchical ZnO decorated with CeO_2 nanoparticles as the direct Z-scheme heterojunction for enhanced photocatalytic activity[J]. ACS Applied Materials & Interfaces, 2018, 10(46): 39679-39687.

第2章 稀土铈基催化材料的制备

2.1 简介

在实际应用过程中，稀土元素铈多以氧化物的形式存在并发挥作用，如在汽车尾气治理的三效催化剂（TWC）中，氧化铈作为一种重要的氧缓冲剂，主要以铈锆固溶体（$Ce_xZr_{1-x}O_2$）的形式参与到对催化剂表面储释氧性能的调控中来。而在自然界中，铈往往以稀土复合盐的形式与其他元素伴生或共存，比如最早发现的铈硅石（cerite）就是一种化学组成十分复杂的稀土硅酸盐，主要化学式为 $Ce_4(SiO_3)_3$，其中一部分铈为正二价的钙和铁所置换，组分中还包含钇以及少量的镧、镨、钕等元素。对于这些多元素伴生的含铈矿石，由于纯度等原因，通常不适合直接拿来作催化剂或催化剂的前体物。为了得到高纯度的含铈化合物，需要对矿石进行富集加工处理，典型的富集提纯方法包括物理法（重选、磁选、浮选等）和化学法（酸浸、萃取、沉淀等）。图 2-1 以从氟碳铈矿中提取铈为例，给出了化学法富集提纯铈的主要工艺流程。

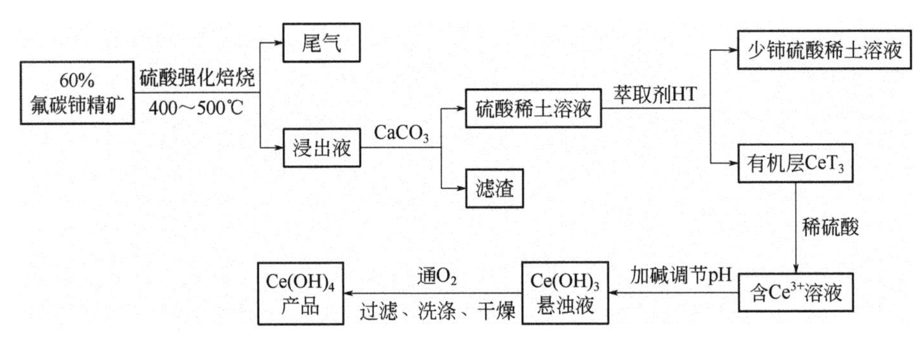

图 2-1　氟碳铈矿中提取铈的典型工艺流程图

上述富集提纯得到的氢氧化铈经过进一步后续处理，即可获得多种满足实际需求的含铈产品。如直接焙烧得到高纯度二氧化铈材料，与简单的无机酸发生酸碱中和反应得到硝酸铈、硫酸铈等常见金属铈盐。一般来说，金属铈单质的化学性质异常活泼，在自然界中难以稳定存在。通常以这些简单的金属铈盐为前驱体，利用多数铈盐可溶于水的特点，通过水热、浸渍、溶胶-凝胶、共沉淀等方法来使其沉淀或在特定载体上分散及与其他元素复合，最后焙烧除去杂质离子得到相应的氧化物。考虑到目前绝大多数铈基催化剂的制备都是基于溶液体系的湿化学方法。因此，在讨论铈基催化剂的制备之前，有必要首先对金属铈盐在水溶液中的存在状态以及受热过程中的相变行为作简单介绍，这也是了解铈基催化剂科学制备的理论基础。

2.2 稀土铈基催化材料制备的科学基础

2.2.1 金属铈盐的溶液化学

2.2.1.1 铈盐在水中的解离络合

溶解度是金属盐在溶液中能够自由扩散的一个重要指标。表 2-1 给出了几种常见铈盐在水中的溶解情况。从表中可以看出，氟化铈和草酸铈在水中难以溶解，因此鲜见有以这两种铈盐为前驱体的水溶液制备方法报道。而另外两种铈盐，$Ce(NO_3)_3$ 和$(NH_4)_2Ce(NO_3)_6$，由于具有足够大的溶解能力（> 1g/mL），且铵根离子和硝酸根离子在受热条件下极易发生分解，不会带来明显的杂质离子干扰，因此被广泛用作铈基催化剂制备的前驱体。

表 2-1 几种常见铈盐在水中的溶解情况[1]

铈金属盐	溶解度(20℃)/ (g/100mL)
CeF_3	不溶
$Ce_2(C_2O_4)_3$	不溶
$CeCl_3$	100
$Ce_2(SO_4)_3$	9.72
$Ce(NO_3)_3$	234
$(NH_4)_2Ce(NO_3)_6$	135

严格来说，这些溶解于水中的铈离子并非孤立存在。Wadsworth 等[2]总结了 Ce(Ⅳ)/Ce(Ⅲ)在不同酸性溶液中的电极电势，发现即使在强酸环境中（1mol/L 高氯酸溶液），Ce^{4+}也会发生剧烈的水解。在低浓度 Ce^{4+}溶液（10^{-4}mol/L）中，铈主要以 $CeOH^{3+}$水解产物存在。随着溶液 pH 值增大至 1.0 以上时，$Ce(OH)_2{}^{2+}$变为主要物种。而当 Ce^{4+}浓度增大到 0.01mol/L 时，Ce^{4+}的水解产物变得复杂起来，在酸性环境中，至少存在两种双核物种[$Ce_2(OH)_2^{6+}$，$Ce_2(OH)_3^{5+}$]。进一步提高溶液 pH 值，还会出现 $Ce_2(OH)_4^{4+}$ 和多核[$Ce_6(OH)_{12}^{12+}$]等水解产物。

与高氯酸根作为阴离子存在情况不同的是，在含硝酸根离子的溶液中，Ce^{4+}的水解会受到极大抑制，这主要与 Ce^{4+}容易与硝酸根中的氧配体发生较强的络合作用有关。而在含醋酸根离子的溶液中，情况介于高氯酸根离子和硝酸根离子之间，水解作用与络合作用并存。醋酸根离子会与水解产物 $CeOH^{3+}$ 发生部分络合作用，形成三核 $Ce_3O_3(HAc)_3{}^{6+}$物种。这一物种稳定性较强，在很宽的 pH 值范围内是主要物种[3]。鉴于阴离子的不同会带来铈物种存在形式与配位状态的差异，在制备铈基催化剂时需要考虑阴离子的平衡作用。如有研究发现，阴离子种类对制备耐高温的大比表面积 CeO_2 有着显著影响，其中以 $CeCl_3$ 为铈源得到的 CeO_2 经 800℃焙烧后仍有高达 $102m^2/g$ 的比表面积，远高于以 $Ce(NO_3)_3$ 为前驱体得到的 CeO_2 样品的比表面积[4]。

除平衡阴离子外，铈盐的自身化学价态对其在水溶液中的存在状态也产生至关重要的影响。众所周知，铈元素的$[Xe]4f^15d^16s^2$ 电子排布结构使得其能够以 Ce^{3+}和 Ce^{4+}两种稳定化学价态存在。在硝酸铈铵盐溶液中，四价铈离子实际上是和每个硝酸根中的两个氧原子稳定络合形成具有 12 配位结构的 $Ce(NO_3)_6^{2-}$[5]。这一结构中，Ce 形成的络合基团表面带负电荷。而对于硝酸铈溶液而言，三价铈离子会部分水解，形成带正电荷的 $CeOH^{2+}$和 $Ce_2(OH)_2{}^{4+}$物种[6]。这一表面物种荷电性质的不同会直接带来与其他物种作用的差异。比如，当采用湿化学法来制备铈锆固溶体时，由于锆物种在水中主要以 ZrO^{2+}的形式存在，这样以表面负电荷的四价铈为前驱体有助于在铈周围形成均匀分布的锆物种。最后，经焙烧后得到具有良好掺杂的铈锆固溶体[7]。此外，前驱体带来的表面电荷差异还被用于制备介孔 $CuO-CeO_2$ 催化剂中。本课题组[8]的研究发现，当使用阳离子型表面活性剂十六烷基三甲基溴化铵（CTAB）为模板剂时，以硝酸铈铵为铈盐前驱体得到的催化剂具有更大的介孔孔径和孔容。究其原因，主要是四价铈表面的负电荷有助于阳离子表面活性剂在其表面静电吸附，从而使表面活性剂的模板剂作用得以充分发挥。

2.2.1.2 铈盐溶液的稳定性

绝大部分三价铈盐在室温下除发生部分水解外，都具有良好的稳定性。但是，随着溶液碱度的增加或体系温度的升高，三价铈盐的稳定性急剧下降，首先出现 $Ce(OH)_3$ 沉淀，这些新生成的 $Ce(OH)_3$ 在有氧参与条件下容易进一步缓慢氧化为 $Ce(OH)_4$，并最终经过快速羟基脱水环节转化为 CeO_2。这也是大多数湿化学方法制备 CeO_2 需要加入一定量沉淀剂或在较高温度条件下进行的最主要原因。

研究表明，通过对一些制备参数的调变，可以控制中间物种 $Ce(OH)_3$ 向产物 CeO_2 转化的速率，这从侧面反映了 $Ce(OH)_3$ 向 $Ce(OH)_4$ 物种的氧化是个缓慢过程[9]。与此对应的是，在大多数铈盐沉淀中间物种的追踪报道中，很少有提及 $Ce(OH)_4$ 信号的出现，说明相较于 Ce^{3+} 向 Ce^{4+} 的氧化，$Ce(OH)_4$ 的脱水是个快速过程。比如，Li 等[10]研究发现，室温下将 $Ce(NO_3)_3$ 和 NaOH 溶液搅拌混合半小时后进行过滤，XRD 物相分析显示得到的产物主要为 $Ce(OH)_3$。当对上述体系进行 100℃水热处理 24h 后，产物的组成变为 41.5% $Ce(OH)_3$ 和 58.5% CeO_2，没有观察到 $Ce(OH)_4$ 衍射峰的出现。进一步提高水热温度至 160℃，$Ce(OH)_3$ 才可以完全转化为 CeO_2。类似的结果也被吴移清等[11]报道。他们在以碳化铈水解氧化制备 CeO_2 纳米粉的过程中，发现在室温条件下碳化铈就可以发生深度水解，反应 24h 后得到的产物为 $Ce(OH)_3$，进一步经 80℃空气干燥 4h 后才转变为 CeO_2。

除了反应温度和时间，当制备体系中有 H_2O_2 存在时，Ce^{3+} 向 Ce^{4+} 的转化会变得容易［式（2-1)］。并且在碱性条件下，上述 $Ce(OH)_3$ 向 $Ce(OH)_4$ 的转化过程会得到加速。同时，由于 H_2O_2 容易与 $Ce(OH)_4$ 中的 OH^- 在两个方向上发生氢键作用，会促进 $Ce(OH)_4$ 向 CeO_2 分解。因此，在铈基材料的制备中，往往会向前驱体溶液中加入一定量的 H_2O_2 来控制铈盐沉淀反应的动力学过程[12]。

$$2Ce^{3+} + H_2O_2 + 2H^+ (aq) \xlongequal{\quad} 2Ce^{4+} + 2H_2O \qquad (2\text{-}1)$$

陈山虎等[13]以 H_2O_2 为氧化剂，考察了不同沉淀剂（氨水和碳酸铵）对 CeO_2 材料制备的影响。他们采用傅里叶变换红外光谱（FTIR）、拉曼（Raman）光谱、热重-差热分析（TG-DTA）及 X 射线光电子能谱（XPS）等手段对沉淀前驱体及其分解过程进行了研究。结果表明，在有双氧水存在条件下，氨水沉淀产物首先生成 $Ce(O_2)(OH)_2$，这一物种在熟化过程中逐渐转化为 CeO_2。整个过程发生的化学反应式如下：

$$Ce^{3+} + 1.5\ H_2O_2 + 3\ OH^- \xlongequal{\quad} Ce(O_2)(OH)_2 + 2\ H_2O \qquad (2\text{-}2)$$

$$Ce(O_2)(OH)_2 \xlongequal{\quad} CeO_2 + 0.5\ O_2 + H_2O \qquad (2\text{-}3)$$

而在碳酸铵水解法制备的前驱体中，由于 CO_3^{2-} 容易与 Ce^{4+} 发生一定的络合作用，因此水解按如下方式进行，产物中含有 CO_2^{2-}、CO_3^{2-} 和 OH^- 物种。

$$CO_3^{2-} + H_2O \xlongequal{\quad} HCO_3^- + OH^- \qquad (2\text{-}4)$$

$$Ce^{3+} + 1.5\ H_2O_2 + OH^- \Longleftrightarrow Ce(O_2)^{2+} + 2\ H_2O \qquad (2\text{-}5)$$

$$Ce(O_2)^{2+} + xOH^-/(1-0.5x)\ CO_3^{2-} \Longleftrightarrow Ce(O_2)(OH)_x(CO_3)_{1-0.5x} \qquad (2\text{-}6)$$

加热熟化过程中，水解作用进一步发生，碳酸根会逐渐被氢氧根取代［式（2-7）］，并最终按式（2-3）得到 CeO_2。

$$Ce(O_2)(OH)_x(CO_3)_{1-0.5x} + H_2O \longrightarrow Ce(O_2)(OH)_2 + CO_2 \qquad (2\text{-}7)$$

作者分析指出，虽然两种方法制备的沉淀物的化学成分基本一样，但碳酸铵水解沉淀法改变了沉淀颗粒的成核速度和堆积方式，因此制备的 CeO_2 具有更好的抗高温老化性能和还原性能。

与三价铈情况有所不同的是，四价铈离子由于具有很强的氧化性，一些具有还原性的阴离子难以与 Ce^{4+}共存，典型的如氯离子。有报道表明，在盐酸溶液中，Ce^{4+}能够按照式（2-8）所示缓慢地将 Cl^-氧化为 Cl_2，并且随着酸度的增高，氧化速率加快。有趣的是，双氧水作为一种同时具有一定氧化性和还原性的化学试剂，在较高 pH 值条件下能够将 Ce^{3+}氧化为 Ce^{4+}。而当溶液体系的 pH 值较低时，则主要发挥还原剂的作用，将溶液中的 Ce^{4+}转化为 Ce^{3+}［式（2-9）］。即便是对于 CeO_2 颗粒，其在含有 H_2O_2 的酸性溶液中也能被完全溶解，这被认为是一种溶解 CeO_2 的重要方法[14]。上述 Ce^{4+}与 H_2O_2 反应由于具有灵敏度高和反应速率快的特点，也被用作快速检测溶液中过氧化氢浓度的一种重要方法[15]。

$$2Ce^{4+} + 2Cl^- \Longleftrightarrow 2Ce^{3+} + Cl_2\uparrow \qquad (2\text{-}8)$$

$$2Ce^{4+} + H_2O_2 \Longleftrightarrow 2Ce^{3+} + O_2\uparrow + 2H^+ \qquad (2\text{-}9)$$

四价铈与三价铈之间水解能力的不同，直接导致其在外界热源触发下的稳定性差异。比如，Hirano 等[16]研究了铈硫酸盐在受热条件下的水解情况，发现对于 $Ce(SO_4)_2$ 溶液，150℃水解 5h 后得到的沉淀产物主要为 $CeOSO_4 \cdot H_2O$ 和部分 CeO_2。而对于 $Ce_2(SO_4)_3$，由于其对水分子的极化能力弱，相同条件下几乎没有沉淀出现。李广社等[17]研究了含 Ce 水热体系中产物及其结构稳定性情况。结果表明，不同原料（草酸铈、硝酸铈、硫酸铈、硫酸高铈）经 240℃高温水热处理后得到的产物有所不同。当初始原料为 $Ce(SO_4)_2$ 和 $Ce(NO_3)_3$ 时，产物为 CeO_2；当初始原料为 $Ce_2(SO_4)_3$ 时，产物为 $Ce(OH)_3$；而当初始原料为 $Ce_2(C_2O_4)_3$ 时，产物为 $CeOHCO_3$。$CeOHCO_3$ 经 2GPa 的冷压处理未发生结构转变，经高温焙烧处理则得到高结晶度的棕红色 CeO_2。

总的来说，由于铈盐同时具有两种不同价态，且其在水溶液中的水解作用会随着外界条件变化而发生改变，并且两种不同价态铈盐间还可以发生相互转化，这些因素使得水溶液中的铈物种异常复杂，目前我们对铈盐溶液化学方面的认识还非常有限。随着先进表征技术的发展，将有可能对铈盐在水中的存在状态及动态变化规律方面获得更为清晰、更加深入的认识。

2.2.2 金属铈盐的热分解化学

基于溶液体系的湿化学方法制备催化剂不可避免会有阴离子残存，虽然制备过程中通过延长水热时间、提高水热温度以及增加洗涤次数等操作能除掉大部分残留阴离子，但为了彻底消除阴离子杂质干扰，同时提升材料的结晶性能，铈基催化剂的制备过程通常都涉及焙烧环节。此外，对于一些非湿化学制备方法，如机械化学法、直接热分解法等，其主要过程为受热条件下的相变。因此，了解金属铈盐的热分解情况对于深入了解催化剂的制备具有重要意义。

吕佳娉等[18]利用热分析技术研究了碳酸铈、硝酸铈和草酸铈三种常见铈盐的热分解过程，发现水合铈盐的热分解遵循先失去结晶水后分解的规律。对于二水合碳酸铈，其热分解过程分两步进行：首先在75～180℃下脱去 2 分子结晶水生成无水碳酸铈，然后在 220～300℃下分解脱去 CO_2 生成 CeO_2。进一步升高温度不会出现明显的失重或吸/放热信号，表明得到的 CeO_2 具有单一、稳定的晶相。九水合草酸铈的分解趋势与二水合碳酸铈相似，在 100～180℃下脱去 9 分子结晶水生成无水草酸铈，然后在 290～380℃下分解并同时脱去 CO 和 CO_2 生成 CeO_2。而六水合硝酸铈的分解则不同，其热分解过程分三步进行：首先在 60～80℃下脱去 3.5 分子结晶水生成含 2.5 分子结晶水的硝酸铈，然后在 190～250℃下脱去 2.5 分子结晶水生成无水硝酸铈，最后在 258～310℃下热分解脱去 NO_2 和 O_2 生成 CeO_2。由表 2-2 可知，三种铈盐在 400℃之前可实现完全分解。因此，为了得到完全分解的 CeO_2，宜采用 400℃及以上的焙烧温度。

表 2-2 碳酸铈、草酸铈和硝酸铈的热分解过程

名称	热分解过程
碳酸铈	$Ce_2(CO_3)_3 \cdot 2H_2O \xrightarrow[75\sim180℃]{-2H_2O} Ce_2(CO_3)_3 \xrightarrow[220\sim300℃]{-3CO_2} CeO_2$
草酸铈	$Ce_2(C_2O_4)_3 \cdot 9H_2O \xrightarrow[100\sim180℃]{-9H_2O} Ce_2(C_2O_4)_3 \xrightarrow[290\sim380℃]{-(3CO+3CO_2)} CeO_2$
硝酸铈	$Ce(NO_3)_3 \cdot 6H_2O \xrightarrow[60\sim80℃]{-3.5H_2O} Ce(NO_3)_3 \cdot 2.5H_2O \xrightarrow[190\sim250℃]{-2.5H_2O} Ce(NO_3)_3 \xrightarrow[258\sim310℃]{-(0.5O_2+3NO_2)} CeO_2$

仪建华等[19]通过柠檬酸三钠和硝酸铈在去离子水中反应制得柠檬酸铈，元素分析显示产物为 $C_6H_5O_7Ce\cdot4H_2O$，其结构式如图 2-2 所示。他们采用 TG-DSC（热重-差示扫描量热法）和原位红外联用技术对目标产物进行了热分解机理研究（升温速率 10℃/min，N_2 气氛）。热重曲线上出现 3 个明显的台阶，第一个台阶对应吸热过程，后两个台阶对应放热过程。同时，失重分析表明第一阶段失重对应着 4 个结晶水的失去，而最终残余量与全部生成 Ce_2O_3 的理论残余值基本相符。据此，他们给出了如下柠檬酸铈的热分解机理：

$$C_6H_5O_7Ce\cdot4H_2O \xrightarrow{65\sim195℃} C_6H_5O_7Ce \xrightarrow{217\sim300℃} \text{挥发性残渣} + Ce_2(CO_3)_3 \xrightarrow{300\sim424℃} Ce_2O_3$$

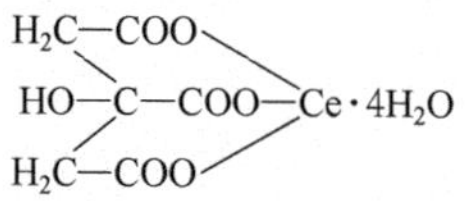

H_2C-COO
$HO-C-COO-Ce\cdot4H_2O$
H_2C-COO

图 2-2　柠檬酸铈的分子结构式

杨瑛等[20]利用 TG-DTA 和 DSC 研究了另外一种常见铈盐——$Ce(SO_4)_2\cdot4H_2O$ 的热分解行为，并通过化学分析、X 射线物相分析和磁矩测定等手段对中间产物进行了详细表征。结果如表 2-3 所示，$Ce(SO_4)_2\cdot4H_2O$ 在空气气氛中的热分解过程主要包含四步。在 300℃之前主要对应脱去结晶水的过程（分步脱除），而当温度升高至 450℃以上，则开始出现硫酸根离子的分解过程。这一温度要明显高于其他金属铈盐的起始分解温度。值得注意的是，在研究中，他们还关注了分解过程中铈的价态变化情况。$Ce(SO_4)_2\cdot4H_2O$ 脱水后所形成的 Ce^{4+} 无水硫酸盐在受热时，Ce^{4+} 能从 SO_4^{2-} 中所含的 O^{2-} 上获得电子而被还原为 Ce^{3+} 硫酸盐，同时分解释放出 O_2 和 SO_3。还原后生成的中间产物 $Ce_2(SO_4)_3$ 进一步受热时，Ce^{3+} 重新在空气中氧化为 Ce^{4+}，并分解成最终产物 CeO_2 和 SO_3。

表 2-3　$Ce(SO_4)_2\cdot4H_2O$ 在空气气氛下的热分解过程

分解温度/℃		分解过程
TG	DTA	
98～170	100～170	$Ce(SO_4)_2\cdot4H_2O \longrightarrow Ce(SO_4)_2\cdot2H_2O + 2H_2O$
170～322	170～320	$Ce(SO_4)_2\cdot2H_2O \longrightarrow Ce(SO_4)_2 + 2H_2O$
459～495	450～495	$2Ce(SO_4)_2 \longrightarrow Ce_2(SO_4)_3 + SO_3 + (1/2)O_2$
749～830	749～830	$Ce_2(SO_4)_3 + (1/2)O_2 \longrightarrow 2CeO_2 + 3SO_3$

上面提到的金属铈盐受热经历的先脱水后分解过程，还被用于无溶剂条件下制备铈基催化剂。以硝酸铈为例，从表 2-3 中可以看出，其在 100℃以下就会失去结晶水。由于温度较低，这些脱去的结晶水并不会挥发耗散，部分充当了铈盐溶解的介质，即硝酸铈溶解在自身所带的结晶水中，使得铈盐具有一定的流动性（也有报道中认为铈盐发生熔化形成了熔融盐）。这一低温受热产生流动性铈盐的特性，可以用于高分散负载型氧化铈以及介孔氧化铈催化剂的制备[21, 22]。

2.3 纯 CeO_2 的制备

随着材料制备技术和以电子显微镜为代表的先进表征技术的发展，越来越多的具有不同形貌结构的纳米材料被制备出来。通常为人们所熟知的是，通过降低 CeO_2 的颗粒尺寸、暴露更多具有较高活性的晶面或者构造更为丰富的孔道结构，是提高其反应活性的有效途径。这些具有特殊形貌和特定结构（晶面、孔道等）的纳米材料往往表现出有别于传统块体材料的性质，因而材料的形貌结构控制也成为调变其性能的一个重要方面。

2.3.1 CeO_2 的形貌调控

2.3.1.1 零维 CeO_2 材料制备

以氧化铈为基础的催化材料的活性总是与高储氧量有关，即与优异的氧化还原性能有关。与大颗粒 CeO_2 相比，处于纳米尺寸的 CeO_2，特别是尺寸小于 10nm 的超小 CeO_2，由于具有较强的晶格应力以及丰富的表面氧缺陷和 Ce^{3+}浓度，在催化方面往往表现出特异性质。因此，对于零维材料的制备，一个研究热点集中在超小尺寸 CeO_2 材料制备上。

微乳液法是制备超小纳米粒子的一种重要方法，其原理是基于构造限域生长的反应介质来实现对纳米粒子尺寸的控制。一般来说，微乳液主要由水、表面活性剂及油三种组分组成。利用油水不互溶的特点来构造相分离的方式将化学反应局限在微乳液反应器中（分散液滴），并结合油水比、反应物浓度等参数调变实现对颗粒尺寸的调控。Masui 等[23]较早地对微乳液法制备超细 CeO_2 纳米粒子进行了研究。在他们的工作中，微乳液构成的反向胶束体系由 OP-10（聚乙烯辛基乙醚）、正己醇、环己烷和水组成。他们将铈盐和氨水溶液分别加入上述微乳液中，再将两个体系混合，通过控制铈盐浓度以及水/OP-10 比例，成功制得尺寸介于 2～6nm 间的超细 CeO_2 纳米粒子。

Zhang 等[24]进一步研究了微乳液法制备的 CeO_2 在受热条件下的生长情况。他们采用类似的方法（以 CTAB 取代 OP-10，正丁醇代替正己醇）制备了二氧化铈微乳胶，发现经 400℃焙烧处理后粒子会出现明显团聚的现象，但材料的结晶性仍较差。只有当烧结温度增加到 500℃以上时，才会完全转化为 CeO_2 纳米晶。有趣的是，他们制备的 CeO_2 粒子经 600℃高温处理后尺寸也不会明显增加，仅为 6～8nm。

除了微乳液法，刘强等[25]报道了超声雾化也可以作为一种限制 CeO_2 成核与生长的有效方法。他们将铈盐前驱体（硝酸铈）和沉淀剂（碳酸氢铵）配制成溶液并置于超声雾化器中，待两种溶液分别雾化后，通过载气将其在反应器内混合，最后收集白色烟雾，离心分离。与微乳液方法相比，这一方法不需要使用昂贵的表面活性剂，具有成本低和反应产率高等优点，适合大规模制备。透射电子显微镜（TEM）表征结果表明，超声雾化法制备的 CeO_2 粒子尺寸在 3～5nm，且粒度分布均匀，颗粒分散性好。作为一种新型制备方法，研究中作者还对超声雾化反应法制备 CeO_2 纳米粉体的机制进行了探讨，认为 CeO_2 纳米粒子的成核和长大是一个液相的微区反应过程，正是超声雾化液滴的微小体积保证了更小纳米粒子的形成。他们提出，在制备纳米粒子时，比较理想的情况是快速成核和避免扩散性生长，而小液滴内的反应能够满足以上两个条件。

细小纳米粒子表面存在大量的配位不饱和键，通常具有很高的表面能，容易发生粒子间团聚，这直接带来表面可接触位点的减少，不利于催化作用的最大化发挥。Djuričić 等[26]开发了一种两步沉淀的方法，发现可以较好地控制小于 5nm 纳米粒子的团聚现象。他们首先在低温条件下（5℃）往制备溶液体系中加入 H_2O_2，由于反应温度低，Ce^{3+}会被逐渐氧化为 Ce^{4+}，缓慢的反应速率有助于反应物在沉淀之前混合均匀。这一过程类似于均相沉淀。随后加入氨水可以促进沉淀完全，并使得球状聚集体向弱团聚的水合 CeO_2 粉末转化。最后通过高温水热处理来增加颗粒的结晶性，并且不会带来颗粒尺寸的显著增加。

董相廷等[27]报道了另外一种具有代表性的控制细小 CeO_2 纳米粒子分散性的方法。他们在酸性溶液中利用 H_2O_2 将 CeO_2 溶解，配成 $Ce(NO_3)_3$ 溶液后，加入氨水使其完全沉淀，离心、水洗，然后加入适量稀硝酸并在一定水浴温度下得到淡黄色 CeO_2 纳米水溶胶。在此基础上，向水溶胶中加入十二烷基苯磺酸钠（DBS），搅拌数分钟后加入甲苯萃取，得到稳定性极好的亮黄色透明有机溶胶。将该有机溶胶蒸发除去有机溶剂，真空干燥后得到表面 DBS 修饰的大小为 3nm、粒径均匀分布无团聚现象的固体 CeO_2 纳米粒子。这一良好分散性主要得益于表面活性剂在高能 CeO_2 表面的吸附，从而有效阻止了颗粒间的团聚。

刘冶球等[28]进一步地通过 Zeta 电位和吸光度研究了不同表面活性剂（聚乙二醇 、聚甲基纤维素和十六烷基三甲基溴化铵）对 CeO_2 在水分散液中稳定性的影响。他们发现，在偏碱的条件下添加聚甲基纤维素和聚乙二醇，在偏酸的条件下添加十六烷基三甲基溴化铵时，都有利于 CeO_2 在水中的分散稳定性。相比于其他两种分散剂（聚乙二醇和十六烷基三甲基溴化铵），聚甲基纤维素对 CeO_2 的稳定效果更佳。

2.3.1.2 一维 CeO_2 材料制备

一维纳米材料一般会沿特定的晶面生长，表现出独特的结构和电子特性。典型的一维纳米材料包括纳米线、纳米棒和纳米管。最早的有关一维 CeO_2 纳米材料的制备是通过硬模板法来实现的。La 等[29]报道了一种简单的，适合大规模制备 CeO_2 纳米线阵列的方法。他们以阳极氧化铝薄膜（anodic alumina oxide membranes，AAO）为模板，将硝酸铈溶液和草酸溶液浸渍到 AAO 的纳米孔道中发生反应形成沉淀，最终经焙烧处理后得到与 AAO 孔道直径大小相同（60nm）的 CeO_2 纳米线阵列。

同样的硬模板策略也被应用于制备 CeO_2 纳米管。Gonzalez-Rovira 等[30]采用电化学沉积的方式将 CeO_2 引入 AAO 上，除去 AAO 后得到 CeO_2 纳米管。纳米管的孔径为 200nm，长度为 30～40μm，壁厚约为 6nm。在 200℃时，其对 CO 催化氧化的活性是普通 CeO_2 粉末的 400 倍。Zhang 等[31]以碳纳米管为模板，利用简单的溶剂热方法制备出了氧化铈包裹的碳纳米管，煅烧去除碳纳米管模板后，即得到均一稳定的氧化铈纳米管。该材料具有很高的比表面积和良好的热稳定性，并且对 CO 氧化表现出较好的催化活性。

硬模板法可以较好地控制最终产物的收率，但是得到的一维材料的尺寸受到模板剂的严格限制，且模板剂去除过程有可能带来一维结构的破坏。因此，为了得到具有规整结构的一维 CeO_2 纳米材料，越来越多的研究集中在对 CeO_2 晶体生长的控制上。为了获得各向异性生长的一维纳米结构，晶体生长路径可以采用调节不同参数来控制其热力学和动力学过程。这些参数包括溶剂、表面活性剂、反应物浓度、反应温度等。如 Sun 等[32]报道了通过溶液相途径，用琥珀酸-2-乙基己基磺酸钠作为结构导向试剂来合成多晶 CeO_2 纳米线。电镜结果表明纳米线由许多不同取向的小晶粒组成，这些小晶粒堆积孔道的存在有助于气体分子快速扩散及与 CeO_2 的表面接触。

陶宇等[33]考察了微波辅助法在制备形貌可控 CeO_2 纳米材料中的应用。他们以乙二醇作为溶剂，发现通过简单地调节微波反应时间，可以制备得到 CeO_2 纳米粒子、纳米立方体和纳米棒。结合实验结果，他们提出了纳米棒的形成机理：首先，叔丁胺在反应中提供 OH^-和碱性环境，溶解在水里的 O_2 将 Ce^{3+}氧化到 Ce^{4+}，微波辐射提供的能量促使 $Ce(OH)_4$ 分解为 CeO_2。CeO_2 纳米晶核开始生长和聚集形成 CeO_2 纳米团聚体。由于奥斯特瓦尔德熟化（Ostwald ripening），纳米颗粒聚集并生长成纳米方块。当微波反应达到一定时间后，体系中出现 CeO_2 纳米棒。纳米棒出现并且沿着[100]方向生长。由于(100)晶面存在一段垂直于晶面的偶极矩，这意味着(100)面的表面能将会被分散，使表面能降低，所以晶体更容易沿着[100]生长。为了证实这一推测，他们采用 TEM 光源对 CeO_2 纳米方块进行加热，发现 CeO_2 纳米方块也会通过定向结合吸附生长成为 CeO_2 纳米棒。

Yu 等[34]建立了一种一步法制备超细氧化铈纳米线的新技术。他们在乙醇-水混合溶剂体系中未采用任何模板或表面活性剂，通过一步回流的方法合成了直径 5nm、长径比超过 100 的超细氧化铈纳米线。这种氧化铈纳米线具有高达 $125.3m^2/g$ 的比表面积，对重金属离子和有机染料有着很高的吸附容量。机理研究结果显示超细纳米线的形成主要包括两个过程：附着生长和奥斯特瓦尔德熟化过程。首先，氧化铈在溶液中形成纳米颗粒，随着反应时间的延长，这些纳米颗粒定向附着成长短不一的纳米棒。接着，这些纳米棒进化生成纳米线，由纳米棒到纳米线的进化过程可以通过典型的奥斯特瓦尔德熟化过程来解释。

电化学沉积法是近年来新兴的一种制备纳米晶体的方法。该方法生产成本低、生产工艺简单。Lu 等[35]发现电化学沉积法也可以被用来制备 CeO_2 纳米线阵列和纳米管。他们使用 $Ce(NO_3)_3$、CH_3COONH_4 和 KCl 为电解液，在 70℃、$0.5mA/cm^2$ 的恒电流密度下电解 2h，得到沉积在铜箔上的长度为数十微米，直径在 50～100nm 的自支撑 CeO_2 纳米线阵列。有趣的是，当电解液调整为 $Ce(NO_3)_3$ 和二甲亚砜（DMSO）

时，可以得到结晶度很高的 CeO_2 纳米管[36]。

Tang 等[37]采用两步水热合成了管状的氧化铈材料，第一步是前驱体 $Ce(OH)CO_3$ 的合成，第二步是在前驱体中加入一定量的NaOH溶液，这不仅提高了氧化铈的产量，而且制备出了具有规整形状的两端开口结构的纳米管，其内径为10～25nm，壁厚为5～10nm。

孙庆堂等[38]利用 $CeCl_3$ 为铈源，聚乙烯吡咯烷酮为表面活性剂，六亚甲基四胺（HMT）为沉淀剂，在120℃水热条件下制备了具有六方形截面的 $Ce(OH)_3$ 纳米管，煅烧后得到与前驱体形貌相同的氧化铈纳米管。实验证明了 $Ce(OH)_3$ 纳米管是由 $Ce(OH)_3$ 纳米六棱柱演变而来。据此，他们提出表面稳定-内部溶解过程来解释纳米管的形成。在反应初期，由于 HMT 的分解，小的 $Ce(OH)_3$ 纳米粒子逐渐形成，生成的纳米粒子可以作为溶液中的晶种。随着反应时间的延长，$Ce(OH)_3$ 逐渐生长成纳米六棱柱。$Ce(OH)_3$ 极易与 O_2 反应，表面会形成一层 CeO_2 层。由于溶液中形成的 $Ce(OH)_3$ 的结晶性能不好，六棱柱从内部开始溶解，当内层的 $Ce(OH)_3$ 完全溶解便得到纳米管。由于该水热反应的温度较低，形成的晶体的结晶性能很差，形成的 CeO_2 纳米管又会溶解，最终全部转变为纳米颗粒。

2.3.1.3 二维 CeO_2 材料制备

金属氧化物与半导体的二维各向异性纳米结构吸引了众多研究人员的兴趣，它们超薄的厚度和可能的量子尺寸效应赋予了其独特性能。然而，因为立方萤石结构晶体缺乏各向异性生长的内在驱动力，因此，有关二维结构 CeO_2 的报道并不多。其中一种策略是在晶体生长过程中加入适当有机配体，使其选择性地吸附在特定晶面上，改变立方晶体的生长习性，使其发生各向异性生长。Yu 等[39]运用这一策略，用6-氨基己酸成功合成出了直径4μm、厚为2.2nm的单晶 CeO_2 纳米片，进一步的形成机理研究表明其生长机制为初始形成的纳米晶的定向附着和后续重结晶生长。在实验中，他们发现，铈盐的连续缓慢滴加是得到超薄二维纳米片的关键。同样，Wang 等[40]在油酸、油胺及1-十八烯等有机物体系中合成了二维 CeO_2 纳米晶，该晶体具有很大的理论比表面积-体积比和理想的(100)晶面，并表现出比三维纳米材料更高的储释氧性能。

Yu 等[41]以醋酸铈和乙二胺为前驱体，通过两步水热的方式得到纳米片状 $Ce(OH)CO_3$，进一步对所得样品进行焙烧处理得到厚度仅为2.4nm的二维 CeO_2 纳米片。由于制备过程不含任何表面活性剂，该制备方法有着较高的收率（约75%）。对制备中间过程的表征表明，第一步水热（150℃）得到具有一维结构的铈-乙二胺（Ce-EDA）杂化物种，第二步更高温度（240℃）的水热处理使得 Ce-EDA 纳米棒结构坍塌，转化为纳米粒子。随着水热时间的延长，这些细小粒子经过自组装形成具有完整结构的 $Ce(OH)CO_3$ 二维纳米片。

特别值得一提的是，Sun 等[42]利用油酸与 Ce^{3+}间的静电作用，制备出了厚度仅为 3 个原子层的超薄 CeO_2 纳米片。这种超薄二维结构能够暴露出高达约 70%的表面原子，进而能够提供大量的活性中心。为了进一步理解活性中心中不同配位数的活性位点对催化活性的具体影响，他们人为地在超薄氧化铈纳米片的表面创造出丰富的表面凹坑。同步辐射 XAFS 结果显示出凹坑周围的 Ce 原子的平均配位数为 4.6，明显小于超薄纳米片表面 Ce 原子（6.5）和块材中 Ce 原子（8）的平均配位数。同时，相对于超薄纳米片和块材中表面 Ce 原子，第一性原理计算显示凹坑周围的 4-和 5-配位 Ce 原子具有最大的 CO 吸附能和最小的 O_2 活化能。得益于以上的种种优点，CO 催化氧化的实验结果证实了大量配位不饱和表面 Ce 原子的存在导致其表观活化能从块材的 122.9kJ/mol 降低到超薄纳米片的 89.1kJ/mol；同时，大量凹坑的存在使得超薄 CeO_2 纳米片的表观活化能继续降低到 61.7kJ/mol。相应地，CeO_2 的 100% CO 转化温度也从块材的 425℃降低到超薄纳米片的 325℃和富含表面凹坑的超薄纳米片的 200℃。

2.3.1.4 三维 CeO_2 材料制备

三维 CeO_2 通常是指由零维、一维或二维 CeO_2 为基本单元组合而成的具有复合纳米结构的氧化铈。典型的形貌包括纳米花、纳米泡沫和纳米空心球等。这种三维结构材料通常具有较大的尺寸，多数在几百纳米到数微米之间，具有不易团聚、稳定性好、有利于分子扩散等优点。由于结构复杂，这些具有多级结构的 CeO_2 材料通常难以通过硬模板法来制备。目前报道的合成方法多是在有表面活性剂或有机溶剂存在条件下，利用合成体系中的组分间相互作用，自组装成具有新颖形貌和分级结构的材料。Sun 等[43]报道了以硝酸铈为铈盐前驱体，通过往前驱体溶液中加入葡萄糖、丙烯酰胺和氨水，可以制得花朵形貌的 CeO_2。进一步以其为载体负载金，催化剂表现出优异的反应活性，室温条件下可以实现 80%以上的 CO 转化效率。Zhang 等[44]把硝酸铈铵溶解在去离子水中，加入一定量乙醇后在 180℃条件下水热 10h，再经过焙烧后得到直径为 10μm，厚度为 10nm 的花瓣形貌 CeO_2。他们发现，通过控制乙醇与水的比例可以控制金属盐的水解和还原速率，进而影响材料形貌。当水与 Ce^{4+}摩尔比超过 100 时，无花朵状形貌的生成。

Zhong 等[45]报道了一种乙二醇辅助方法合成三维花状氧化铈微纳复合结构，该结构同时具备微米结构与纳米结构的优势，对废水处理显示出很高的活性。Xiao 等[46]以硝酸铈和苯甲醇为原料，在非水环境中采用溶胶-凝胶法获得了具有分级结构的 CeO_2 纳米球。由于具有丰富的间隙孔（图 2-3），这一材料在金属离子和有机染料吸附中表现出良好性能。

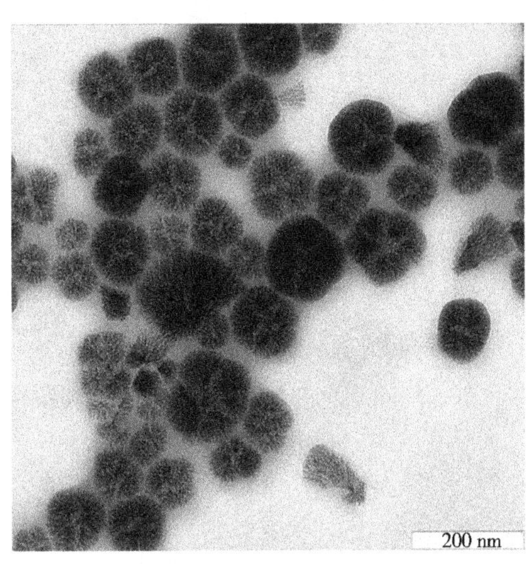

图 2-3　非水环境下制备的具有分级结构的三维 CeO_2 纳米球

Li 等[47]报道了一种利用电化学沉积制备具有分级结构 CeO_2 的新方法。他们以硝酸铈和硝酸铵为电解液，在 1.0mA/cm^2 的电流密度下，得到了壁厚约为 50nm，由片状 CeO_2 堆积而成、具有丰富孔道的三维 CeO_2 材料（图 2-4）。

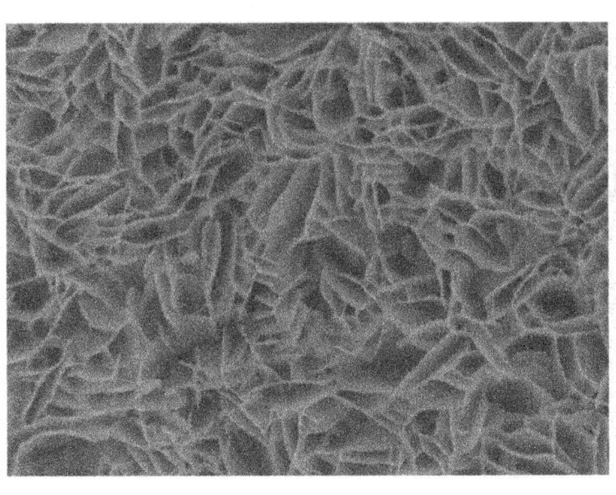 

图 2-4　电化学沉积法制备的多级结构 CeO_2

Yu 等[48]将浓度为 0.25mol/L 的 $Ce(NO_3)_3 \cdot 6H_2O$ 和适量的 $Na_3PO_4 \cdot 6H_2O$（PO_4^{3-}与 Ce^{3+}的摩尔比保持在 5%）分别溶解于 30mL 和 10mL 去离子水中。然后，将这两种溶液混合并在室温下搅拌 30min 后转移至 50mL 高压釜中，在 220℃下加热 12h，最后得到由无数纳米棒组成的尺寸在微米级别的纳米花状 CeO_2 复合结构（图 2-5）。

图 2-5　由纳米棒组成的具有三维复合结构的 CeO_2 纳米球

Wei 等[49]将 $CeCl_3 \cdot 7H_2O$ 和聚乙烯吡咯烷酮（PVP）溶解在无水乙醇中，搅拌条件下加入甲酸和 $NH_3 \cdot H_2O$ 溶液，形成白色胶体溶液。加入 H_2O_2（30%）后溶液颜色变为黄色。将得到的黄色胶体溶液转移到高压反应釜中 150℃下水热 6h，最后得到由短纳米棒（长度：100nm；直径：20nm）组成的玫瑰花状 CeO_2。

除花状形貌外，具有空心结构的 CeO_2 也是一类重要的三维材料。Sun 等[50]报道了一种制备金属氧化物的普适性方法。他们以葡萄糖水热碳化得到的碳球为模板，通过超声处理将金属离子吸附到碳球表面及内部孔道中，经焙烧后即可制备出纳米空心球。Qi 等[51]发现，当将铈盐溶液与葡萄糖以及尿素一起水热，可以得到尺寸在 1～2μm 的具有三重壳结构的 CeO_2 空心球。相应的光催化结果表明，三重壳结构的 CeO_2 空心球的活性要明显优于一重壳和两重壳 CeO_2 空心球以及 CeO_2 纳米颗粒。Xu 等[52]的研究进一步发现，通过调整对碳球的焙烧升温速率，可以实现对 CeO_2 空心球壳层数目的可控调变，低升温速率有助于得到单层壳结构，而高升温速率则能够得到最高达四层壳结构的 CeO_2 空心球。除了对 CeO_2 有效外，这一策略也被证明可用来制备复合铈基氧化物[53]。

除碳球外，其他一些球状颗粒也可被用作硬模板来制备 CeO_2 空心球。如 Strandwitz 等[54]使用单分散 SiO_2 胶体小球为模板，成功制备出具有空心结构的 CeO_2 微球（图 2-6）。进一步的分析表明，这些 CeO_2 空心球的外壳由尺寸在 3～5nm 的 CeO_2 纳米晶体组成，具有良好的通透性。此外，也有一些无模板法制备空心结构 CeO_2 材料的报道。Zhang 等[55]以 $Ce(NO_3)_3$ 为铈源，尿素为沉淀剂，H_2O_2 为氧化剂，在 230℃反应釜中水热反应 10h，得到了具有中空结构的 CeO_2。机理分析表明，CeO_2 空心球形成过程中尿素起了关键作用。在反应过程中尿素水解产生氨气气泡，然后晶核以其为模版在其表面进行层层自组装，从而生成单壁或多壁的纳米中空球。

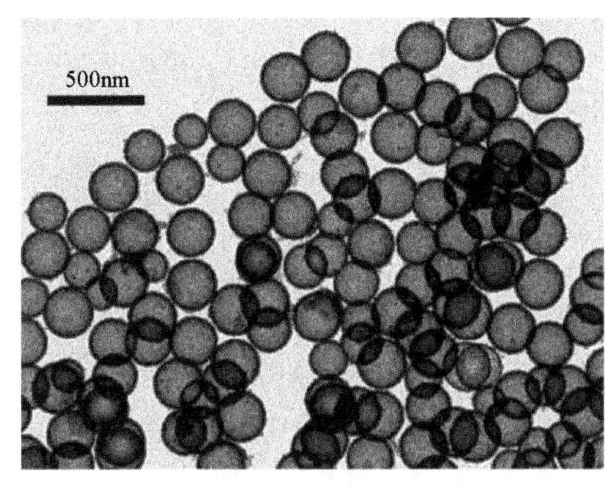

图 2-6　以 SiO_2 胶体小球为模板制备的 CeO_2 空心球

2.3.2　CeO_2 的结构调控

2.3.2.1　CeO_2 的表面暴露晶面调控

目前对具有特定暴露晶面的制备还主要基于高温高压环境下的水热方法。在高温高压条件下，物质在水中的溶解度提高，离子活性增强，晶体结构会发生转变。水热法就是利用上述性质，在密闭反应容器中，以水为反应溶剂，经加热后在容器中形成自生压，从而创造一个高温高压的反应环境，使物质溶解并发生一系列氧化还原反应，得到相应的纳米晶体。水热法合成具有样品形貌可控、分散性好、生产成本低等特点。Mai 等[56]以硝酸铈作为铈源，通过控制水热反应溶液的 pH 值、反应物浓度、反应温度和反应时间获得了不同形貌和暴露晶面的单晶 CeO_2 纳米材料。研究发现，随着溶液 pH 值的增大和反应温度的升高，CeO_2 纳米晶的形貌逐渐由三维多面体向一维纳米棒转变，相应的材料的暴露晶面也从(111)和(100)向(110)转变。Yang 等[57]

通过添加油酸作为稳定剂，成功制备出具有(200)暴露面的单分散 CeO_2 纳米立方体，并且通过对油酸含量的调节实现了 4～100nm 的尺寸可控制备。

2.3.2.2 CeO_2的孔道结构调控

对于催化剂而言，其表面存在的丰富孔道有利于反应物分子扩散，进而提高反应效率。近年来，有关有序介孔、大孔结构的 CeO_2 材料的制备也因此吸引了研究人员的广泛关注。

对于有序介孔 CeO_2 的制备，Laha 等[58]最早报道了通过纳米浇筑的方法将铈盐前驱体引入两种不同结构（六方 *P6mm* 相的 SBA-15 和立方 *Ia3d* 相的 KIT-6）的介孔 SiO_2 孔道内，再通过加热处理将铈盐转化为 CeO_2，最后在热碱溶液中溶去 SiO_2 模板即可得到有序介孔 CeO_2。这一方法得到的介孔 CeO_2 具有很高的热稳定性，经 700℃高温处理也不会发生结构坍塌。于强强等[59]将 CMK-3 碳材料等体积浸渍于硝酸铈溶液中，干燥后在氩气保护下匀速升温至 400℃得到 CeO_2/CMK-3 复合物。最后在空气气氛下焙烧除去 CMK-3，得到有序介孔 CeO_2 材料。

Waterhouse 等[60]使用胶体晶体模板方法制备了反蛋白石 CeO_2 薄膜，其在可见区域中显示出三维有序大孔（3DOM）结构和光子带隙。他们首先通过甲基丙烯酸甲酯的自由基引发乳液聚合制备直径约 325nm 的单分散聚甲基丙烯酸甲酯（PMMA）球，利用真空吸入法实现氧化铈溶胶-凝胶前驱体在 PMMA 胶体晶体模板中空隙的填充，最后煅烧所得的 CeO_2/PMMA 复合物除去 PMMA 模板即可制备出 CeO_2 反蛋白石（图 2-7）。

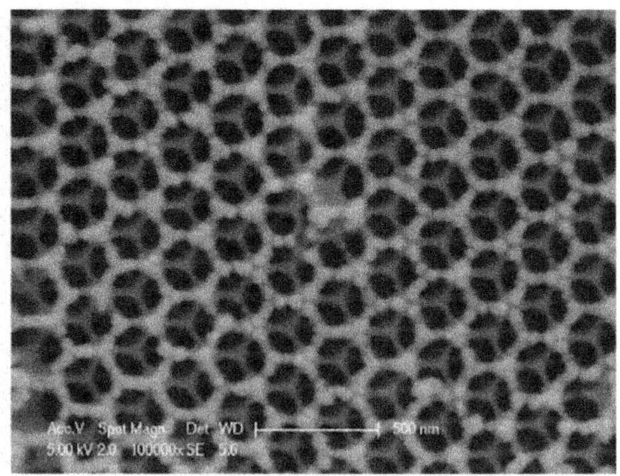

图 2-7 具有三维有序大孔结构的 CeO_2

除 PMMA 外，聚苯乙烯（PS）球也可以被用来制备三维有序大孔 CeO_2[61]。值得一提的是，张晗等[62]的研究结果表明，通过在三维有序大孔材料制备过程中引入软模板剂（三嵌段共聚物F127、十六烷基三甲基溴化铵CTAB和聚乙二醇PEG），在柠檬酸络合剂的作用下，可以构造出具有介孔孔壁的三维有序大孔材料，程序升温还原实验表明这一结构材料与体相CeO_2相比，具有更多活泼的表面氧物种。

2.4 复合CeO_2催化材料的制备

2.4.1 以CeO_2为载体的催化材料制备

铈基负载型催化剂在众多领域有着广泛的应用，如Au/CeO_2催化剂在低温CO氧化消除反应中，MnO_x/CeO_2在VOCs净化和NO_x低温消除中。目前，传统的铈基负载型催化剂制备方法主要是湿浸渍法和沉淀沉积法。近年来，也有一些新的方法被开发出来。如本课题组[63,64]报道了一种简便易行的固相浸渍法来制备NiO/CeO_2和CuO/CeO_2催化剂。我们以硝酸铈直接焙烧分解的CeO_2为载体，利用金属硝酸盐（硝酸镍、硝酸铜）在受热过程中经历熔融盐的特点，使一系列不同含量的NiO和CuO活性物种分散到CeO_2载体上。元素分析结果表明，与传统湿浸渍法制备催化剂相比，固相浸渍法制备的NiO/CeO_2中镍物种分布更为均匀，且与CeO_2的界面作用得到加强，产生更多活性氧物种。最后的反应性能测试结果表明，固相浸渍法制备的CuO/CeO_2和NiO/CeO_2催化剂都表现出更为优异的CO氧化活性。

2.4.2 CeO_2作为表面改性剂的催化材料制备

容易理解的是，当以CeO_2作为表面改性剂使用时，CeO_2的分散度是一个重要参数，其对改性剂与活性物种间界面接触起着重要的支配作用。通常的表面改性多通过水溶液体系的湿浸渍法进行。Ge等[65]考察了以醋酸水溶液来代替水作为浸渍液对CeO_2改性γ-Al_2O_3材料性质的影响（CeO_2/γ-Al_2O_3）。研究发现，醋酸与水之间比例对CeO_2的存在状态有着显著影响，高的醋酸浓度有助于提升γ-Al_2O_3表面CeO_2的分散度，得到较小尺寸的CeO_2。进一步以制备的CeO_2/γ-Al_2O_3材料为载体负载活性组分CuO，他们发现当水与醋酸比例为20∶1时得到的$CuO/CeO_2/\gamma$-Al_2O_3催化剂表现出最佳的NO+CO反应活性，这对应的CeO_2尺寸在5nm左右。

在铈改性的负载型催化剂体系中，通常至少有三种组分：载体、活性组分和改性剂。除了可以通过分步浸渍的方式来实现铈改性催化剂制备外，将活性组分和铈盐前驱体共同浸渍到载体表面，也可以用来制备铈改性催化剂。Sun 等[66]通过分步浸渍法和共浸渍法制备了 $CuO/CeO_2/\gamma\text{-}Al_2O_3$，详细研究了制备方法对铈物种存在状态及与活性物种 CuO 的作用情况。研究发现，共浸渍法有利于得到更小颗粒尺寸的 CeO_2，可能的原因是铜离子和铈离子在溶液中形成离子氛，焙烧过程中部分铜离子进入了 CeO_2 晶格，抑制了 CeO_2 晶粒生长。而采用分步浸渍法时，由于 $\gamma\text{-}Al_2O_3$ 和 CeO_2 等电点的差异，溶液中的铜离子会优先与 CeO_2 作用，这样使得较多的活性物种能够与 CeO_2 接触，产生丰富的表面 Cu-O-Ce 物种，进而促进 NO+CO 反应的进行。

本课题组[67]报道了一种简单的固相浸渍法制备铈改性 CuO/SBA-15 催化剂。我们直接将水合硝酸铜和硝酸铈盐与 SBA-15 研磨，经过焙烧处理制得了 $CuO\text{-}CeO_2$/SBA-15 催化剂。该催化剂中铜物种以高度分散的形式存在，而改性剂 CeO_2 则以小于 5nm 的颗粒分散在 SBA-15 孔道内。与传统的湿浸渍相比，催化剂中的铜物种和铈物种分散状态相似，但两催化剂中铜铈间的界面接触情况则存在较大不同。定量计算分析结果表明，固相浸渍法中有 37%的铜物种与 CeO_2 界面接触，而湿浸渍法中这一比例仅为 28%。最后的富氢条件下的 CO 优先氧化反应（CO-PROX）结果也进一步证明了，固相浸渍法制备的催化剂具有更好的 CO-PROX 反应性能。

Sun 等[68]报道了一种利用强静电吸附作用制备 CeO_2 改性 Pd/SBA-15 催化剂的方法。他们发现，将 CeO_2 引入 SBA-15 后，材料的等电点发生变化，从 2.7 增加到 4.8。与传统的湿浸渍法相比，这一方法有助于使 Pd 物种与 CeO_2 优先接触，进而显著提升催化剂在溴酸盐加氢还原反应中的催化活性。Wang 等[69]报道了通过 EDTA 的络合作用引入 CeO_2 对 Au 纳米粒子进行修饰，这一方法有助于加强 CeO_2 与 Au 的作用，使得最终制备的 CeO_x@Au/SiO_2 催化剂活性和耐久性明显提升。

2.4.3 CeO_2 作为体相掺杂剂的催化材料制备

氧化铈的立方萤石结构是一个半开放的晶体结构，其他金属离子，如 Zr^{4+}、La^{3+}、Fe^{3+}、Cu^{2+}、Ni^{2+}等均可以进入氧化铈的晶格，改善其物理化学性能。特别是掺杂低价离子时引起的电荷补偿、半径影响，以及允许活泼晶格内氧离子迁移至表面，有助于制造大量的氧空位，促进其对表面吸附分子（如 O_2、NO 等）的活化与反应。

与纯 CeO_2 相同的是，对体相掺杂材料的形貌结构调控是调变其反应性能的重要途径。Xiong 等[70]的研究结果表明，通过在三维有序大孔材料制备过程中引入软模板剂，可以构造出结构更为复杂的、兼具有序大孔和介孔结构的稀土铈基材料（图 2-8）。

图 2-8 具有三维有序大孔-介孔结构的 CeO_2 基材料

Yuan 等[71]利用廉价的 $Ce(NO_3)_3$ 与 $ZrOCl_2$ 为原料，嵌段共聚物 P123 为软模版剂，结合溶胶凝胶与溶剂挥发自组装的方法合成了一系列具有二维六方结构的高度有序的 $Ce_{1-x}Zr_xO_2$ 介孔材料（图 2-9）。值得注意的是，通过这一方法并不能得到高度有序的介孔 CeO_2，他们推测有序介孔结构的形成可能与 $Ce(NO_3)_3$-$ZrOCl_2$ 盐在其中起到无机酸碱对的作用有关。

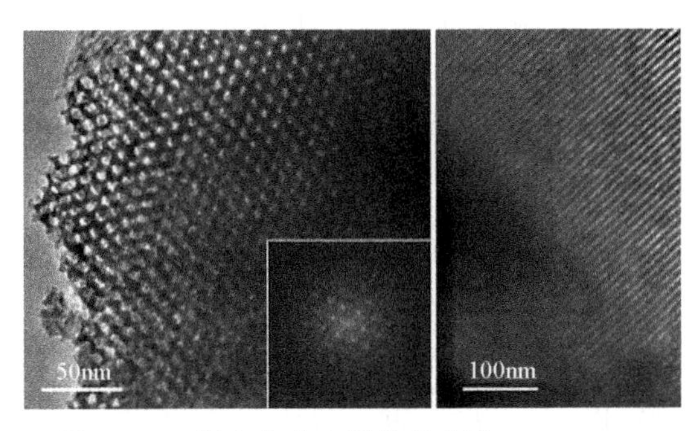

图 2-9 二维六方有序结构的介孔 $Ce_{0.5}Zr_{0.5}O_2$

Liang 等[72]利用克肯达尔效应（Kirkendall effect）制备了具有纳米笼结构的 $Ce_{1-x}Zr_xO_2$ 固溶体。他们首先利用铈盐在乙二醇溶液中水解得到结晶性能较差的由细小粒子组装而成的 CeO_2 小球。由于表面含有大量醇羟基基团，这些小球可在极性溶剂中良好分散。随着锆盐溶液的加入，在高温（180℃）水热反应的驱动下，伴随着 Zr^{4+} 在 CeO_2

体相中的掺入，CeO_2 由表向里逐渐被消耗，最终得到具有笼状结构的铈锆固溶体（图 2-10）。

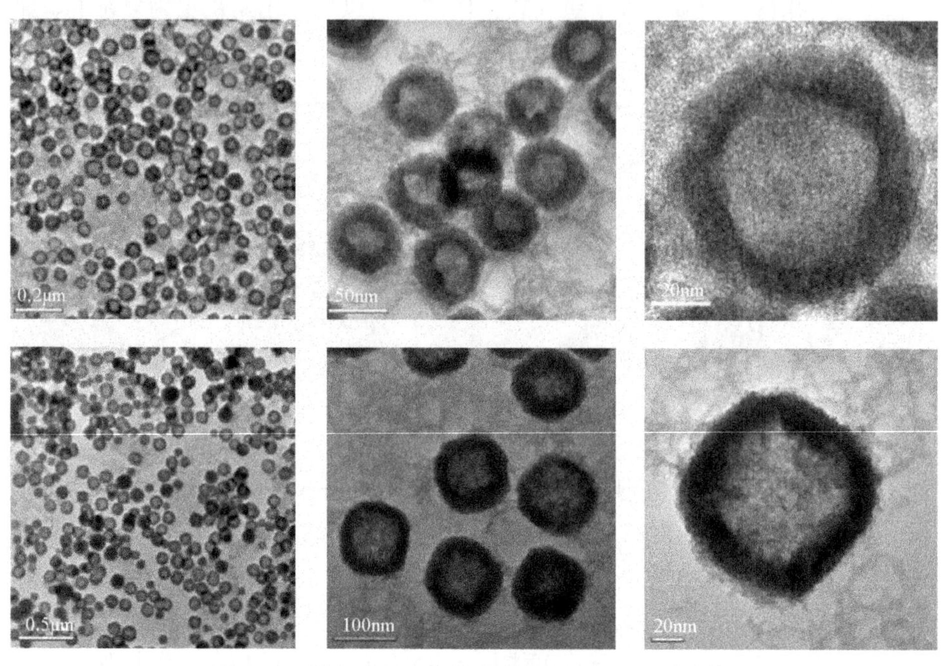

图 2-10　具有球形和方块形貌的 $Ce_{1-x}Zr_xO_2$ 纳米笼

Si 等[73]采用尿素水解水热法合成了掺杂三价稀土元素（RE = La，Pr，Nd，Y）的 $Ce_xZr_{1-x}O_2$（$x = 0.4 \sim 0.6$）固溶体。XANES（X 射线吸收近边结构）检测表明 Ce 元素在掺杂前后都主要以+4 价存在。XRF（X 射线荧光光谱法）、EFTEM（能量过滤透射电镜）、XRD 和 vis-Raman 都证实 CeO_2-ZrO_2-RE_2O_3 固溶体的组成和结构都是均一稳定的。RE^{3+} 的掺入取代了 Ce^{4+} 和 Zr^{4+}，能够稳定伪立方 t''的结构，有利于增加比表面，提高储氧量。该系列样品中 $Ce_{0.5}Zr_{0.42}Nd_{0.08}O_{2-z}$ 具有最高的 CO-OSC 值，约为 558μmol/g，而未掺杂的样品则低于 460μmol/g。

Kim 等[74]采用超临界法和共沉淀法制备了 CeO_2-ZrO_2 复合氧化物并负载 Rh，比较了两者的 NO+CO 活性以及一系列物理化学性质。结果表明，超临界法制备的样品呈现稀疏聚合的状态，表现出更为优异的催化活性。

Taniguchi 等[75]用油酸盐水热法来合成 $Ce_{0.5}Zr_{0.5}O_2$ 固溶体，得到了直径 3.0nm 的亚稳态的四方相 CeO_2-ZrO_2，具有良好的化学吸附性能和接近单分散的性质。因为结构和性质均一，样品具有相对较高的热稳定性和很好的还原性。

Fuentes 等[76]采用柠檬酸络合技术制备了一系列 $Ce_xZr_{1-x}O_2$（x = 0.1, 0.25, 0.5, 0.75, 0.9）固溶体，并对制备得到的粉末进行了 XRD、SEM 和 HRTEM（高分辨透射电子显微镜）表征。XRD 定量分析结果表明样品根据铈含量的不同，呈现出立方相（*Fm*3*m*）或四方相（P_{42}/nmc）结构。电子衍射结果与 XRD 结果一致。HRTEM 结果表明纳米颗粒的晶体结构高度有序，粒径在 4.8～8.3nm。其中 $Ce_{0.5}Zr_{0.5}O_2$ 样品具有最小的晶粒尺寸(4.8nm)和最高的比表面积($45.8m^2/g$)。

对于铈锆固溶体制备，张磊等[77]的研究表明往 Ce^{3+}和 Zr^{4+}制备体系中加入一定量的 H_2O_2，有助于促进铈锆固溶体的形成。

2.5 稀土铈基催化材料的后处理制备

大量的研究表明，对制备出的催化剂采取后处理是提高其活性的重要途径。如 O'Shea 等[78]发现，Co/SiO_2 催化剂用合成气还原后分散度增加，费托合成反应活性提高，产物中不饱和烃含量降低。在铈基催化剂中，后处理也有一些报道和应用。

2.5.1 气氛处理

Pino 等[79]发现经 H_2 处理后的 $Ce_{0.7}La_{0.2}Ni_{0.1}O_{2-\delta}$ 样品在甲烷干重整反应中有着良好表现，在 750℃下表现出优异的抗积炭性能。Jalowiecki-Duhamel 等[80]研究了宽温度范围内，氢与一系列铈镍和锆（或铝）复合氧化物 $CeM_{0.5}Ni_xO_y$ 的相互作用，发现处理后的样品表现出了极佳的催化储氢性能。Yu 等[81]通过共沉淀法制备了无定形的 Ce-Ti 催化剂，并进行 H_2 还原处理以提高其 NH_3-SCR 活性。活性测试结果表明，还原时长和温度分别为 3h 和 400℃时提升效果最佳，在 210～360℃的窗口内，这种还原处理后的催化剂的转化率达到 95%以上。

Wu 等[82]发现，对于负载在 CeO_2 上的 Pt 纳米颗粒，其在一定气氛处理下会发生再分散的现象。有趣的是，分散现象与载体 CeO_2 的形貌以及气氛处理方式密切相关。当对催化剂进行高温还原（$Ar\text{-}H_2$）或氧化（$O_2\text{-}N_2$）气氛处理时，不论催化剂载体形貌如何，Pt 颗粒尺寸都会明显长大，这与奥斯特瓦尔德熟化机制一致。而当对 Pt/CeO_2

催化剂进行先氧化再还原处理时，以 CeO_2 立方体为载体的催化剂上 Pt 颗粒尺寸明显减小，表明气氛切换处理导致 Pt 颗粒发生了再分散。而以 CeO_2 八面体为载体的催化剂上 Pt 颗粒尺寸则仍然增大。结合表征结果，作者认为氧化处理有利于催化剂表面形成 Pt-O-Ce 物种，而随后的还原处理产生的氧空位则有利于锚定分散的 Pt 物种，促进分散度的提高。至于两种形貌的差别，主要可以归结于立方体表面具有更低的氧空位形成能。

此外，还原处理还被用于失活催化剂的再生。Chang 等[83]研究发现，硫化失活的$(Ce_3W_2)_{0.9}Ge_{0.1}O_x$-500 催化剂可以在 300℃下通过采用 H_2 热处理而再生。

2.5.2 热处理

热处理也是最常用的铈基催化剂后处理方法之一，在提高催化剂稳定性、反应活性以及催化剂失活再生等方面均有应用。Petkovich 等[84]通过研究证明 $Ce_xZr_{1-x}O_2$ 催化剂的三维有序大孔结构(3DOM)可以在热处理条件下较好的保留。Shi 等[85]研究发现，在 350℃长时间运行 200h 后，由于硫酸盐的形成，使得铈基 SCR 催化剂失活，其 NO_x 转化率逐渐从 100%降低至 83%。但是，硫酸盐物种可以经高温热处理从硫中毒的 CeO_2 催化剂中除去。经过热处理后的催化剂在 350℃环境下，NO_x 转化率恢复至约 100%。Xiong 等[86]通过共沉淀和酸处理方法得到 Cu 掺杂的 CeO_2 固溶体，研究了热处理条件下催化剂中掺杂铜的变化行为。发现热处理为掺杂铜的迁移提供了驱动力，且随着热处理温度的升高，铜迁移至表面的含量也逐渐增加。而在光催化反应中，样品的热处理有时也十分必要。Ye 等[87]首次成功合成了由准六边形薄层组成的单金属铈层状双氢氧化物（MCe-LDHs），并在高达 800℃的热处理后保持其薄层形态。同时进一步采用不同温度下的热处理来调节 Ce^{3+}/Ce^{4+}的浓度比和氧化铈薄层的表面积，这二者在光催化反应中对 CO_2 的催化还原起着关键作用。

Jones 等[88]报道了一个有意思的现象。他们将 Pt/La-Al_2O_3 与 CeO_2 机械混合后，对混合样品进行空气气氛下 800℃高温长时间焙烧处理，发现 Pt 物种可以从 La-Al_2O_3 表面迁移至 CeO_2 上，并且 Pt 的烧结现象得到有效控制，在 CeO_2 纳米棒和纳米多面体上甚至可以实现单原子分散。这一现象可以归结为 CeO_2 材料具有丰富的表面缺陷位，这些缺陷可为表面物种分散提供锚定位点。在 Pt 物种分散时，会优先与强

的锚定位点即 CeO_2 表面的缺陷位作用，从而实现高度孤立的单原子分散。

2.5.3 水热处理

Jeong 等[89]报道了对 Pd/CeO_2 催化剂进行高温水热处理可以提升其在 CO 氧化反应中的活性和稳定性。他们比较了 750℃焙烧处理以及 750℃、10%水汽通入情况下的 Pd/CeO_2 催化剂变化情况。发现高温处理会带来催化剂比表面积的急剧下降和 Pd 颗粒尺寸的显著增大，而相同温度的水热条件处理虽然也会带来催化剂比表面积的急剧减小，但 Pd 颗粒的分散度不但没有降低反而得到增加，颗粒尺寸从 1.5nm 减小到 0.9nm。进一步分析原因，作者认为是水热处理使得 CeO_2 载体表面羟基增加，而大量表面羟基的存在有利于形成 Pd^{2+}—OH，这一物种可以在 CeO_2 表面自由迁移，从而促进 Pd 物种在载体表面的再分散。得益于 CeO_2 表面羟基浓度的增加，催化剂在 CO 氧化反应过程中的表面碳酸盐生成速率受到抑制，最终提升了催化剂的反应稳定性。

2.5.4 其他处理

Zhang 等[90]研究了磷化处理对生长在铝上的 Ce 转化膜的腐蚀性影响。研究发现，经磷化处理后，薄膜表面的微裂纹明显减少，转化膜在 NaCl 溶液中的耐腐蚀性增加。究其原因，未经后处理的转化膜主要由水合氧化铈组成，膜的脱水可能导致膜破裂。磷化处理后，表面形成稳定的磷酸铈 $CePO_4$，结晶水含量大大降低，薄膜性能得到改善，因此微裂纹较少。

Gu 等[91]通过对铈基催化剂表面进行硫酸化处理，极大地改善了其在 NH_3-SCR 反应中的性能。结合 XPS 表征分析，他们发现，硫酸化可导致样品表面富集 Ce^{3+}（导致活性氧含量增加）并诱导样品中产生强酸位点（有利于 NH_3 化学吸附和活化），两者均有利于 SCR 反应进行。本课题组[92]进一步研究了 SO_2+O_2 处理温度对 CeO_2 催化剂用于 NH_3-SCR 反应的影响。研究发现，不同温度处理对 CeO_2 在 NH_3-SCR 反应中的性能有着显著影响。低温处理有助于得到表面硫酸铈盐，这带来催化剂表面布朗斯特（Brönsted）酸含量的急剧增加并促进 SCR 反应活性。而当处理温度提到一定程度后（450℃），催化剂被深度硫酸化，出现大量体相硫酸盐，这会抑制 CeO_2 体相氧的流动性，降低其氧化还原性能并导致 NH_3-SCR 反应活性的降低。

参考文献

[1] James G S. Lange's handbook of chemistry [M]. 16th ed. New York: McGraw-Hill, 2004.

[2] Wadsworth E, Duke F R, Goetz C A. Present status of cerium(Ⅳ)-cerium(Ⅲ) potentials[J]. Analytical Chemistry, 1957, 29(12): 1824-1825.

[3] Bates C F, Mesmer R E. The hydrolysis of cations[M]. New York: Wiley Inter Science, 1977: 138-145.

[4] 董林，伍仕国，汤常金,等. 一种耐高温、高比表面积 CeO 及其制法和用途. CN201210484287.0[P]. 2013-03-27.

[5] Wood S A. The aqueous geochemistry of the rare-earth elements: Critical stability constants for complexes with simple carboxylic acids at 25℃ and 1 bar and their application to nuclear waste management[J]. Engineering Geology, 1993, 34(3/4): 229-259.

[6] Brown P L. Studies on the hydrolysis of metal ions[D]. New South Wales: University of Wollongong,1984.

[7] Letichevskya S, Tellezb C A, Avilleza R R D, et al. Obtaining CeO_2-ZrO_2 mixed oxides by coprecipitation: Role of preparation conditions[J]. Applied Catalysis B: Environmental, 2005, 58(3): 203-210.

[8] Qi L, Yu Q, Dai Y, et al. Influence of cerium precursors on the structure and reducibility of mesoporous CuO-CeO_2 catalysts for CO oxidation[J]. Applied Catalysis B: Environmental, 2012, 119/120(21): 308-320.

[9] 董相廷，洪广言，于得财. CeO_2 纳米粒子形成过程中 Ce 的价态变化[J]. 硅酸盐学报, 1997, 25(3): 323-327.

[10] Li J, Zhang Z Y, Tian Z M, et al. Low pressure induced porous nanorods of ceria with high reducibility and large oxygen storage capacity: Synthesis and catalytic applications[J]. Journal of Materials Chemistry A, 2014, 2(39): 16459-16466.

[11] 吴移清，倪建森，杜亚男，等. 碳化铈水解氧化法制备 CeO_2 纳米粉[J]. 无机材料学报, 2012, 27(5): 489-494.

[12] DjuričićB, Pickering S. Nanostructured cerium oxide: Preparation and properties of weakly-agglomerated powders[J]. Journal of the European Ceramic Society, 1999, 19(11): 1925-1934.

[13] 陈山虎，曹毅，兰丽，等. 碳酸铵水解法制备耐高温介孔 CeO_2 材料[J]. 无机化学学报, 2013, 29(10): 2231-2238.

[14] Qian K, Lv S S, Xiao X Y, et al. Influences of CeO_2 microstructures on the structure and activity of Au/CeO_2/SiO_2 catalysts in CO oxidation[J]. Journal of Molecular Catalysis A Chemical, 2009, 306(1/2): 40-47.

[15] 张倩，付时雨，李海龙，等. 一种快速测定过氧化氢浓度的方法[J]. 光谱学与光谱分析, 2014, 34(3): 767-770.

[16] Hirano M, Inagaki M. Preparation of monodispersed cerium (Ⅳ) oxide particles by thermal hydrolysis: Influence of the presence of urea and Gd doping on their morphology and growth[J]. Journal of Materials Chemistry, 2000, 10(2): 473-477.

[17] 李广社, 徐秀廷, 冯守华. 含 Ce 的水热体系中结构稳定性及变价现象[J]. 高等学校化学学报, 1997, 18(11): 1737-1741.

[18] 吕佳娉, 索掌怀. 几种铈盐的热分解过程及非等温热分解动力学研究[J]. 烟台大学学报(自然科学与工程版), 2006, 19(2): 117-124.

[19] 仪建华, 赵凤起, 高红旭, 等. 柠檬酸铈的热分解机理及反应动力学[J]. 火炸药学报, 2007, 30(4): 1-5.

[20] 杨瑛, 杨汝栋. 硫酸铈水合物的热分解行为及动力学研究[J]. 中国稀土学报, 1993, 11(4): 293-296.

[21] Tang C J, Zhang H L, Sun C Z, et al. An efficient strategy for highly loaded, well dispersed and thermally stable metal oxide catalysts[J]. Catalysis Communications, 2011, 12(12): 1075-1078.

[22] Yue W B, Zhou W Z. Synthesis of porous single crystals of metal oxides via a solid−liquid route[J]. Chemistry of Materials, 2007, 19(9): 2359-2363.

[23] Masui T, Fujiwara K, Machida K I, et al. Characterization of cerium(Ⅳ) oxide ultrafine particles prepared using reversed micelles[J]. Chemistry of Materials, 1997, 9(10): 2197-2204.

[24] Zhang J, Ju X, Wu Z Y, et al. Structural characteristics of cerium oxide nanocrystals prepared by the microemulsion method[J]. Chemistry of Materials, 2001, 13(11): 4192-4197.

[25] 刘强, 陈志刚, 赵晓兵, 等. 超声雾化反应法制备 CeO_2 纳米粉体[J]. 中国稀土学报, 2008, 26(4): 516-520.

[26] Djuričić B, Pickering S. Nanostructured cerium oxide: Preparation and properties of weakly-agglomerated powders[J]. Journal of the European Ceramic Society, 1999, 19(11): 1925-1934.

[27] 董相廷, 刘桂霞, 孙晶, 等. 透明纳米 CeO_2 的合成与表征[J]. 中国稀土学报, 2002, 20(2): 123-125.

[28] 刘冶球, 康灵, 王明明, 等. 纳米 CeO_2 在水中的分散稳定性研究[J]. 稀土, 2012, 33(2): 51-54.

[29] La R J, Hu Z A, Li H L, et al. Template synthesis of CeO_2 ordered nanowire arrays[J]. Materials Science and Engineering: A, 2004, 368(1/2): 145-148.

[30] Gonzalez-Rovira L, Sanchez-Amaya J, Lopez-Haro M, et al. Single-step process to prepare CeO_2 nanotubes with improved catalytic activity[J]. Nano Letters, 2009, 9(4): 1395-1400.

[31] Zhang D S, Pan C S, Shi L Y, et al. A highly reactive catalyst for CO oxidation: CeO_2 nanotubes synthesized using carbon nanotubes as removable templates[J]. Microporous Mesoporous Materials, 2009, 117(1/2): 193-200.

[32] Sun C W, Li H, Wang Z X, et al. Synthesis and characterization of polycrystalline CeO_2 nanowires[J]. Chemistry Letters, 2004, 33(6): 662-663.

[33] 陶宇, 王辉, 纪俊玲, 等. 微波辅助法制备形貌可控 CeO_2 纳米材料[J]. 中国稀土学报, 2010, 28(4): 414-419.

[34] Yu X F, Liu J W, Cong H P, et al. Template- and surfactant-free synthesis of ultrathin CeO_2 nanowires in a mixed solvent and their superior adsorption capability for water treatment[J]. Chemical Science, 2015, 6(4): 2511-2515.

[35] Lu X H, Zheng D Z, Gan J Y, et al. Porous CeO_2 nanowires/nanowire arrays: Electrochemical synthesis and application in water treatment[J]. Journal of Materials Chemistry, 2010, 20(34): 7118-7122.

[36] Xu M, Xie S L, Lu X H, et al. Controllable electrochemical synthesis and photocatalytic activity of CeO_2 octahedra and nanotubes[J]. Journal of the Electrochemical Society, 2011, 158(5): E41-E44.

[37] Tang Z R, Zhang Y H, Xu Y J. A facile and high-yield approach to synthesize one-dimensional CeO_2 nanotubes with well-shaped hollow interior as a photocatalyst for degradation of toxic pollutants[J]. RSC Advances, 2011, 1(9): 1772-1777.

[38] 孙庆堂. 二氧化铈基微纳米材料的制备与表征[D]. 杭州: 浙江理工大学, 2012.

[39] Yu T, Lim B, Xia Y N. Aqueous-phase synthesis of single-crystal ceria nanosheets[J]. Angewandte Chemie International Edition, 2010, 49(26): 4484-4487.

[40] Wang D Y, Kang Y J, Doan-Nguyen V, et al. Synthesis and oxygen storage capacity of two-dimensional ceria nanocrystals[J]. Angewandte Chemie International Edition, 2011, 123(19): 4470-4473.

[41] Yu Y F, Zhu Y M, Meng M. Preparation, formation mechanism and photocatalysis of ultrathin mesoporous single-crystal-like CeO_2 nanosheets[J]. Dalton Transactions (Cambridge, England: 2003), 2013, 42(34): 12087-12092.

[42] Sun Y F, Liu Q H, Gao S, et al. Pits confined in ultrathin cerium(Ⅳ) oxide for studying catalytic centers in carbon monoxide oxidation[J]. Nature Communications, 2013, 4(1): 1-8.

[43] Sun C W, Li H, Chen L Q. Study of flowerlike CeO_2 microspheres used as catalyst supports for CO oxidation reaction[J]. Journal of Physics and Chemistry of Solids, 2007, 68(9): 1785-1790.

[44] Zhang Y L, Kang Z T, Dong J, et al. Self-assembly of cerium compound nanopetals via a hydrothermal process: Synthesis, formation mechanism and properties[J]. Journal of Solid State Chemistry, 2006, 179(6): 1733-1738.

[45] Zhong L S, Hu J S, Cao A M, et al. 3D flowerlike ceria micro/nanocomposite structure and its application for water treatment and CO removal[J]. Chemistry of Materials, 2007, 19(7): 1648-1655.

[46] Xiao H Y, Ai Z H, Zhang L Z. Nonaqueous Sol−Gel synthesized hierarchical CeO_2 nanocrystal microspheres as novel adsorbents for wastewater treatment[J]. The Journal of Physical Chemistry C, 2009, 113(38): 16625-16630.

[47] Li G R, Qu D L, Arurault L, et al. Hierarchically porous Gd^{3+}-doped CeO_2 nanostructures for the remarkable enhancement of optical and magnetic properties[J]. The Journal of Physical Chemistry C, 2009, 113(4): 1235-1241.

[48] Yu R B, Yan L, Zheng P, et al. Controlled synthesis of CeO_2 flower-like and well-aligned nanorod hierarchical architectures by a phosphate-assisted hydrothermal route[J]. The Journal of Physical Chemistry C, 2008, 112(50): 19896-19900.

[49] Wei J J, Yang Z J, Yang H X, et al. A mild solution strategy for the synthesis of mesoporous CeO_2 nanoflowers derived from $Ce(HCOO)_3$[J]. CrystEngComm, 2011, 13(15): 4950-4955.

[50] Sun X M, Liu J F, Li Y D. Use of carbonaceous polysaccharide microspheres as templates for fabricating metal oxide hollow spheres[J]. Chemistry-A European Journal, 2006, 12(7):

2039-2047.

[51] Qi J, Zhao K, Li G, et al. Multi-shelled CeO_2 hollow microspheres as superior photocatalysts for water oxidation[J]. Nanoscale, 2014, 6(8): 4072-4077.

[52] Xu P F, Yu R B, Ren H, et al. Hierarchical nanoscale multi-shell Au/CeO_2 hollow spheres[J]. Chemical Science, 2014, 5(11): 4221-4226.

[53] Ma K L, Zou W X, Zhang L, et al. Construction of hybrid multi-shell hollow structured CeO_2-MnO_x materials for selective catalytic reduction of NO with NH_3[J]. RSC Advances, 2017, 7(10): 5989-5999.

[54] Strandwitz N C, Stucky G D. Hollow microporous cerium oxide spheres templated by colloidal silica[J]. Chemistry of Materials, 2009, 21(19): 4577-4582.

[55] Zhang Y J, Hu Q X, Fang Z Y, et al. Self-assemblage of single/multiwall hollow CeO_2 microspheres through hydrothermal method[J]. Chemistry Letters, 2006, 35(8): 944-945.

[56] Mai H X, Sun L D, Zhang Y W, et al. Shape-selective synthesis and oxygen storage behavior of ceria nanopolyhedra, nanorods, and nanocubes[J]. The Journal of Physical Chemistry B, 2005, 109(51): 24380-24385.

[57] Yang S W, Gao L. Controlled synthesis and self-assembly of CeO_2 nanocubes[J]. Journal of the American Chemical Society, 2006, 128(29): 9330-9331.

[58] Laha S C, Ryoo R. Synthesis of thermally stable mesoporous cerium oxide with nanocrystalline frameworks using mesoporous silica templates[J]. Chemical Communications (Cambridge, England), 2003(17): 2138-2139.

[59] 于强强, 刘玉良, 何涛, 等. 介孔二氧化铈材料的合成与表征[J]. 烟台大学学报（自然科学与工程版）, 2010, 23(3): 172-175, 203.

[60] Waterhouse G I N, Metson J B, Idriss H, et al. Physical and optical properties of inverse opal CeO_2 photonic crystals[J]. Chemistry of Materials, 2008, 20(3): 1183-1190.

[61] 王韬. 蜂窝状三维有序无机多孔膜的设计合成及其选择性分离特性研究[D]. 镇江: 江苏大学, 2015.

[62] 张晗, 张磊, 邓积光, 等. 双模板法制备具有介孔孔壁的三维有序大孔二氧化铈及其改善的低温还原性能[J]. 催化学报, 2011, 32(5): 842-852.

[63] 孙敬方, 葛成艳, 姚小江, 等. 固相浸渍法制备 NiO/CeO_2 催化剂及其在 CO 氧化反应中的应用[J]. 物理化学学报, 2013, 29(11): 2451-2458.

[64] Sun J F, Zhang L, Ge C Y, et al. Comparative study on the catalytic CO oxidation properties of CuO/CeO_2 catalysts prepared by solid state and wet impregnation[J]. Chinese Journal of Catalysis, 2014, 35(8): 1347-1358.

[65] Ge C Y, Liu L C, Liu Z T, et al. Improving the dispersion of CeO_2 on γ-Al_2O_3 to enhance the catalytic performances of CuO/CeO_2/γ-Al_2O_3 catalysts for NO removal by CO[J]. Catalysis Communications, 2014, 51: 95-99.

[66] Sun J F, Ge C Y, Yao X J, et al. Influence of different impregnation modes on the properties of CuO-CeO_2/γ-Al_2O_3 catalysts for NO reduction by CO[J]. Applied Surface Science, 2017, 426(31): 279-286.

[67] Tang C J, Sun J F, Yao X J, et al. Efficient fabrication of active CuO-CeO_2/SBA-15 catalysts for preferential oxidation of CO by solid state impregnation[J]. Applied Catalysis B: Environmental, 2014, 146: 201-212.

[68] Sun J Y, Zhang J R, Fu H Y, et al. Enhanced catalytic hydrogenation reduction of bromate on Pd catalyst supported on CeO_2 modified SBA-15 prepared by strong electrostatic adsorption[J]. Applied Catalysis B: Environmental, 2018, 229: 32-40.

[69] Wang L X, Wang L, Zhang J, et al. Enhancement of the activity and durability in CO oxidation over silica-supported Au nanoparticle catalyst via CeO_x modification[J]. Chinese Journal of Catalysis, 2018, 39(10): 1608-1614.

[70] Xiong J, Wu Q Q, Mei X L, et al. Fabrication of spinel-type $PdxCo_{3-x}O_4$ binary active sites on 3D ordered meso-macroporous Ce-Zr-O_2 with enhanced activity for catalytic soot oxidation[J]. ACS Catalysis, 2018, 8(9): 7915-7930.

[71] Yuan Q, Liu Q, Song W G, et al. Ordered mesoporous $Ce_{1-x}Zr_xO_2$ solid solutions with crystalline walls[J]. Journal of the American Chemical Society, 2007, 129(21): 6698-6699.

[72] Liang X, Wang X, Zhuang Y, et al. Formation of CeO_2-ZrO_2 solid solution nanocages with controllable structures via Kirkendall effect[J]. Journal of the American Chemical Society, 2008, 130(9): 2736-2737.

[73] Si R, Zhang Y W, Wang L M, et al. Enhanced thermal stability and oxygen storage capacity for $Ce_xZr_{1-x}O_2$(x=0.4～0.6) solid solutions by hydrothermally homogenous doping of trivalent rare earths[J]. The Journal of Physical Chemistry C, 2007, 111(2): 787-794.

[74] Kim J R, Myeong W J, Ihm S K. Characteristics of CeO_2-ZrO_2 mixed oxide prepared by continuous hydrothermal synthesis in supercritical water as support of Rh catalyst for catalytic reduction of NO by CO[J]. Journal of Catalysis, 2009, 263(1): 123-133.

[75] Taniguchi T, Watanabe T, Matsushita N, et al. Hydrothermal synthesis of monodisperse $Ce_{0.5}Zr_{0.5}O_2$ metastable solid solution nanocrystals[J]. European Journal of Inorganic Chemistry, 2009, 2009(14): 2054-2057.

[76] Fuentes R O, Baker R T. Synthesis of nanocrystalline CeO_2-ZrO_2 solid solutions by a citrate complexation route: A thermochemical and structural study[J]. The Journal of Physical Chemistry C, 113(3): 914-924.

[77] 张磊, 郑灵敏, 郭家秀, 等. 氧化共沉淀法制备 $Ce_{0.65}Zr_{0.25}Y_{0.1}O_{1.95}$ 的结构转化过程[J]. 物理化学学报, 2008, 24(8): 1342-1346.

[78] De la Peña O'Shea V A, Campos-Martín J M, Fierro J L G. Strong enhancement of the Fischer-Tropsch synthesis on a Co/SiO_2 catalyst activate in syngas mixture[J]. Catalysis Communications, 2004, 5(10): 635-638.

[79] Pino L, Italiano C, Vita A, et al. $Ce_{0.70}La_{0.20}Ni_{0.10}O_{2-\delta}$ catalyst for methane dry reforming: Influence of reduction temperature on the catalytic activity and stability[J]. Applied Catalysis B: Environmental, 2017, 218: 779-792.

[80] Jalowiecki-Duhamel L, Carpentier J, Ponchel A. Catalytic hydrogen storage in cerium nickel and zirconium (or aluminium) mixed oxides[J]. International Journal of Hydrogen Energy, 2007, 32(13): 2439-2444.

[81] Yu L M, Zhong Q, Deng Z Y, et al. Enhanced NO_x removal performance of amorphous Ce-Ti catalyst by hydrogen pretreatment[J]. Journal of Molecular Catalysis A: Chemical, 2016, 423: 371-378.

[82] Wu T X, Pan X Q, Zhang Y B, et al. Investigation of the redispersion of Pt nanoparticles on polyhedral ceria nanoparticles [J]. Journal of Physical Chemistry Letters, 2014, 5:

2479-2483.

[83] Chang H Z, Li J H, Yuan J, et al. Ge, Mn-doped CeO_2-WO_3 catalysts for NH_3-SCR of NO_x: Effects of SO_2 and H_2 regeneration[J]. Catalysis Today, 2013, 201: 139-144.

[84] Petkovich N D, Rudisill S G, Venstrom L J, et al. Control of heterogeneity in nanostructured $Ce_{1-x}Zr_xO_2$ binary oxides for enhanced thermal stability and water splitting activity[J]. The Journal of Physical Chemistry C, 2011, 115(43): 21022-21033.

[85] Shi Y, Tan S, Wang X X, et al. Regeneration of sulfur-poisoned CeO_2 catalyst for NH_3-SCR of NO_x[J]. Catalysis Communications, 2016, 86: 67-71.

[86] Xiong Y, Li L L, Zhang L, et al. Migration of copper species in $Ce_xCu_{1-x}O_2$ catalyst driven by thermal treatment and the effect on CO oxidation[J]. Physical Chemistry Chemical Physics, 2017, 19(32): 21840-21847.

[87] Ye T, Huang W M, Zeng L M, et al. CeO_{2-x} platelet from monometallic cerium layered double hydroxides and its photocatalytic reduction of CO_2[J]. Applied Catalysis B: Environmental, 2017, 210: 141-148.

[88] Jones J, Xiong H, DeLaRiva A T, et al. Thermally stable single-atom platinum-on-ceria catalysts via atom trapping[J]. Science, 2016, 353(6295): 150-154.

[89] Jeong H, Bae J, Han J W, et al. Promoting effects of hydrothermal treatment on the activity and durability of Pd/CeO_2 catalysts for CO oxidation[J]. ACS Catalysis, 2017, 7(10): 7097-7105.

[90] Zhang H B, Zuo Y. The improvement of corrosion resistance of Ce conversion films on aluminum alloy by phosphate post-treatment[J]. Applied Surface Science, 2008, 254(16): 4930-4935.

[91] Gu T T, Liu Y, Weng X L, et al. The enhanced performance of ceria with surface sulfation for selective catalytic reduction of NO by NH_3[J]. Catalysis Communications, 2010, 12(4): 310-313.

[92] Zhang L, Zou W X, Ma K L, et al. Sulfated temperature effects on the catalytic activity of CeO_2 in NH_3-selective catalytic reduction conditions [J]. The Journal of Physical Chemistry C, 2015, 119: 1155-1163.

第3章
稀土铈基催化材料的表征方法

3.1 简介

催化材料的表征是指利用近现代的物理方法和实验技术，对催化材料的组成、结构进行研究，并将之与该材料的物理化学性质、催化反应性能进行关联。通过这种“构效关系”的研究，可以加深对催化剂的作用本质及目标反应作用机理的认识，进而为高效催化剂的设计、合成提供依据。作为一门实验科学，催化材料的表征可以提供从宏观到微观、从现象到本质的认识，特别是近年来多种原位表征技术的发展，使得人们对催化反应的过程、催化剂与反应物之间的相互作用有了更进一步的认识，这对于从理论上预测催化材料性能，推测反应机理具有非常重要的作用。

对于稀土铈基催化材料而言，储释氧能力、氧空位以及酸碱性是常见的影响其催化反应性能的重要特征参数。本章在对这些参数常见表征手段的原理、用途、优缺点进行简单介绍的基础上，同时辅以实例，希望可以对深入了解稀土铈基催化材料提供帮助。

3.2 稀土铈基催化材料储释氧性能的表征

3.2.1 储释氧性能

CeO_2及稀土铈基催化材料在机动车尾气催化消除、水煤气转化等反应中的广泛应用与其Ce^{3+}和Ce^{4+}之间的快速转化能力紧密相关。这一独特的氧化还原性质又被称为储释氧能力（oxygen storage capacity，OSC），具体来说是稀土铈基催化材料在还原条件下释放氧、氧化条件下吸收氧的能力。人们最早对稀土铈基催化材料储释氧能力进行研究源于三效催化剂（TWC）在机动车尾气转化反应中的应用。CeO_2 在 TWC 催化剂中主要起到氧缓冲剂的作用，通过 Ce^{4+}/Ce^{3+}氧化还原电子对的转化（$CeO_2 \rightleftharpoons CeO_{2-x} + \frac{x}{2}O_2$）吸收和释放氧气，从而拓宽空燃比（A/F）窗口，达到提升催化能力的目的。近年来，对于稀土铈基催化材料储释氧能力的定性、定量化表征以及其在反应过程中的具体作用研究得到了人们越来越多的关注。

对于稀土铈基催化材料储释氧能力大小的测定最早是在 1984 年由 Yao 等[1]提出的，他们利用 CO 或 H_2 脉冲注入的方式对 TWC 技术中催化材料的储释氧性能进行了测定，这一方法在后来被广泛使用。

在他们的工作中，通过调变测试方法，可以得到两种类型的储释氧性能，即总储释氧能力（total oxygen storage capacity，TOSC）和动态储释氧能力（dynamic oxygen storage capacity，DOSC）。

其中，总储释氧能力又称为热力学储释氧能力（thermodynamic oxygen storage capacity）或完全储释氧能力（oxygen storage capacity complete，OSCC），代表在某一温度下表面及体相可转移的氧物种的总量。动态储释氧能力 DOSC 主要指样品中活泼的氧物种，包括容易失去的氧原子和容易捕获氧原子的表面氧空位等。在这里，动态储释氧能力与氧原子的流动性紧密相关，受氧化物表面活泼氧物种数量的影响。而总储释氧能力则代表氧化物最大限度的还原能力，其中也包括体相氧原子。

DOSC 和 OSCC 被认为是评价催化材料在贫/富氧快速切换的实际应用工况下性能优劣的两个非常重要的指标。Trovarelli 等[2]同时测定了 $Ce_xZr_{1-x}O_x$ 固溶体中 OSCC 和 DOSC 随 Ce 原子比例变化的趋势。发现 DOSC 值明显小于 OSCC，并且二者随固溶体中 Ce 原子含量的变化趋势也明显不同。

但是，总储释氧能力和动态储释氧能力并没有太大关联。总储释氧能力代表氧化物总的还原能力，可以通过热力学平衡测量。而动态储释氧能力是一个动力学过程，受氧物种从材料表面释放速率的影响。接下来，分别就总储释氧性能及动态储释氧性能常见的几种测定方法做简单介绍。

3.2.2 总储释氧能力的测定方法

总储释氧能力的测定一般是先通过还原性气体在特定温度下对样品进行预处理，再充分氧化，进而测定释放总氧气量的过程。常用的还原气体包括 CO、H_2、CHs，而氧化剂包括 NO 和 O_2 等。测定方法常见的有通过配备 TCD（热导检测器）的程序升温还原法、热重分析法、氧化学吸附法、磁化率法及脉冲注入法等。按照还原性气体的通入状态，又可以分为持续性通入法和脉冲式通入法。以下按照这种分类方法对各种测试手段进行简单介绍。

3.2.2.1 还原性气体持续注入法

（1）程序升温还原法（temperature program reduction，TPR）

稀土铈基催化材料的总储释氧性能可以借助于 TPR 装置，通过分析所消耗的还原气体 H_2 或 CO 的含量计算得到。它是一种快捷、有效地测定 OSCC 的方法，通过对测试谱图的分析，不仅可以得到表面活性氧信息，而且可以测定体相氧物种含量。TPR 装置是把程序升温还原装置与 TCD 检测器或质谱分析仪连接。首先，把一定量的样品在特定温度下 O_2/He 气氛中预处理一定时间，以确保稀土铈基催化材料充分氧化，然后在 O_2/He 气氛中冷却至室温。最后，把气体切换至 H_2（CO）/Ar，升温至特定温度，这个过程中所消耗的 H_2（CO）经 TCD 检测器或 TCD-四极杆质谱联用分析仪记录。通过 CuO 标样对积分面积进行校准，从而计算出 OSCC 值[3, 4]。在这里质谱的主要作用是通过检测生成 H_2O 的含量来对最后计算结果进行确认。

Dutta 等[5]通过 H_2-TPR 的方式研究了 Ti 离子掺杂对 CeO_2 总储释氧能力的影响。他们采用 CuO 标样对 TPR 谱峰进行标定，测定了不同样品的耗氢量，以此来表示样品总的储释氧能力。Machida 等[6]则通过 CO-TPR 的表征手段对 CeO_2-Fe_2O_3 系列样品的储释氧能力及样品释放氧的本征反应速率进行了测定。其采用的储释氧性能测试方法与上述类似，只是还原温度设定到了 900℃。而氧释放反应速率的测定则是对 O_2 处理及 He 吹扫后的样品模拟 CO 氧化反应（反应过程中不通 O_2），反应温度区间 300～500℃，由于 CO 氧化是一级反应，可以由反应速率来测定样品释放氧物种的速率。

TPR 法虽然是测定还原性材料 OSCC 的最为常见的方法，但是它也存在一些缺陷。这主要归因于吸附物种对 TPR 曲线的干扰。Boaro[7]就曾指出，当使用 H_2 作为还原气体时，它与 CeO_2 的相互作用会对测试结果来带干扰。Trovarelli 等[2]也指出，吸附的 H_2 可以被预先储存起来，并且只在程序升温的过程中才能被脱附或是被消耗，从而影响测试结果。另外，传统 TPR 仪器不能对生成 H_2O 进行定量，而且也无法区分消耗的 H_2 是吸附还是还原氧物种的消耗。当以 CO 为还原气体时，有可能形成吸附态的碳酸盐并在高温阶段脱附，从而造成测量结果误差。最后，利用 TPR 法对总储释氧能力 OSCC 的测定并不是在平衡态的情况下进行的，这就可能导致样品中的氧物种在特定的温度下不能被充分还原。

（2）热重分析法（thermogravimetric analysis，TGA）

热重分析法也是总储释氧性能一种常见的测试方法[8-10]。其具体操作流程如下：首先，将一定质量的样品置于 O_2 气氛中，在特定的温度下充分氧化后，记录其质量。然后切换 H_2（CO），由于氧原子被还原，样品质量开始降低。当质量不再变化时，重新切换 O_2，样品质量又开始增加，这时增加的质量应与前期还原过程中减少的质量一致，也就是储存或释放 O_2 的质量（图 3-1）。另外，从 O_2 质量变换曲线的斜率可以得出其在氧化或还原过程中的生成或消耗（储存或释放）O_2 的反应速率。一般来说，样品的氧化过程的反应速率要快于其还原反应速率。

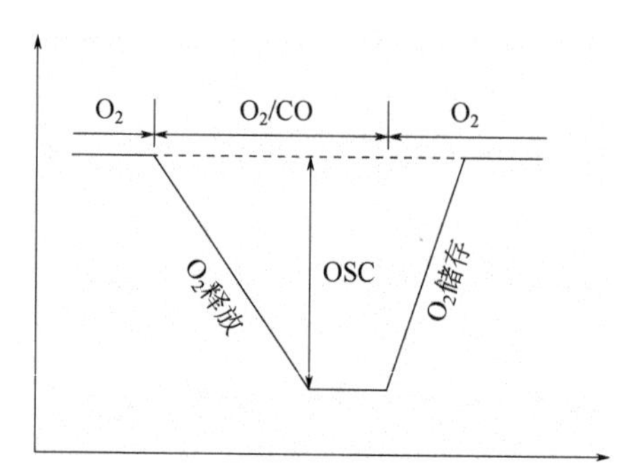

图 3-1 TGA 方法测定样品总储释氧能力 OSCC 的流程图

Wang 等[11]采用 TGA 法对不同形貌 CeO_2 储释氧性能进行了研究。他们选取的测试温度为 300℃。测试时，对样品首先进行氧化处理，然后切换 H_2 进行还原。在不断地氧化/还原气体切换过程中，样品发生的质量变化即为得到或失去 O_2 的质量。研究发现，样品的氧化过程在瞬间完成，即样品质量迅速增加至最大值。而样品的还原过程则需要更长的时间，是整个氧化还原反应循环的决速步。

Silva 等[12]则利用该方法测试了 CeO_2-NR（纳米棒）及 CeO_2-cNR（棒状碎片）在不同温度下的总储释氧能力。发现测试温度越高，TGA 质量变化值越大，即储释氧性能越好。同时，相比于 CeO_2-NR，CeO_2-cNR 样品具有更高的储释氧性能，这可能与其较大浓度的氧空位有关。

（3）氧化学吸附法（oxygen chemisorption analysis，OCA）

由上面的讨论可知，稀土铈基催化材料还原过程反应较慢，是整个氧化还原的决速步。氧化过程则更容易发生，甚至在室温下就可以进行[13]。由于氧化或还原中涉及的氧物种总量是相同的。因此，可以利用氧化学吸附法来测定总储释氧能力。该方法可以有效规避 TPR 方法中 H_2 物种带来的干扰。

氧化学吸附法一般是通过气相色谱或是质谱测量尾气中 O_2 的含

量来计算样品的储释氧性能[14]。Nakatani 等[15]利用 H_2（CO）在特定温度下对 CeO_2-ZrO_2 样品进行还原预处理确保 Ce^{4+}已充分还原，再通入一定量的 O_2。通过测量尾气中残余 O_2 的含量即可确定在样品表面保留的 O_2，即代表其总储释氧能力大小。他们发现，CeO_2-ZrO_2 样品的储释氧性能随着 Ce 含量的增加呈现出先增大后减小的趋势。其中，最好储释氧性能表现在 30%的 Ce 含量的样品中。且 900℃焙烧的样品的储释氧性能要大于 1000℃焙烧的样品。

（4）磁化率法（magnetic susceptibility method，MSM）

磁化率法测定总储释氧能力是利用法拉第微量天平对逆磁性 Ce^{4+}到顺磁性 Ce^{3+}反应过程的测定而得到的[16, 17]。该方法是 Candy 等[16]最早在 1984 年提出来的，在测量前仪器需首先用钴汞硫氰酸盐（cobalt mercury thiocyanate）进行校正，磁化率（X）则利用铁磁杂质外推到无限磁场中进行校准，外推法的不确定度是 0.1×10^{-5}C/g。样品首先在 823K 下 O_2/He 气氛中氧化 2h，冷却至室温，再在 0.1mPa 的真空条件下 773K 加热 1h。还原过程则包括一系列的在不同温度下对样品进行为期 1h 的 H_2/He 气氛还原，温度从室温到 973K。每次还原结束都需先冷却至室温，再重新升温还原至下一温度点。磁化率可以在每个还原温度结束后进行测量。Ce^{3+}的含量根据由 Ce_2O_3 得到的 Curie-Weiss 方程计算给出。

$$2Ce^{4+} + O^{2-} + H_2 \longrightarrow 2Ce^{3+} + H_2O + V_o \tag{3-1}$$

式中，V_o 为氧空位。

依据 Ce^{3+}的含量，可以估算出反应所参与的氧物种的含量，进而得到储释氧量。需要指出的是，为了确保测试的精确性，排除样品中原有 Ce^{3+}的干扰，测定温度必须从室温开始。但是该方法没有排除吸附态 H_2 对测试结果的干扰。

3.2.2.2 脉冲注入还原气体法测定总储释氧性能

脉冲注入法也是测定储释氧性能常用的检测方法。它主要是通过交替脉冲注入氧化性气体 O_2 和还原性气体 H_2（CO）来实现的，后可接色谱、质谱定量检测[18-20]。在这类测定方法中，需要将样品首先升温至目标温度，在 O_2 气氛中充分氧化，切换至 He 或 Ar 气氛，去除样品表面残余 O_2 后，多次脉冲注入 H_2（CO）气体，直至完全还原。然后再脉冲注入 O_2 氧化使得样品完全氧化。如此多次切换。每次循环中所测得的 H_2（CO）总消耗量或 CO_2

总生成量即为样品在该温度下的总储释氧量。结果可以选取多次循环的平均值。

Mai 等[21]利用 CO 脉冲注入法对不同形貌的 CeO_2 材料储释氧性能（CO-OSC）进行了研究，结果见表 3-1。实验中采用在线气相色谱装置对消耗的 CO 气体总量进行测定。他们发现，具有特定形貌的 CeO_2 纳米多面体、纳米棒和纳米立方体在进行比表面积归一化后，比颗粒状 CeO_2 拥有更大的 OSC，并且纳米立方体>纳米棒>纳米多面体。而实验测定 OSC 值大于表面理论 OSC 值，说明储释氧过程不仅仅发生在表面，体相氧物种也会参与其中。

表 3-1　CeO_2 样品暴露晶面、CO-OSC、BET 结果

项目	纳米多面体	纳米棒	纳米立方体	颗粒
暴露晶面	(111)+(100)	(111)+(100)	(100)	
OSC/（μmol O/g）	318	554	353	109
S_{BET}/（m^2/g）	62.8	60.8	33.2	0.89
OSC/S_{BET}/（μmol O/m^2）	5.1	9.1	10.6	
表面理论 OSC/（μmol O/m^2）	6.2	4.9	5.7	

注：S_{BET} 为采用 BET 方法测得的比表面积。

总的来说，无论是持续性通入法还是脉冲式通入法，都是通过氧化性/还原性气体的切换，在程序升温的状态或是特定温度条件下，对稀土铈基催化材料中总储存或释放氧物种含量的测定。不同的测定方法都有其优劣势存在，在具体的实验过程中，可以根据具体体系需求，选取不同的测试方法，进而对样品的总储释氧能力大小进行判定。

3.2.3　动态储释氧性能的测定方法

动态储释氧性能主要是指材料得到或是失去活泼氧原子的能力。一般来说，样品中的氧物种可以分为表面氧物种和体相氧物种。表面氧物种比较活泼，流动性大，更容易参与到反应的进程中。体相氧物种相对比较稳定，其迁移到表面的迁移速率是影响样品还原性能的决速步，即体相氧物种的流动性越大，越容易参与到反应中[22，23]。因而，通过动态储释氧性能的测试方法来对样品氧物种的流动性进行表征，是评价样品反应性能的一个重要指标，具有非常重要的理论和现实指导意义。

动态储释氧性能的测定一般通过瞬态/动态反应来测得，可分为定性和定量测定两种。定性测试方法包括热重分析法、氧同位素交换法、原位红外-质谱联用法等，定量测试方法主要是指脉冲法。

3.2.3.1 定性测试方法

（1）热重分析法（thermogravimetric analysis，TGA）

动态储释氧性能的测定主要是针对样品中的流动氧物种，而氧物种的流动，特别是体相氧物种的流动一般是通过氧空位这一介质来完成的。氧空位浓度越高，氧物种的流动性越大，即动态储释氧性能越好。因而，利用 TGA 的方法测试样品中氧物种在热驱动下的流动性既可以对动态储释氧性能大小进行测定，也可以用于评价氧空位浓度的高低。

Ahn 等[24]利用 TGA 的方法研究了 $Ce_xPr_{1-x}O_x$ 催化材料在升温过程中，热驱动下所释放 O_2 的质量与掺杂 Pr 原子含量的关系。具体操作方法是：将一定量的样品在氮气气氛中加热至 800℃（吹扫表面吸附物质），再在干燥空气气氛中冷却至 150℃（充分氧化），切换氮气并加热至 800℃（使活泼氧物种脱附），如此循环。控制升温及降温速率都为 5℃/min，并记录每一次温度变化后样品的质量。除去第一次加热可能带来的表面吸附物种的干扰，平均多次升温过程中的质量损失即为 O_2 的释放量。通过表征结果发现随着 Pr 掺杂量的提升，$Ce_xPr_{1-x}O_x$ 催化材料的释放 O_2 质量及储释氧性能都逐渐增加。Reddy 等[25]通过 TGA 的方式对氧空位浓度进行了测定。他们首先把样品在 1073K 下 N_2 气氛中热处理，并在干燥空气气氛中冷却至 423K，然后再把样品在 N_2 气氛中加热至 1073K。在第二次加热过程中样品的质量损失被认为是由于氧分压变化导致的氧气释放特性，这里释放的氧气与动态储释氧性能直接关联。

（2）氧同位素交换法（oxygen isotope exchange method，OIEM）

同位素交换法测定动态储释氧性能主要是通过 $^{18}O_2$ 气体对样品中的 ^{16}O 进行交换，通过测定交换的速率来研究动态储释氧性能的方法。一般来说，对于气固两相的同位素交换实验，可分为异相单交换（simple heteroexchange）和异相双交换（multiple heteroexchange）两种同位素交换方式。它们的区别是固态样品中参与交换的氧个数不同。具体可以表示为[26, 27]：

异相单交换：

$$^{18}O^{18}O(g) + {}^{16}O(s) \longrightarrow {}^{18}O^{16}O(g) + {}^{18}O(s) \qquad (3\text{-}2)$$

异相双交换：

$$^{18}O^{18}O(g)+2^{16}O(s) \longrightarrow {}^{16}O^{16}O(g)+2^{18}O(s) \tag{3-3}$$

当生成的气态氧同位素分子量主要为 34 时，说明样品表面主要发生异相单交换反应。同理，当生成的气态氧同位素分子量主要为 32 时，说明主要发生了异相双交换反应[28]。实验前，样品首先经 900℃ 高温煅烧 6h，以除去表面吸附的碳酸盐及硝酸盐，确保得到一个干净的样品表面。将一定量的样品在 450℃ $^{16}O_2$ 气氛中氧化 15min，再在 H_2 气氛中 450℃还原 15min，维持同样温度脱气 30min，然后冷却至室温。最后，通入 50mbar $^{18}O_2$（$1bar=10^5Pa$）开始同位素交换，温度从室温开始，以 2℃/min 的速率升温至 600℃，每 10s 测定各物种的氧分压 $P_{32}(^{16}O_2)$、$P_{34}(^{16}O^{18}O)$ 、$P_{36}(^{18}O_2)$。

由图 3-2 可以看出，^{18}O 同位素交换速率受温度与掺杂 Zr 元素的含量影响。在 Zr 含量低于 50%时，随着 Zr 掺入量的提升，^{18}O 同位素交换速率相比于纯 CeO_2 逐渐提升，且最高交换速率都在 450℃左右。随着 Zr 掺入量的进一步提升，交换速率迅速下降，且最高反应速率向高温移动。到纯 ZrO_2 样品，同位素交换速率几乎为零。同位素的交换速率在一定程度上也代表活泼氧物种的迁移速率。迁移速率越大，动态储释氧能力越强。

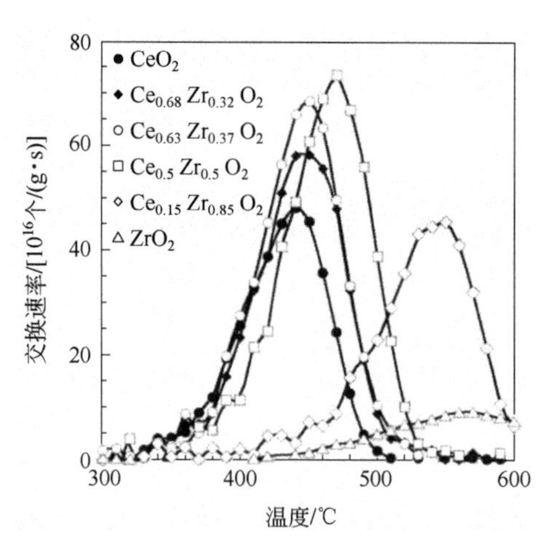

图 3-2 ^{18}O 同位素交换速率随温度的变化趋势

（3）原位漫反射红外光谱-质谱联用法（in situ DRIFTS-MS）

Boaro 等[29]利用原位漫反射红外光谱和质谱联用装置对样品的动态储释氧性能进行了研究。具体操作方法是，将一定量的样品置于原位池中，通入还原性气体 CO，升温至特定温度并保持 10min。在此期间，连续、快速地采集红外谱图（2s 时间分辨率），并每隔 10s 切换一次反应气体。切换的顺序为 CO、Ar、O_2 和 Ar，红外反应装置后接质谱检测器。通过记录生成 CO_2 的速率和消耗 O_2 的速率来表征动态储释氧性能。

3.2.3.2 动态储释氧性能的定量测定方法

脉冲注入还原性气体 H_2(CO)是定量测定动态储释氧性能的常用方法。同测定总储释氧性能操作方法类似，但动态储释氧性能仅选取第一次脉冲 H_2(CO)后产生的 CO_2(H_2O)或消耗的 H_2(CO)作为测试结果，此时消耗的为最活泼和可以参与反应的氧物种[30,31]。

Lambrou 等[32]同时研究了脉冲法测定总储释氧性能（OSCC）和动态储释氧性能（DOSC），如表 3-2 所示，可以比较清楚地看到测定两个储释氧性能时在方法上的明显差异在于：动态储释氧性能是仅仅脉冲一次，而总储释氧是多次脉冲直到尾气中无剩余 H_2（CO）被检测出。

表 3-2 TWC 催化剂 DOSC 和 OSCC 性能测试条件与具体步骤

性能类型	具体实验步骤
DOSC	20% O_2/He (*T*osc, 1h)→He (*T*osc, 5min)→*T*osc 温度下 H_2 或者 CO 脉冲 1 次 (50μmol)→*T*osc 温度下连续 O_2 脉冲，10μmol O_2/脉冲(直到饱和)
OSCC	20% O_2/He (*T*osc, 1h)→He (*T*osc, 5min)→*T*osc 温度下 H_2 或者 CO 连续脉冲，50μmol/脉冲（直到没有 H_2 或者 CO 被检测到）→*T*osc 温度下连续 O_2 脉冲，10μmol O_2/脉冲（直至饱和）

一些研究者在一定频率下不断快速切换氧化/还原气体，并通过质谱仪检测尾气中相应组分的含量来测定样品动态储释氧性能[33,34]。通过这种方法可以测定样品在变化的气氛中的真实储释氧性能。

Song 等[35]设计了一种瞬态产物分析装置（temporal analysis of products，TAP），该装置在真空下运行，相比于传统脉冲测定装置具有更高的精确度，更适用于动态储释氧性能的测定。该装置由进样器、反应器和质谱等组成，并通过分子泵及涡轮泵对装置进行抽真空。装置可以通过调节脉冲阀的开启时间来控制每个脉冲的大小，并通过将大量气体脉冲引入真空容器并用高精度压力计测量压力来确定每个脉冲的准确量（图 3-3）。

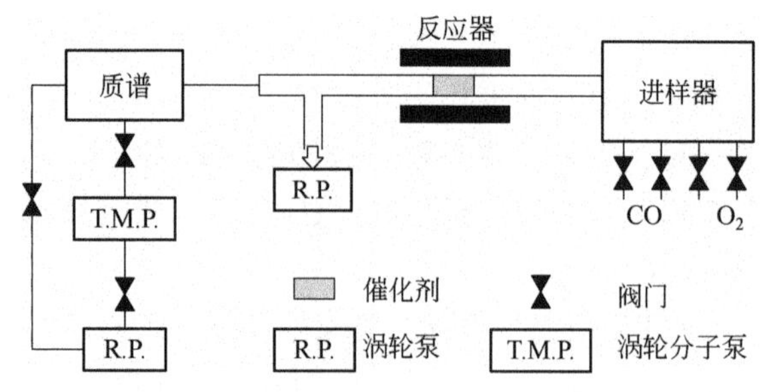

图 3-3　瞬态产物分析装置图

3.3　氧空位的形成及表征

3.3.1　氧空位

氧空位（OV）是金属氧化物缺陷的一种，它们是金属氧化物在特定外界环境下（如高温、还原处理等）造成的晶格中氧的脱离，导致氧缺失形成的。氧空位的概念最早是在 20 世纪 60 年代被提出来的，当时也称为“Wadsley 缺陷”（“Wadsley defect”），研究者们发现金属氧化物并非大家所认为的理想完整晶体结构，而是存在一定的氧离子缺陷位点[36]。这种缺陷的存在使得金属氧化物在一些催化反应中起到至关重要的作用[37，38]。直到 2000 年，人们才通过扫描隧道显微镜（STM）的表征手段直观地观测到氧空位的存在，并且发现 RuO_2 氧化剂的表面存在线形的氧空位。这些在金属氧化物表面的氧空位也被称为“表面氧空位”（surface oxygen vacancies，SOV）[39]。在此之后，关于氧空位的表征及研究迅猛发展，科学家们利用 STM 陆续在多种氧化物表面发现氧空位的存在[40]。本课题组从 2011 年开始，系列报道了表面协同氧空位（surface synergetic oxygen vacancies，SSOV）在多相催化反应（NO+CO）中的独特作用[41，42]。另外，其他相关理论计算和实验也证实了氧空位的存在改变了材料表面的电子和化学性质，是材料表面反应的活性位点。总的来说，在催化领域中，氧空位的重要作用主要体现在以下几个方面[43，44]：①在材料中引入额外的能级；②在催化过程中作为某些分子的特定反应位点；③通过缺陷位活化氧气分子；④提高材料的储释氧性能。目前，关于氧空位材料的合成方法和应用的文章及综述比较多，例如，Xiong 等[45]的研究小组报道了 2D 光催化剂的合成方法，强调了缺陷在光催化反应中的重要作用。Wang 等[46]围绕氧空位的能量转化和储存功能研究进行了概述。这些研究的关注点主要集中在氧空位的合成及其应用。而本章则对氧空位的表征方法，包括氧空位的定性、定量表征，以及性质与性能的关联等进行介绍。

氧化铈作为一种常见的稀土功能材料，广泛地应用于环境催化、石油化工等领域[47-49]。由于铈元素具有特殊的4f电子层结构，导致其氧化物 CeO_2 具有优异的氧化还原能力，从而在二氧化铈晶格中容易形成氧空位。对于化学计量的 CeO_2，每一个铈原子将提供出4个电子来填满氧原子的p轨道，当出现还原等情况时，氧原子会离开晶格，从而出现空缺，即为氧空位，如式(3-4)所示：

$$\mathrm{OO+2CeCe} \rightleftharpoons \mathrm{V_o+2CeCe^{-}} + \frac{1}{2}\mathrm{O_2} \qquad (3\text{-}4)$$

其中，OO 和 CeCe 是 O 及 Ce 在氧化铈晶格中的位置，V_o 是氧空位，$CeCe^{-}$是带有一个额外电子的铈离子。CeO_2 中的氧空位可以影响其电子或化学态，进而改变 CeO_2 的化学结构。最常见的莫过于氧空位的存在可以增加稀土铈基催化材料的储释氧性能。同时，氧空位可以提供新的反应位点，吸附和活化反应物分子，如 O_2、NO 等，提高催化剂反应活性和稳定性。氧空位的存在还有利于金属氧化物在稀土铈基载体上分散，并增强活性组分与载体的相互作用。Liu 等[50]报道，Au 离子优先进入 CeO_2 (111)晶面的氧空位，这是因为氧空位呈负电性，可以与金属阳离子形成离子键，从而有利于增强阳离子与载体的相互作用。由此可见，氧空位对于稀土铈基催化材料具有举足轻重的作用，因而围绕稀土铈基催化材料开展氧空位表征方法研究具有重要意义。

3.3.2 氧空位的形成

从20世纪中叶开始，科学家们围绕 CeO_{2-x} 氧空位的形成机制开展了大量研究工作[51-53]。Tuller 等[54]测定并总结了在不同温度条件下，氧分压与 CeO_{2-x} 中 x 的关系，发现随着温度的升高，相同的 x 值对应的氧分压也在增加。有报道发现在300℃时，化学计量的 CeO_2 对应的氧分压为10～40atm（1atm=0.1MPa）[55]，也有研究表明在1023℃条件下，CeO_{2-x} 只有在 P_{O_2} 小于10～20atm 才能稳定存在[56]。CeO_2 在低氧分压下 P_{O_2} 和高温情况下（如<10^{-5}atm，800℃），Ce^{4+}容易转变为

Ce^{3+}，进而释放晶格中的氧离子，生成氧空位。这个过程可以用 Kröger-Vink 方程式来表示：

$$O_o \rightleftharpoons V_o + 2e^- + \frac{1}{2}O_2 \tag{3-5}$$

这里 O_o、V_o 和 e 分别表示晶格氧、氧空位和 Ce 4f 能级导带中的电子。这些在氧化过程中形成的电子一般会转移到 Ce 原子上，使 Ce^{4+}转变为 Ce^{3+}，也就是说 CeO_2 中氧空位的形成通常会伴随 Ce^{3+} 含量的增加。同时，在 CeO_2 中掺杂其他价态的金属离子，会使其变成非化学计量比的 CeO_{2-x}，也会在晶格中产生氧空位。Wang 等[57]指出在 CuO-CeO_2 催化剂中存在两种形式的氧空位：一种是 Ce^{4+}还原产生的，即两个 Ce^{4+}还原产生两个 Ce^{3+}，同时伴随一个氧空位（$2Ce^{4+} + \frac{1}{2}O_2 \longrightarrow 2Ce^{3+} + V_o$）。由于 Ce^{3+}的半径大于 Ce^{4+}，所以会造成轻微的晶格膨胀。另一种氧空位的产生是由于 Cu^{2+}掺杂产生的，当一个 Cu^{2+}取代一个 Ce^{4+}会产生一个氧空位，但此时会造成晶格收缩。Li 等[58]也指出，对于 Y-CeO_2 催化剂，氧空位浓度与晶胞参数存在线性关系。其他如 Pr[59]、Zr[60]等元素的掺杂也会对 CeO_2 氧空位浓度产生影响。

稀土铈基催化材料暴露晶面的不同也会影响其氧空位的生成。Mayernick 和 Janik 等[61]采用理论计算的方式计算了不同暴露晶面纯 CeO_2 及 Zr、Pd 掺杂 CeO_2 的氧空位生成能。由表 3-3 可以看出，对于纯 CeO_2，氧空位生成能ΔE_{vac} 按从小到大的排序为：（110）<（100）<（111）。由于氧空位的生成与稀土铈基催化材料的氧化还原性密切相关，而氧化还原性是影响催化剂反应性能的关键因素，因此稀土铈基催化剂在实际反应中（110）和（100）晶面要比（111）晶面更为活泼。同时，对于掺杂后的样品，各个暴露晶面的氧空位生成能ΔE_{vac} 均小于纯 CeO_2 的氧空位晶格生成能。Sayle 等[62]通过理论计算发现 CeO_2（110）、（100）和（310）晶面的氧空位比体相氧空位更稳定，且（110）和（100）晶面比（111）晶面更容易生成氧空位。同样地，实验结果也表明具有更多（110）和（100）暴露晶面的 CeO_2 纳米棒的催化性能要远高于主要暴露（111）晶面的 CeO_2 纳米颗粒[63]。此外，还可以通过控制合成条件[64, 65]、对样品进行高温处理[66]、通入还原性气体对样品还原[67, 68]、X 射线照射或 Ar^+轰击[69, 70]等后处理方式获得氧空位或是对其浓度进行调控。

表 3-3　不同暴露晶面 CeO_2 氧空位生成能

暴露晶面	M_1	ΔE_{vac} /eV	ΔQ_{M_1} /e	ΔQ_{M_2} /e	ΔQ_{M_3} /e	ΔQ_{M_4} /e
(111)	Ce	+2.76	+0.32	+0.32	0.00	+0.06
	Zr	+1.63	+0.02	+0.32	+0.28	+0.06
	Pd	+0.71	+0.43	+0.05	+0.05	+0.03
(110)	Ce	+2.10	+0.32	+0.32	−0.01	−0.01
	Zr	+1.24	+0.08	+0.31	+0.26	+0.06
	Pd	−0.09	+0.38	+0.06	+0.04	+0.03
(100)	Ce	+2.26	+0.35	+0.37	+0.02	+0.01
	Zr	+1.84	+0.07	+0.30	+0.26	+0.03
	Pd	−0.05	+0.51	+0.08	+0.01	+0.02

3.3.3　氧空位的表征

稀土铈基催化材料中氧空位的表征技术包括拉曼（Raman）光谱、电子顺磁共振（EPR）、正电子湮没能谱（PALS）、固体核磁共振（ss-NMR）、X 射线光电子能谱（XPS）和扫描隧道显微镜（STM）等，本小节在对其测试原理简单介绍的基础上，列举各个表征手段的数据分析要点，并对他们与其他性质的关联等进行简单介绍。

（1）拉曼（Raman）光谱

拉曼光谱是一种以拉曼效应为基础建立起来的分子结构表征技术，其信号来源于分子的振动和转动，广泛应用于化学、物理和生物科学等诸多领域，是研究物质分子结构的有力工具。由于不同物质具有不同的拉曼特征光谱，因此可以对样品进行定性分析。同时，在一定条件下，拉曼信号强度与产生拉曼散射的待测物质的浓度成正比，这使得拉曼光谱同时具有定量分析的功能。

CeO_2 的拉曼谱图一般包括 5 个信号峰，从左到右分别归属为二级横向声子振动（2TA）、F_{2g} 对称振动、缺陷诱导振动（D）、表面吸附 O^{2-} 振动和二级纵向光子振动（2LO）。其中，598cm^{-1} 和 1174cm^{-1} 处的振动峰一般认为与 CeO_2 萤石结构中的氧空位或阴离子缺陷相关。828cm^{-1} 处的表面吸附 O^{2-} 信号峰的出现也可认为与氧空位的存在相关。所以，拉曼光谱是一种表征催化剂表面氧空位的有效手段。除了定性表征外，利用 $I_D/I_{F_{2g}}$ 或 $(I_D+I_{2LO})/I_{F_{2g}}$ 可以对氧空位浓度进行定量表征。本课题组在这方面展开了一些研究[71,72]。结果发现，以 $Ce(NO_3)_3 \cdot 6H_2O$ 为前驱体水热法制备的 CeO_2 要比以 $(NH_4)_2Ce(NO_3)_6$ 和 $Ce(SO_4)_2$ 为前驱

体以及 $Ce(NO_3)_4 \cdot 6H_2O$ 热分解制备的样品具备更高的氧空位浓度。

① 紫外-可见拉曼光谱　拉曼信号同时来自固体材料的表面和体相，但是当样品本体吸收激发光并发生散射时，会使来自体相的拉曼信号衰减，从而便于得到材料表面的信息。紫外拉曼光谱正是基于这一原理，在材料表面信息分析中发挥了独特的作用[73]。Wu 等[74]采用紫外和可见拉曼光谱对棒状、立方体和八面体三种不同形貌的 CeO_2 进行了表征，发现由紫外激发光源得到的拉曼峰强度要显著强于可见拉曼光谱，说明紫外拉曼光谱对缺陷物种更灵敏。此外，在紫外拉曼光谱中，在 $462cm^{-1}$ 和 $595cm^{-1}$ 处也均出现 CeO_2 拉曼信号峰，通过计算发现其氧空位浓度（$I_D/I_{F_{2g}}$ 值）遵循以下规律：棒状型>立方体型>八面体型，这也表明 CeO_2 氧缺陷浓度与其形貌相关。

Luo 等[75]采用 325nm、514nm、633nm 和 785nm 等不同波长拉曼光源对 $Ce_{1-x}Pr_xO_{2-\delta}$ 复合氧化物进行表征，观察到 CeO_2 的 F_{2g} 拉曼峰（$465cm^{-1}$）和氧空位拉曼峰（$570cm^{-1}$），得到氧空位浓度（I_{570}/I_{465}）与组成的关系。发现随着 Pr 掺杂量的增加，氧空位浓度也逐渐增加，没有出现缺位间的缔合现象。而随着激发光波长的增加，氧空位浓度观测值逐渐减小，这是因为当样品对拉曼激发光吸收较强时，只有样品表面的散射光能从吸收中逃逸出来，所获得的是样品表面区的信息；当样品对拉曼激发光的吸收较弱时，样品体相的散射光也能够逃逸出来，所获得的是样品体相和表面信息之和[76, 77]。也就是说，随着激发光波长的增加，拉曼光谱所获得的信息从表层到体相转移（图 3-4）。由于 Pr 在表层富集，表层有更多的氧空位，从而导致氧空位浓度观测值逐渐减小。因此，激发光波长越短，其采样深度越浅，所获得的信息越表层，氧空位浓度就越高。

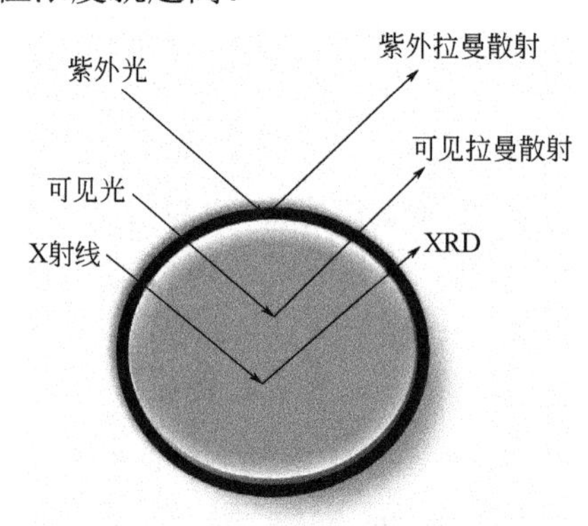

图 3-4　从紫外拉曼、可见拉曼及 XRD 表征中可以得到的样品信息

② 原位拉曼光谱　原位表征技术的不断发展，使得实验结果越来越接近反应本质。原位拉曼技术的发展也为人们真实了解反应过程提供重要支撑。Overbury 等[73]首先合成了不同形貌的 CeO_2 样品，对其进行不同温度的还原处理，然后利用原位拉曼技术，以 O_2 为探针分子，考察催化剂表面缺陷信息。他们把 1139cm^{-1} 归属为吸附态超氧 O_2^- 的 O—O 振动峰，而 830cm^{-1} 和 862cm^{-1} 处的振动峰则归属为吸附态过氧物种（O_2^{2-}）。这些信号峰的产生说明经过 673K 还原处理后的样品表面产生了两种不同类型的表面缺陷。为了验证以上实验结论，作者又利用同位素 ^{18}O 进行了验证，发现所有信号峰都向低波数方向偏移，与 1.061 的理论同位素转变值一致。Wu 等[78]利用 488nm 的原位激光拉曼研究了 CeO_2 与 H_2O_2 反应后样品表面的吸附态氧物种信息。一般认为，F_{2g} 峰是立方萤石结构中 Ce 阳离子周围氧原子的对称振动模式，对亚表层晶格中氧原子的无序性很灵敏。当 CeO_2 中加入 H_2O_2 后，样品表面马上出现了一些新的振动峰，其中，860cm^{-1} 和 880cm^{-1} 分别归属于吸附态过氧物种（O_2^{2-}）的 O—O 振动峰，说明表面缺陷位形成。但是随着时间的推移，到处理时间 3h 时，880cm^{-1} 处的峰消失，且 860cm^{-1} 处的峰逐渐变小。这说明吸附态氧物种经历了一个从产生到消失的抗氧化循环。

拉曼表征技术近年来发展迅速，无论是从检测光源（从可见到紫外），还是测试条件（变温、气体或液体原位反应环境等）以及探测灵敏度（针尖增强）等方面都取得了比较大的进步，特别是与扫描、透射等可视化检测方法的联用，更是在一定程度实现了图谱的统一。但是，不同振动峰重叠和拉曼散射强度容易受光学系统参数等因素的影响，且荧光现象对傅里叶变换拉曼光谱分析的干扰等问题也在一定程度上限制其应用。

（2）电子顺磁共振（electron paramagnetic resonance，EPR）

电子顺磁共振是研究含有未成对电子物质的顺磁性的检测方法，检测对象包括自由基、过渡金属离子、多重态分子及晶体缺陷等。可以鉴别催化剂中具有单电子物质的价态、临近原子的性质、表面部位对称性以及单位催化剂内未配对自旋电子的总数目等信息。电子顺磁共振技术应用广泛，可以检测气、固、液三种形态的物质。目前该检测方法已经涵盖物理、化学、生命科学、环境科学、医学、材料学等多个领域。正是因为 EPR 可以提供关于材料缺陷位等的直接信息，且灵敏度较高，因而广泛用于检测稀土铈基催化材料中的氧空位。

Ren 等[79]为了考察 CeO_2 暴露晶面与氧空位浓度之间的关系，制备了纳米立方体（100）、纳米棒（110）、纳米八面体（111）三种催化材料，同时采用 EPR 对其进行了详细表征。他们把 g=1.913 处的信号峰归属为氧空位的特征信号峰，根据该峰信号强弱，得出了不同暴露晶面氧空位浓度顺序：纳米立方体> 纳米棒>纳米八面体。Rakhmatullin 也在 g=2.003 附近，在 Mn 掺杂的 CeO_2 样品中发现了氧空位的信号峰[80]。

Martínez 等[81]利用原位 EPR 技术对 Zr-Ce 样品进行了研究，他们首先在室温条件下对样品进行氧气预吸附，然后在液氮温度下进行检测。同时，为对比研究，对吸附氧气后再抽真空的样品也在液氮温度下进行了表征。结合其他表征手段，作者对不同样品的信号峰进行了归属，如表 3-4 所示。其中，有孤立态和团簇态两种类型氧空位存在于样品中。

表 3-4　预先吸附 O_2 后的样品在 773K 下的 EPR 结果

信号	EPR 参数	信号峰归属
OC1	g_z = 2.031−2.030, g_x = 2.017, g_y = 2.011 $g_{\parallel}$ = 2.034−2.032, $g_{\perp}$ = 2.011−2.010	三维稀土铈基材料表面孤立氧空位形成的 Ce^{4+}-O_2^- 物种
OC2	g_z = 2.042−2.039, g_x = 2.009−2.008 g_y = 2.010−2.009	三维稀土铈基材料表面团簇氧空位形成的 Ce^{4+}-O_2^- 物种
OCZ	g_z = 2.026−2.025, g_x = 2.018−2.017 g_y = 2.011	二维稀土铈基材料表面形成的 Ce^{4+}-O_2^-物种
OZ	g_z = 2.037, 2.032, g_y = 2.009 g_x = 2.002	Zr^{4+}-O_2^- 物种

氧空位一个非常重要的作用是吸附和活化 O_2 分子，而这些吸附态的 $O_{2(ads)}$ 分子又非常容易得到电子，转变为过氧或超氧离子[$O_{2(ads)}$→$O_2^-{}_{(ads)}$或 $O_{2(ads)}$→$2O^-{}_{(ads)}$]，在这种情况下，可以采用 O_2 分子作为 EPR 的探针分子，通过分析其在样品表面氧空位上吸附产生的超氧或过氧物种信号来对氧空位进行表征。Soria 等[82, 83]通过微乳法合成了三种不同的 CeO_2（ME1、ME2 和 ME3）样品，并以 O_2 为探针分子，采用原位 EPR 对其结构性质进行了表征。具体操作为：样品首先在 773K 真空处理 1h，降温至室温，通入一定量的 O_2，然后抽真空，再降温至 77K 进行 EPR 测定。发现三个样品中出现了不同的超氧物种信号峰。其中，$g_{\parallel}$ =2.039，2.034～2.033 和 $g_{\perp}$=2.011 归属为孤立态

氧空位的信号峰，而 $g_{\parallel}$=2.044 和 $g_{\perp}$= 2.010 归属为团簇态氧空位的信号峰。由此可见，制备条件的差异，也会影响 CeO_2 氧空位的性质及含量[84]。但是，总的来说，EPR 技术是一种统计性测试手段，它很难提供氧空位所在的具体位置，如表面或体相等，这对于区分特定氧空位在具体反应过程中的作用带来了一定影响。

（3）正电子湮没能谱（positron annihilation lifetime spectra，PALS）

1932 年在宇宙线中发现正电子揭开了研究物质与反物质的相互作用的序幕，而 1951 年正电子和电子构成的束缚态——正电子素的证实，更是加深了对正电子物理的研究工作。随着对正电子和正电子素及其与物质相互作用特征的深入了解，使正电子湮没技术在原子物理、分子物理、固态物理、表面物理、化学及生物学、医学等研究领域得到了广泛的应用。

正电子在完整晶格中的湮没是自由湮没，而一旦介质中出现缺陷（如空位、位错、微空洞），情况就将不同。因为在介质中，正电子总是受到带正电荷的离子实的库仑排斥力，而在空位型缺陷中，没有离子实存在，因此空位、位错、微空洞这类缺陷就成了正电子的吸引中心，正电子容易被缺陷位捕获，再发生湮没，这就是正电子的捕获态湮没过程。通常，正电子束缚态的寿命 τ_d 大于自由态正电子的寿命 τ_f。且空位或缺陷的线度越大，τ_d 越大，如五个单空位组成的铝空位团簇的寿命值为 350ps（1ps=10^{-12}s），远大于单个空位的 240ps。这就有利于我们区分稀土铈基催化材料团簇态和孤立态的氧空位存在形式。另一方面，缺陷的浓度越高，正电子的捕获概率越大，在相应寿命谱的强度也越大。因此，还可以通过寿命谱的强度来判断缺陷或空位的浓度。

正电子湮没寿命谱是一种常见的研究材料缺陷位点的表征方法[85]。Puska 等[86]认为利用该方法可以对氧化物的缺陷进行深入研究，用以区分孤立态和团簇态的氧空位。Chang 等[87]通过正电子寿命湮没谱研究了形貌效应对 CeO_2 表面氧空位类型及浓度的影响，如表 3-5 所示，样品的 PALS 可以拟合为三类物种的信号峰（τ：正电子的寿命；I：对应的强度），正电子的寿命 τ 由湮没位点的平均电子密度决定，平均电子密度越大，正电子寿命越短[75]。正电子寿命最长的 τ_3 主要是由材料合成过程中形成的空洞中的正-正电子素的湮没所致，与缺陷位的正电子捕获无关。CeO_2 立方体（c-CeO_2）中的两个正电子寿命 187ps (τ_1)和 350.2ps (τ_2)分别代表 CeO_2 中自由正电子的湮没和较大的氧空位团簇中正电子的湮没。而 CeO_2 纳米棒（r-CeO_2）中的两个正电子寿命

262ps(τ_1)和 397ps(τ_2)分别代表较小的氧空位（孤立态氧空位）或较大氧空位团簇中正电子的湮没。由此可以看出，通过正电子寿命湮没谱可以发现不同形貌的 CeO_2 样品中氧空位的类型是不同的。CeO_2 立方体中的氧空位主要是以氧空位团簇的形式存在，而 CeO_2 纳米棒中同时包含孤立态和团簇态的氧空位。同时，CeO_2 纳米棒中的氧空位的平均电子密度要小于 CeO_2 立方体。

表 3-5　不同样品的 PALS 峰拟合结果

样品	PALS						
	τ_1 /ps	τ_2 /ps	τ_3 /ns	I_1 /%	I_2 /%	I_3 /%	I_2/I_1
c-CeO_2	187.0	350.2	1.50	35.99	63.16	0.85	1.75
1%-Ag/ c-CeO_2	203.3	366.1	2.10	42.82	56.48	0.70	1.32
3%-Ag/ c-CeO_2	198.9	360.7	1.74	40.6	58.5	0.9	1.44
r-CeO_2	262.0	397.0	1.90	31.2	67.9	0.9	2.18
1%-Ag/ r-CeO_2	230.2	384.7	1.71	21.72	77.06	1.22	3.55
3%-Ag/ r-CeO_2	250.2	409.3	2.36	41.5	57.5	1.0	1.39

（4）固体核磁共振（solid state nuclear magnetic resonance，ss-NMR）

核磁共振现象源自核自旋和磁场的相互作用，它是通过研究具有磁性质的某些原子核对射频的吸收来测定各种有机和无机成分结构的最强有力工具之一。核磁共振技术在化学研究领域中具有广泛的应用，例如分子结构的测定、分子构象或构型的确立、动力学历程和机理研究等。近年来固体核磁共振技术的发展，使其可用于研究固体催化剂表面气体分子的物理及化学吸附行为，对从分子层面进一步了解多相催化反应机理起到巨大的推动作用[88-90]。

Wang 等[91]使用 ^{17}O 固体核磁研究了不同尺寸 CeO_2 中的氧物种。由于 ^{17}O 在样品中的自然丰度比较小，所以在实验前需要首先通过预处理对 ^{17}O 进行富集。以 Cao 等[92]的 ^{17}O 同位素富集为例，具体操作如下：①富集前将整个体系抽至接近真空。②将样品置于石英管中加热至 250℃保持 8h。③在真空下冷却至室温，加入 $^{17}O_2$ 气体，总压力为 0.2atm。④将样品在同位素气氛中加热至 400℃保持 12h。具体结果如图 3-5 所示，877 化学位移处的主峰可以归属于 CeO_2 的体相氧（OCe_4^{4+}，BO）。1100～950、890～920、870～825 处的信号分别对应 CeO_2 的表面氧（OCe_3^{4+}，SO）、CeO_2 表面第二层氧（2ndO）与氧空位相关的氧物种（Ce^{3+}附近的氧，VO）。另外，纳米棒的峰强度比$I_{(1100\sim950)}/I_{877}$为 0.088，八面体和立方体分别为 0.021 和 0.017，表明纳米棒中不饱和配位的表面氧所占的比例更大，这一方面是由于纳米棒有较大的比表面积，另一方面也可能是由于纳米棒表面有较多的缺陷。

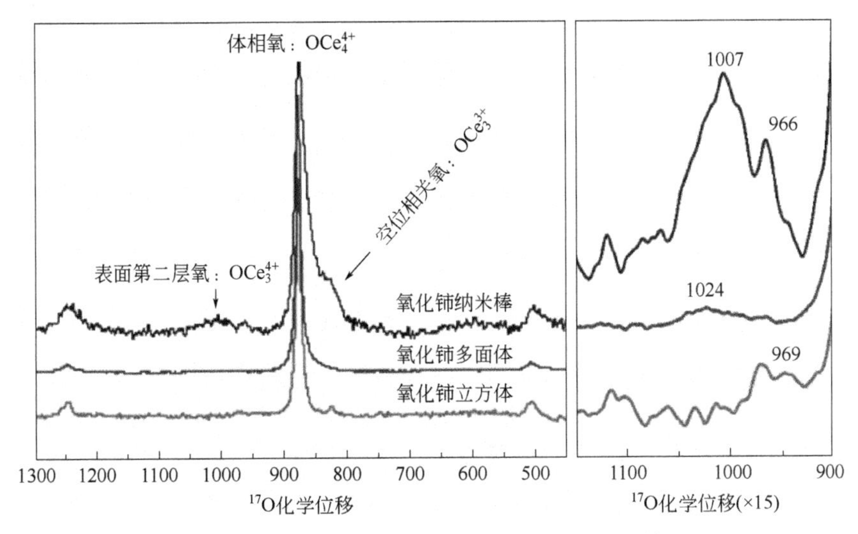

图 3-5　$^{17}O_2$富集后不同形貌 CeO_2 的 ss-NMR 结果

由于样品^{17}O同位素富集一般需要在$^{17}O_2$气氛中进行高温处理，这有可能会对样品的本征结构产生作用，氧空位之类的特征尤其容易受到影响。近来，随着动态核极化（DNP）技术在固体核磁共振中的应用，固体核磁信号采集的时间可以大大缩短，该技术通过微波激发孤立电子的自旋，再由电子自旋转移到核的自旋，为自然丰度氧化物提供了一个崭新的结构表征手段[93, 94]。Hope 等[95]使用 DNP 增强^{17}O NMR 研究了$^{17}O_2$或$H_2{}^{17}O$同位素富集后的CeO_2，发现CeO_2最表面的三层氧原子可以被很好地区分出来。可见，DNP 增强^{17}O NMR 有可能对实现自然丰度的CeO_2进行研究，在非破坏性条件下分析其中的表面氧物种，这对CeO_2表面氧物种的表征有着重要意义。在我们组的工作中，对不同形貌的CeO_2样品进行了 DNP 增强^{17}O NMR 表征。发现不同晶面二氧化铈上，缺陷氧V_o的信号（825～870）有很大的差异，与富集后的样品类似，总体V_o信号的相对强度顺序为纳米棒>立方体>八面体，不过在这里观察到了两种不同的V_o信号，分别归于较稳定的氧空位V_{o_1}（861±10）和活泼氧空位V_{o_2}（825～851）。

纳米棒样品有相当数量的天然缺陷，同时具有 V_{o_1} 和 V_{o_2}，且含量远超其余样品。值得注意的是，立方体的 V_{o_1} 含量为25%，高于八面体的8%，但立方体中没有明显观测到 V_{o_2}，八面体中则有10%的 V_{o_2} [82]。

（5）X射线光电子能谱（X-ray photoelectron spectroscopy，XPS）

X 射线光电子能谱作为一种重要的表面分析测试手段，不仅能定性和定量分析物质表面的元素组成，还可以提供原子的化学状态和分子结构等信息。因此，广泛应用于基础科学和应用科学领域，如化学催化、高分子、半导体、微电子学、材料科学、环境保护、生物医学和纳米科学等[96, 97]。在稀土铈基催化材料的研究过程中，XPS也作为一种必备表征手段，来研究催化剂表面Ce原子的含量、Ce^{3+}和Ce^{4+}的比例、表面活性氧物种的含量以及Ce物种与其他元素的相互作用等，从而为了解稀土铈基催化剂在反应中作用机理提供依据。由于缺陷及空位的存在会导致原子周围配位状态的不饱和，同时会产生缺陷位吸附氧物种[98, 99]，这些变化会使得XPS谱图中元素的结合能发生偏移或产生新信号峰，为分析及研究缺陷和空位提供依据。

Qiu等[100]在CeO_2/Co_3O_4体系中把含CeO_2样品的O 1s信号峰拟合为三个峰，其中，$529.8cm^{-1}$归属为晶格氧物种信号峰，$531.4cm^{-1}$归属为氧空位，$533.0cm^{-1}$归属为表面吸附氧物种。根据峰面积所占比例可以计算对应物种的含量。作者发现，Ce物种的引入可以增加Co_3O_4样品氧空位浓度，进而有利于其电催化性能的提升。Xu等[101]同样把CeO_2纳米棒样品中531.2eV处的O 1s XPS峰归属为氧空位的信号峰，他们认为相比于颗粒，CeO_2纳米棒样品中含有更多的氧空位，进而使得其表现出更高的电催化N_2合成NH_3的性能。

Ce 3d谱图的分峰和标记如图3-6所示，其中U和V分别对应于$3d_{3/2}$和$3d_{5/2}$两种自旋轨道。Ce^{3+}含量常用式(3-6)来确定，即U′、V′的峰面积之和与Ce 3d的总峰面积的比值[102]。

$$Ce^{3+}(\%)=\frac{100\times\left[S(U')+S(V')\right]}{\Sigma\left[S(U')+S(V')\right]}\% \qquad (3\text{-}6)$$

（6）扫描隧道显微镜（scanning tunneling microscope，STM）

20世纪80年代初，IBM苏黎世实验室利用量子力学中的隧道效应（tunnel effect，也称势垒贯穿）研制成功了世界上第一台新型的表面分析仪器——扫描隧道显微镜。STM的发明标志着人类进入了直接观察原子、操纵原子的时代，标志着在原子和分子水平根据人们的意愿设计、装饰、加工、创造新的物质结构与特性成为可能。扫描隧道显微镜与其他高分辨显微镜，如透射电子显微镜（transmission electron microscope，TEM）和场离子显微镜（field ion microscope，FIM）相比有诸多显著优势：STM 具有更佳的分辨率，平行和垂直于样品表面的分辨率分别可达到 0.1nm 和 0.01nm；使用环境更宽松，不必像 TEM 和 FIM 那样需要高真空条件，可在溶液、大气中对样品实现直接观测，有利于对表面反应、扩散运动等动态过程的研究；STM 还具有价格低、样品制备容易且操作简单等优点。

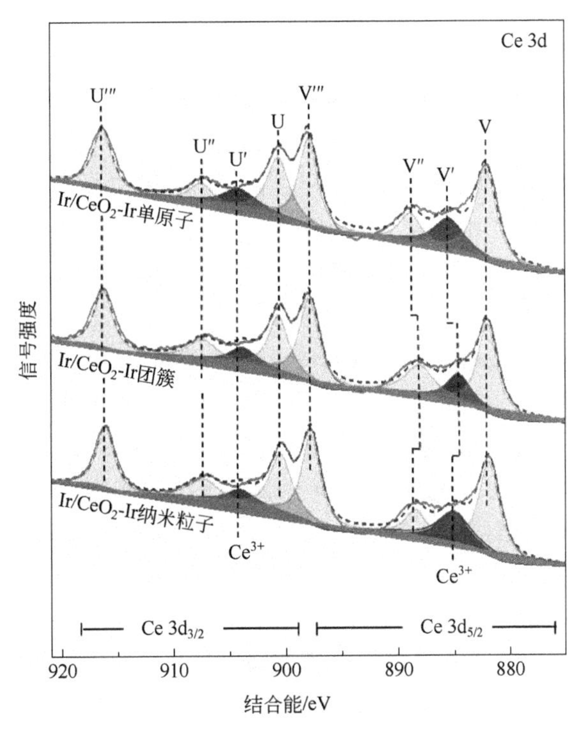

图 3-6 Ir/CeO_2 催化剂的 Ce 3d XPS 结果

STM 的基本原理就是量子隧道效应。将原子线度的极细针尖和被研究物质的表面作为两个电极，在两电极间加一个偏压 U，当极细针尖接近样品表面（通常小于 1nm）时，在针尖和样品表面之间就会产生克服间隙势垒的隧道电流，根据隧道电流的变化，就可以得到样品表面微小的高低起伏变化信息，用来研究稀土铈基催化材料的形貌、表面构型、缺陷及空位等[103-105]。

Esch 等[106]利用超高分辨扫描隧道显微镜同时结合理论计算，研究了 CeO_2（111）晶面的表层及亚表层氧空位的局部结构信息。他们认为这些氧空位在室温下是不流动的，但是在高温下容易流动形成线性或是三聚物状的氧空位团簇。基于这一工作，人们开始了解到对于还原态的 CeO_2（111）晶面，其表面单个氧空位是趋向于形成氧空位团簇的。这些氧空位团簇是还原态氧化铈表面缺陷的重要组成部分。Shahed 等利用 STM 研究了 H_2 还原 CeO_2（111）/Ru（0001）样品后的表面，发现样品在室温下表面即可形成氧空位三聚体和羟基三聚体。羟基是由氢原子与 CeO_2（111）表面 O 原子反应生成，并迁移聚集形成稳态羟基三聚体。这些羟基与 O 原子进一步反应生成 H_2O 脱离，进而产生氧空位[107]。其他利用 STM 研究压力[108]、还原处理[109]、表面羟基[110]、基底[111]等对 CeO_2 表面氧空位的结构和存在状态影响，以及反过来氧空位的存在对表面物种分散[112]、反应物分子吸附[113]、相互作用[114]和反应机制[115]等影响的工作很多，为深入理解氧空位的产生及作用提供了有力证据。

（7）其他表征手段

除了以上常用的氧空位表征手段之外，X 射线吸收精细结构（X-ray absorption fine structure，XAFS）作为一种利用同步辐射技术发展起来的结构分析方法，近年来也广泛用于表征稀土铈基催化材料的氧空位性质。像 Koettgen 等[116]利用 XAFS 研究 Sm 掺杂对 CeO_2 样品中 Ce 原子周边配位环境的影响，他们发现掺杂后 Ce 周围 O 原子的配位数比自由态氧空位分布略大，这也解释了掺杂后样品具备更大的导电性的原因。Varshney[117]在 ZrO_2-CeO_2 样品的 O 的 K 边和 Ce 的 $M_{5.4}$ 边 X 射线近边吸收精细结构（X-ray absorption near edge structure，XANEFS）结果中发现氧空位和 Ce^{3+}-Ce^{4+}氧化还原电对的形成，与 Ce 的 L_3 边结果相符。此外，密度泛函理论（density function theory，DFT）也是一种通过理论计算来研究稀土铈基催化材料氧空位性质的常用研究手段[118，119]。如 Gong 等利用分子动力学和 DFT 考察了不同暴露晶面 CeO_2 表面 O 物种的迁移和氧空位的形成[120]。Han 等利用杂化理论计算研究了 CeO_2 表面氧空位的有序性和电子局域效应，他们发现在 CeO_2（111）表面，氧空位趋于线性排列，与单个空位相比电子的局域化作用减弱，这种空位排序和电子局域化对材料性能产生了非常大的影响[121]。

3.4 表面酸碱性的表征

3.4.1 B 酸和 L 酸

自 Gayer 在 1933 年提出了固体酸的酸性位就是催化活性中心的概念之后，大量的实验事实也证实了催化剂表面的酸碱性质会直接影响反应物种的吸附、活化与反应过程。如催化重整和加氢裂化催化剂采用氧化铝为酸性载体，反应过程中金属功能和酸性功能协同作用。环境催化领域的 NH_3-SCR 反应，也需要酸性位与氧化还原位点的协同作用。因此，了解催化剂表面酸碱类型、酸碱中心数量和强度以及强度分布情况对于改进催化性能、解释反应机理都具有非常重要的作用。一般来说，催化剂按酸碱性质可分为两类：质子酸碱（亦称 Brønsted 酸碱，简称 B 酸、B 碱）催化剂和 Lewis 酸碱（简称 L 酸、L 碱）催化剂。

对于稀土铈基催化材料而言，其表面羟基既可以作为 B 酸中心，又可以作为 B 碱中心。表面氧既可以作为 B 碱中心，又可以作为 L 碱中心。而表面配位不饱和的金属是 L 酸中心，具体结构式如图 3-7。

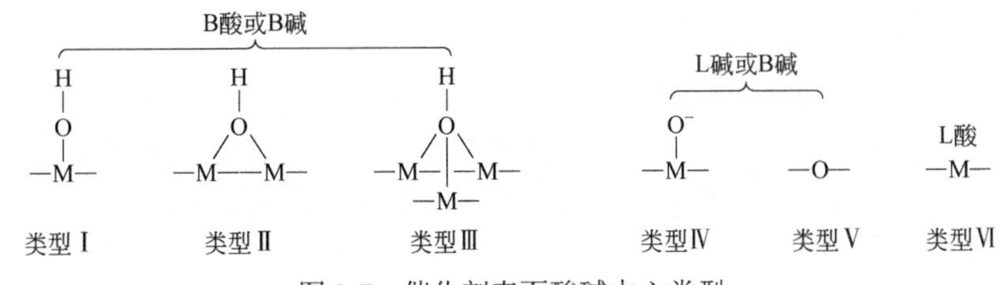

图 3-7　催化剂表面酸碱中心类型

3.4.2 酸碱性质表征

通常，对催化剂表面酸碱性质的表征包括酸碱类型、酸碱中心数量和强度以及微观结构四个方面。其中，酸碱类型具体是指上述提到的 L 酸（碱）和 B 酸（碱）。酸碱强度是指给出（接收）质子或者接收（给出）电子对的能力。不同的测定方法会采用不同的物理化学参数来表示。例如，在程序升温脱附法中一般用脱附峰峰顶温度表示，而指示剂法中则采用酸度函数 H_0 说明酸度大小，吸附微量热法中则用微分吸附热，等等。酸碱中心数量主要指酸碱度或者酸碱密度，可根据实际需要采用不同的单位，如单位质量或单位比表面积等。最后，为了对酸碱在催化反应中的作用本质有更深入的认识，还需要对催化剂表面酸碱位点的微观结构进行分析。由于催化剂表面酸位或碱位的测定原理基本相同，后续主要以表面酸性测定为代表，对稀土铈基催化材料表面酸碱性质进行简要概述。

对于催化剂酸性的研究最早采用的是胺滴定法，随着 21 世纪 70 年代物理化学和仪器分析科学的快速发展，程序升温脱附和红外光谱逐渐成为固体酸的主流表征方法。目前，常见的表征方法还有吸附微量热法、热分析法、吸附指示剂滴定法以及核磁共振法等，如表 3-6 所示。

表 3-6　常见酸性表征方法及其表征内容

表征方法	表征内容
吸附指示剂正丁胺滴定法	酸量、酸强度
吸附微量热法	酸量、酸强度
热分析（TA、DTA、DSC）法	酸量、酸强度
程序升温脱附	酸量、酸强度
羟基区红外光谱	各类表面羟基、酸性羟基
探针分子吸附红外光谱	B 酸、L 酸
^{1}HMASNMR（质子魔角旋转核磁共振）	B 酸、L 酸强度

由于催化剂表面组成及结构的复杂性，其表面可能同时存在 L 酸和 B 酸，同时由于各种酸的分布及含量的差异，使得对于催化剂表面酸性所有参数性质的同时表征变得极为困难。如表 3-6 所示，每种表征方法各具优势，但也都不可避免地存在一些局限。所以，很难用一种表征方法进行全面的定性定量表征。在实际实验过程中，可根据需求选择一种或几种表征方法，来完成对整个实验体系的研究。以下选取几种常见的稀土催化材料表面酸性的研究方法进行简单介绍。

（1）红外光谱法（infrared spectroscopy，IR）

红外光谱法用于催化剂表面酸碱性质的表征是基于探针分子吸附在催化剂表面后，与酸碱中心相互作用产生的特征振动吸收或吸收带偏移。通过这些特征吸收带的位置和强度可以判定酸碱的种类与强度。虽然像指示剂滴定法、吸附微量热法和热分析法可以较好地对酸物种的强度和含量进行研究，但是它们却无法区分 L 酸和 B 酸。自 1963 年 Parry[122]建议用吡啶吸附的红外光谱法来测定氧化物表面的 L 酸和 B 酸后，该方法在固体酸研究领域飞速发展。特别是近年来，探针分子的使用及原位表征技术的发展，更是使红外光谱法成为测定固体表面酸性的常规分析方法。红外光谱法最先得到应用的是透射红外光谱，这是一种建立在 Lambert-Beer（朗伯-比尔）定律之上的分析方法，会造成固体催化材料一定程度上的“光谱失真”。而漫反射光谱技术的发展则在一定程度上解决了该问题，同时漫反射红外对试样处理简单，无需压片，不改变样品形态，特别适合固体样品的表征。

红外光谱法表征表面酸性的基本原理是：催化剂表面的 L 酸与 B 酸和碱性探针分子发生吸附作用，形成不同物种，进而在 IR 谱图中产生一些特征吸收带或吸收带偏移。常见的碱性探针分子有 NH_3、吡啶等。如表 3-7 所示，吡啶易与质子作用形成质子化的络合物 PyH^+，其特征峰在 1540cm^{-1} 附近，与 L 酸作用生成的 Py-L 则在 1450cm^{-1} 附近会出现特征振动峰。具体到振动模式，Zerbi 等将 1540cm^{-1} 和 1635cm^{-1} 归属为吡啶环上C—C 键伸缩振动和N—N 键弯曲振动耦合的频率。而 1450cm^{-1} 和 1577cm^{-1} 则为与 L 酸结合后吡啶的 C—C 伸缩振动与 C—H 键面内弯曲振动耦合频率[123]。此外，在 1490cm^{-1} 处的强吸收带则是 B 酸与 L 酸与吡啶作用后共同的吸收带。NH_3 与质子酸作用形成的NH_4^+中的N—N 弯曲振动吸收峰出现在 1660cm^{-1} 和 1445cm^{-1} 附近，其孤对电子与 L 酸配位形成的 L-NH_3 特征吸收峰出现在 1600cm^{-1} 和 1280cm^{-1} 附近。

表 3-7　固体样品表面吸附氨气和吡啶分子的红外吸附波数

吸附物种	波数/cm^{-1}
L 酸表面 NH_3 物种	δ_{as}(HNH)1600, δ_s(HNH)1280 (1270), 1173
B 酸表面 NH_4^+物种	1660, 1445
L 酸表面吡啶物种	1450, 1577, 1490
B 酸表面吡啶物种	1540, 1635, 1490

结合原位红外表征技术，还可以观测同一样品中特定酸性位点随温度、反应气氛等实验条件的变化，以此研究酸性位点的稳定性或在真实反应过程中的作用。如 Zhang 等[124]发现，对于纯 CeO_2 样品，在室温 NH_3 吸附饱和后，其表面出现位于 1565cm^{-1}、1296cm^{-1}、1138cm^{-1}、1118cm^{-1}、1057cm^{-1} 处的峰归属于 L 酸的吸附振动峰。随着温度的升高，这些振动峰在 200℃就逐渐消失完全，并在 1549cm^{-1}、1317cm^{-1} 处出现新的归属为 NH_2 吸附的红外振动峰。说明 CeO_2 表面主要是 L 酸，且其酸强度比较弱。而当催化剂中加入酸性组分 TiO_2 后，由于催

化剂中 CeO_2 的存在形式不同，使得新增加 B 酸分别于 1670cm^{-1} 和 1456cm^{-1} 以及 1652cm^{-1} 和 1442cm^{-1} 处出现（图 3-8）。

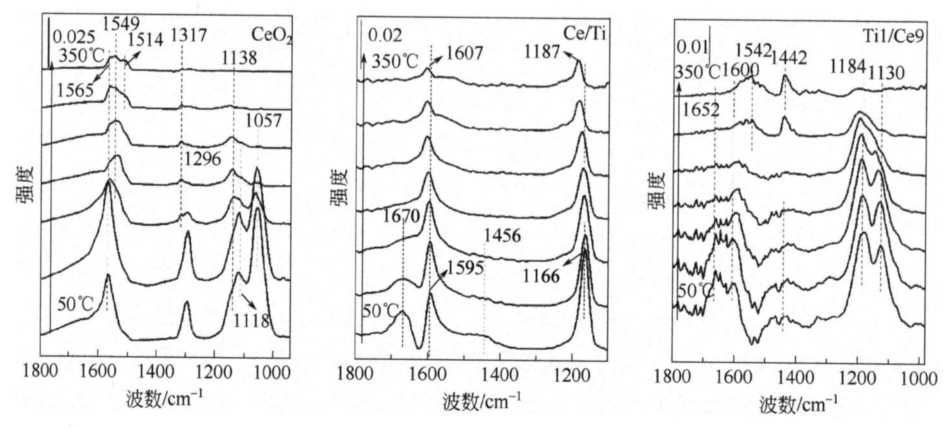

图 3-8 CeO_2、Ce/Ti 和 Ti1/Ce9 样品中温度函数的 NH_3 吸脱附原位红外图

应当指出的是，利用红外光谱法可以通过 Lambert-Beer 定律，根据式(3-7)对表面 B 酸和 L 酸的酸量进行半定量分析。

$$C_L/C_B=(E_B/E_L)(A_L/A_B) \quad (3\text{-}7)$$

其中，C_L 和 C_B 分别为 L 酸和 B 酸的酸量，A_L 和 A_B 分别为 L 酸和 B 酸吸收峰的吸光度，而 E_B 和 E_L 分别为两峰的消光系数。但是到目前为止，红外光谱中的消光系数还没有一个定值，不同样品的消光系数差别又比较大，需要专门测定，且误差较大。另外，它受温度、样品微晶粒子大小等因素影响很大。因而，对于表面酸性的红外表征，绝大多数仍局限在定性研究。

（2）程序升温脱附法(temperature program desorption，TPD)

TPD 法是表征固体酸催化剂表面酸性的有效手段。作为一种动态原位分析技术，TPD 可以提供催化剂酸性活性中心的类型、酸性中心的强度、相应酸强度的酸量等信息。根据不同酸性位点对碱性探针分子吸附物的脱附活化能不同，脱附温度也不同的原理。TPD 表征方法的具体步骤是先让固体酸样品吸附一些碱性分子（NH_3、吡啶、正丁基胺、喹啉等）至饱和，然后真空低温加热或用惰性气体吹扫等除去物理吸附的碱分子，剩下的则为化学吸附的碱性探针分子，这些分子的吸附量对应于酸中心数目。在一定温度下，当热能达到能克服脱附活化能时，使吸附物与吸附中心之间的键断裂，与酸中心结合的探针分子就会脱附下来，进而得到酸强度的分布。探针分子脱附信号可通过热导检测器检测。以 NH_3 为探针分子的 NH_3-TPD 是最为常用的测量催化剂表面酸性的程序升温方法。根据 NH_3-TPD 曲线的形状、脱附峰的大小、峰顶温度等参数，可以得到催化剂表面酸中心的性质、强度、数量和分布等基本信息。此外，根据脱附峰峰温 T_m，还可以计算对应酸位点的脱附活化能 E_d，具体见式(3-8)：

$$2\lg T_m - \lg\beta = \frac{E_d}{2.303RT_m} + \lg\frac{E_d A_m}{RK_o} \tag{3-8}$$

式中，β 是程序升温速率；A_m 为饱和吸附量；R 为摩尔气体常数；K_o 为与脱附速率有关的指数。由此可以计算催化剂的脱附能 E_d。

但是，NH_3-TPD 法也有其局限性，该方法无法区分 L 酸与 B 酸。另外，探针分子 NH_3 可能发生分解生成 NH_2^-和 H^+，同时被催化剂的酸性位点和碱性位点吸附，对测试结果产生干扰。

（3）吸附微量热法（adsorption microcalorimetry，AM）

吸附微量热法最早是由 Stone 等[125]在 20 世纪 60 年代提出的，但当时由于量热计的精度限制，难以得到定量的酸强度分布，也造成吸附热的数值偏低等现象。直至八十年代初，热流式量热计的使用和推广，才使得吸附微量热法受到催化工作者们的重视。其基本原理是：在特定温度下，少量逐次加入合适的碱化合物，通过化学吸附逐渐中和催化剂的表面酸位，达到饱和覆盖度，同时测定碱的吸附量（累计值）n 和产生的吸附热 Q（累计值），由 dQ/dn 得到微分吸附热 q（kJ/mol），用来表示某一吸附量 n 酸位时的强度。如吡啶、NH_3 等碱性分子在催化剂酸中心吸附时，放出的吸附热会随酸中心强度增加而增加。一方面，可以通过测定不同温度下的吸附等温线，利用 Clausius-Clapeyron（克劳修斯-克拉珀龙）方程计算吸附热。另一方面，也可以通过直接量热的方法测定吸附时放出的热量。与其他表征方法相比，吸附量热技术在测定催化剂表面酸碱性方面具有其独特的优越性，它不仅能够定量地给出表面酸中心的数目及强度分布，而且通过结合吸附探针分子的红外光谱，还能够对不同强度酸中心进行定性，同时解释它们之间的区别。但是，该检测方法仪器装置比较复杂、操作也比较烦琐、实验耗时多，这在一定程度上限制了其应用。

参考文献

[1] Yao H C, Yao Y F Y. Ceria in automotive exhaust catalysts: Ⅰ. Oxygen storage[J]. Journal

of Catalysis, 1984, 86(2): 254-265.

[2] Trovarelli A, Zamar F, Llorca J, et al. Nanophase fluorite-structured CeO_2-ZrO_2 catalysts prepared by high-energy mechanical milling[J]. Journal of Catalysis, 1984, 86(2): 490-502.

[3] Hickey N, Fornasiero P, Di Monte R, et al. A comparative study of oxygen storage capacity over $Ce_{0.6}Zr_{0.4}O_2$ mixed oxides investigated by temperature-programmed reduction and dynamic OSC measurements[J]. Catalysis Letters, 2001, 72(1): 45-50.

[4] Fornasiero P, Dimonte R, Rao G R, et al. Rh-loaded CeO_2-ZrO_2 solid-solutions as highly efficient oxygen exchangers: Dependence of the reduction behavior and the oxygen storage capacity on the structural-properties[J]. Journal of Catalysis, 1995, 151(1): 168-177.

[5] Dutta G, Waghmare U V, Baidya T, et al. Origin of enhanced reducibility/oxygen storage capacity of $Ce_{1-x}Ti_xO_2$ compared to CeO_2 or TiO_2[J]. Chemistry of Materials, 2006, 18(14): 3249-3256.

[6] Machida M, Kawada T, Fujii H, et al. The role of CeO_2 as a gateway for oxygen storage over CeO_2-grafted Fe_2O_3 composite materials[J]. The Journal of Physical Chemistry C, 2015, 119(44): 24932-24941.

[7] Boaro M, Vicario M, de Leitenburg C, et al. The use of temperature-programmed and dynamic/transient methods in catalysis: Characterization of ceria-based, model three-way catalysts[J]. Catalysis Today, 2003, 77(4): 407-417.

[8] Nagai Y, Yamamoto T, Tanaka T, et al. X-ray absorption fine structure analysis of local structure of CeO_2-ZrO_2 mixed oxides with the same composition ratio (Ce/Zr=1)[J]. Catalysis Today, 2002, 74(3/4): 225-234.

[9] Kjølseth C, Wang L Y, Haugsrud R, et al. Determination of the enthalpy of hydration of oxygen vacancies in Y-doped $BaZrO_3$ and $BaCeO_3$ by TG-DSC[J]. Solid State Ionics, 2010, 181(39/40): 1740-1745.

[10] Sakamoto Y, Kizaki K, Motohiro T, et al. New method of measuring the amount of oxygen storage/release on millisecond time scale on planar catalyst[J]. Journal of Catalysis, 2002, 211(1): 157-164.

[11] Wang D Y, Kang Y J, Doan-Nguyen V, et al. Synthesis and oxygen storage capacity of two-dimensional ceria nanocrystals[J]. Angewandte Chemie International Edition, 2011, 50(19): 4378-4381.

[12] Silva I D C, Sigoli F A, Mazali I O. Reversible oxygen vacancy generation on pure CeO_2 nanorods evaluated by in situ Raman spectroscopy[J]. The Journal of Physical Chemistry C, 2017, 121(23): 12928-12935.

[13] Hepburn J S, Gandhi H S. The relationship between catalyst hydrocarbon conversion efficiency and oxygen storage capacity[C]//SAE Technical Paper Series. United States: SAE International, 1992: 920831.

[14] Santos A C S F, Damyanova S, Teixeira G N R, et al. The effect of ceria content on the performance of $Pt/CeO_2/Al_2O_3$ catalysts in the partial oxidation of methane[J]. Applied Catalysis A: General, 2005, 290(1/2): 123-132.

[15] Nakatani T, Okamoto H, Ota R. Preparation of CeO_2-ZrO_2 mixed oxide powders by the coprecipitation method for the purification catalysts of automotive emission[J]. Journal of Sol-Gel Science and Technology, 2003, 26(1): 859-863.

[16] Candy J. Magnetic study of CO and C_2 hydrocarbons adsorption on Pd/SiO_2 catalyst[J]. Journal of Catalysis, 1984, 89(1): 93-99.

[17] Daturi M, Finocchio E, Binet C, et al. Reduction of high surface area CeO_2-ZrO_2 mixed oxides[J]. The Journal of Physical Chemistry B, 2000, 104(39): 9186-9194.

[18] Costa C. Mathematical modeling of the oxygen storage capacity phenomenon studied by CO pulse transient experiments over Pd/CeO_2 catalyst[J]. Journal of Catalysis, 2003, 219(2): 259-272.

[19] Martin D, Duprez D. Mobility of surface species on oxides. 1. isotopic exchange of $^{18}O_2$ with 16O of SiO_2, Al_2O_3, ZrO_2, MgO, CeO_2, and CeO_2-Al_2O_3. Activation by noble metals. Correlation with oxide basicity[J]. The Journal of Physical Chemistry, 1996, 100(22): 9429-9438.

[20] Bedrane S, Descorme C, Duprez D. Investigation of the oxygen storage process on ceria-and ceria-zirconia-supported catalysts[J]. Catalysis Today, 2002, 75(1-4): 401-405.

[21] Mai H X, Sun L D, Zhang Y W, et al. Shape-selective synthesis and oxygen storage behavior of ceria nanopolyhedra, nanorods, and nanocubes[J]. The Journal of Physical Chemistry B, 2005, 109(51): 24380-24385.

[22] Ran R, Fan J, Weng D. Microstructure and oxygen storage capacity of Sr-modified Pt/CeO_2-ZrO_2 catalysts[J]. Progress in Natural Science: Materials International, 2012, 22(1): 7-14.

[23] Sun J F, Lu Y Y, Zhang L, et al. Comparative study of different doped metal cations on the reduction, acidity, and activity of $Fe_9M_1O_x$ (M = Ti^{4+}, $Ce^{4+/3+}$, Al^{3+}) catalysts for NH_3-SCR reaction[J]. Ind Eng Chem Res, 2017, 56(42): 12101-12110.

[24] Ahn K, Yoo D S, Prasad D H, et al. Role of multivalent Pr in the formation and migration of oxygen vacancy in Pr-doped ceria: Experimental and first-principles investigations[J]. Chemistry of Materials, 2012, 24(21): 4261-4267.

[25] Reddy B M, Saikia P, Bharali P. Highly dispersed $Ce_xZr_{1-x}O_2$ nano-oxides over alumina, silica and titania supports for catalytic applications[J]. Catalysis Surveys from Asia, 2008, 12(3): 214-228.

[26] Boreskov G K. The catalysis of isotopic exchange in molecular oxygen[J]. Advances in Catalysis, 1965, 15: 285-339.

[27] Winter E R S. The decomposition of nitrous oxide on the rare-earth sesquioxides and related oxides[J]. Journal of Catalysis, 1969, 15(2): 144-152.

[28] Madier Y, Descorme C, le Govic A M, et al. Oxygen mobility in CeO_2 and $Ce_xZr_{(1-x)}O_2$ compounds: Study by CO transient oxidation and $^{18}O/^{16}O$ isotopic exchange[J]. The Journal of Physical Chemistry B, 1999, 103(50): 10999-11006.

[29] Boaro M, Giordano F, Recchia S, et al. On the mechanism of fast oxygen storage and release in ceria-zirconia model catalysts[J]. Applied Catalysis B: Environmental, 2004, 52(3): 225-237.

[30] Pastor-Pérez L, Reina T, Ivanova S, et al. Ni-CeO_2/C catalysts with enhanced OSC for the WGS reaction[J]. Catalysts, 2015, 5(1): 298-309.

[31] Li J, Liu X F, Zhan W C, et al. Preparation of high oxygen storage capacity and thermally stable ceria–zirconia solid solution[J]. Catalysis Science & Technology, 2016, 6(3):

897-907.

[32] Lambrou P S, Costa C N, Christou S Y, et al. Dynamics of oxygen storage and release on commercial aged Pd-Rh three-way catalysts and their characterization by transient experiments[J]. Applied Catalysis B: Environmental, 2004, 54(4): 237-250.

[33] de Descorme C, Taha R, Mouaddib-Moral N, et al. Oxygen storage capacity measurements of three-way catalysts under transient conditions[J]. Applied Catalysis A: General, 2002, 223(1/2): 287-299.

[34] Muβmann L, Lindner D, Lox E S, et al. The role of zirconium in novel three-way catalysts[C]//SAE Technical Paper Series. United States: SAE International, 1997: 970465.

[35] Song Z X, Liu W, Nishiguchi H. Quantitative analyses of oxygen release/storage and CO_2 adsorption on ceria and Pt-Rh/ceria[J]. Catalysis Communications, 2007, 8(4): 725-730.

[36] Tompkins F C. Superficial chemistry and solid imperfections[J]. Nature, 1960, 186(4718): 3-6.

[37] Lou Y, Ma J, Cao X M, et al. Promoting effects of In_2O_3 on Co_3O_4 for CO oxidation: Tuning O_2 activation and CO adsorption strength simultaneously[J]. ACS Catalysis, 2014, 4(11): 4143-4152.

[38]Sayle D C, Maicaneanu S A, Watson G W. Atomistic models for CeO_2(111), (110), and (100) nanoparticles, supported on yttrium-stabilized zirconia[J]. Journal of the American Chemical Society, 2002, 124(38): 11429-11439.

[39] Over H, Kim Y D, Seitsonen A P, et al. Atomic-scale structure and catalytic reactivity of the RuO_2 (110) surface[J]. Science, 2000, 287(5457): 1474-1476.

[40] Schaub R, Wahlström E, Rønnau A, et al. Oxygen-mediated diffusion of oxygen vacancies on the TiO_2(110) surface[J]. Science, 2003, 299(5605): 377-379.

[41] Li D, Yu Q, Li S S, et al. The remarkable enhancement of CO-pretreated CuO-Mn_2O_3/γ-Al_2O_3 supported catalyst for the reduction of NO with CO: The formation of surface synergetic oxygen vacancy[J]. Chemistry - A European Journal, 2011, 17(20): 5668-5679.

[42] Dong L, Zhang L, Sun C, et al. Study of the properties of CuO/VO_x/$Ti_{0.5}Sn_{0.5}O_2$ catalysts and their activities in NO+CO reaction[J]. ACS Catalysis, 2011,1(5): 468-480.

[43] Liu X W, Zhou K B, Wang L, et al. Oxygen vacancy clusters promoting reducibility and activity of ceria nanorods[J]. Journal of the American Chemical Society, 2009, 131(9): 3140-3141.

[44] Wu Z L, Li M J, Overbury S H. On the structure dependence of CO oxidation over CeO_2 nanocrystals with well-defined surface planes[J]. Journal of Catalysis, 2012, 285(1): 61-73.

[45] Xiong J, Di J, Xia J X, et al. Surface defect engineering in 2D nanomaterials for photocatalysis[J]. Advanced Functional Materials, 2018, 28(39): 1801983.

[46] Wang G M, Yang Y, Han D D, et al. Oxygen defective metal oxides for energy conversion and storage[J]. Nano Today, 2017, 13: 23-39.

[47] Fally F, Perrichon V, Vidal H, et al. Modification of the oxygen storage capacity of CeO_2-ZrO_2 mixed oxides after redox cycling aging[J]. Catalysis Today, 2000, 59(3/4): 373-386.

[48] Kašpar J, Fornasiero P, Graziani M. Use of CeO_2-based oxides in the three-way catalysis[J].

Catalysis Today, 1999, 50(2): 285-298.

[49] Gamboa-Rosales N K, Ayastuy J L, Boukha Z, et al. Ceria-supported Au-CuO and Au-Co_3O_4 catalysts for CO oxidation: An $^{18}O/^{16}O$ isotopic exchange study[J]. Applied Catalysis B: Environmental, 2015, 168/169: 87-97.

[50] Liu Z P, Jenkins S J, King D A. Origin and activity of oxidized gold in water-gas-shift catalysis[J]. Physical Review Letters, 2005, 94(19): 196102.

[51] Iwasaki B, Katsura T. The thermodynamic properties of the nonstoichiometric ceric oxide at temperatures from 900 to 1300℃[J]. Bulletin of the Chemical Society of Japan, 1971, 44(5): 1297-1301.

[52] Blumenthal R N, Hofmaier R L. The temperature and compositional dependence of the electrical conductivity of nonstoichiometric CeO_{2-x}[J]. Journal of the Electrochemical Society, 1974, 121(1): 126.

[53] VanHandel G J, Blumenthal R N. The temperature and oxygen pressure dependence of the ionic transference number of nonstoichiometric CeO_{2-x}[J]. Journal of the Electrochemical Society, 1974, 121(9): 1198.

[54] Tuller H L, Nowick A S. Defect structure and electrical properties of nonstoichiometric CeO_2 single crystals[J]. Journal of the Electrochemical Society, 1979, 126(2): 209-217.

[55] Nagata T, Miyajima K, Hardy R A, et al. Reactivity of oxygen deficient cerium oxide clusters with small gaseous molecules[J]. The Journal of Physical Chemistry A, 2015, 119(22): 5545-5552.

[56] Blumenthal R N, Lee P W, Panlener R J. Studies of the defect structure of nonstoichiometric cerium dioxide[J]. Journal of the Electrochemical Society, 1971, 118(1): 123.

[57] Wang X Q, Rodriguez J A, Hanson J C, et al. In situ studies of the active sites for the water gas shift reaction over Cu-CeO_2 catalysts: Complex interaction between metallic copper and oxygen vacancies of ceria[J]. The Journal of Physical Chemistry B, 2006, 110(1): 428-434.

[58] Li Y P, Maxey E R, Richardson J W, et al. Oxygen non-stoichiometry and thermal-chemical expansion of $Ce_{0.8}Y_{0.2}O_{1.9-\delta}$ electrolytes by neutron diffraction[J]. Journal of the American Ceramic Society, 2007, 90(4): 1208-1214.

[59] Harada K, Oishi T, Hamamoto S, et al. Lattice oxygen activity in Pr- and La-doped CeO_2 for low-temperature soot oxidation[J]. The Journal of Physical Chemistry C, 2014, 118(1): 559-568.

[60] Yashima M. Invited review: Some recent developments in the atomic-scale characterization of structural and transport properties of ceria-based catalysts and ionic conductors[J]. Catalysis Today, 2015, 253: 3-19.

[61] Mayernick A D, Janik M J. Methane activation and oxygen vacancy formation over CeO_2 and Zr, Pd substituted CeO_2 surfaces[J]. The Journal of Physical Chemistry C, 2008, 112(38): 14955-14964.

[62] Sayle T X T, Parker S C, Catlow C R A. The role of oxygen vacancies on ceria surfaces in the oxidation of carbon monoxide[J]. Surface Science, 1994, 316(3): 329-336.

[63] Liu L J, Cao Y, Sun W J, et al. Morphology and nanosize effects of ceria from different precursors on the activity for NO reduction[J]. Catalysis Today, 2011, 175(1): 48-54.

[64] Li J, Zhang Z Y, Gao W, et al. Pressure regulations on the surface properties of CeO_2

nanorods and their catalytic activity for CO oxidation and nitrile hydrolysis reactions[J]. ACS Applied Materials & Interfaces, 2016, 8(35): 22988-22996.

[65] Liu L Z, Sun J T, Ding J D, et al. Highly active $Mn_{3-x}Fe_xO_4$ spinel with defects for toluene mineralization: Insights into regulation of the oxygen vacancy and active metals[J]. Inorganic Chemistry, 2019, 58(19): 13241-13249.

[66] Kato S, Fujimaki R, Ogasawara M, et al. Oxygen storage capacity of $CuMO_2$ (M = Al, Fe, Mn, Ga) with a delafossite-type structure[J]. Applied Catalysis B: Environmental, 2009, 89(1/2): 183-188.

[67] Pu Y, Luo Y D, Wei X Q, et al. Synergistic effects of Cu_2O-decorated CeO_2 on photocatalytic CO_2 reduction: Surface Lewis acid/base and oxygen defect[J]. Applied Catalysis B: Environmental, 2019, 254: 580-586.

[68] Chen S Q, Li L P, Hu W B, et al. Anchoring high-concentration oxygen vacancies at interfaces of CeO_{2-x}/Cu toward enhanced activity for preferential CO oxidation[J]. ACS Applied Materials & Interfaces, 2015, 7(41): 22999-23007.

[69] D'Angelo A M, Webster N A S, Chaffee A L. Vacancy generation and oxygen uptake in Cu-doped Pr-CeO_2 materials using neutron and in situ X-ray diffraction[J]. Inorganic Chemistry, 2016, 55(24): 12595-12602.

[70] Coduri M, Brunelli M, Scavini M, et al. Rare Earth doped ceria: A combined X-ray and neutron pair distribution function study[J]. Zeitschrift Für Kristallographie, 2012, 227(5): 272-279.

[71] Yao X J, Yu Q, Ji Z Y, et al. A comparative study of different doped metal cations on the reduction, adsorption and activity of $CuO/Ce_{0.67}M_{0.33}O_2$ (M = Zr^{4+}, Sn^{4+}, Ti^{4+}) catalysts for NO + CO reaction[J]. Applied Catalysis B: Environmental, 2013, 130/131: 293-304.

[72] 孙敬方, 葛成艳, 姚小江, 等. 固相浸渍法制备NiO/CeO_2催化剂及其在CO氧化反应中的应用[J]. 物理化学学报, 2013, 29(11): 2451-2458.

[73] Hu Y H, Dong L, Wang J, et al. UV-Raman characterizations of MoO_3/ZrO_2 catalysts with extremely low MoO_3 loadings[J]. Chemistry Letters, 2000, 29(8): 904-905.

[74] Wu Z L, Li M J, Howe J, et al. Probing defect sites on CeO_2 nanocrystals with well-defined surface planes by Raman spectroscopy and O_2 adsorption[J]. Langmuir, 2010, 26(21): 16595-16606.

[75] Luo M F, Yan Z L, Jin L Y, et al. Raman spectroscopic study on the structure in the surface and the bulk shell of $Ce_xPr_{1-x}O_{2-\delta}$ mixed oxides[J]. The Journal of Physical Chemistry B, 2006, 110(26): 13068-13071.

[76] Li S P, Lu J Q, Fang P, et al. Effect of oxygen vacancies on electrical properties of $Ce_{0.8}Sm_{0.1}Nd_{0.1}O_{2-\delta}$ electrolyte: An in situ Raman spectroscopic study[J]. Journal of Power Sources, 2009, 193(1): 93-98.

[77] Li M J, Feng Z C, Xiong G , et al. Phase transformation in the surface region of zirconia detected by UV Raman spectroscopy[J]. The Journal of Physical Chemistry B, 2001, 105(34): 8107-8111.

[78] Wu K, Sun L D, Yan C H. Recent progress in well-controlled synthesis of ceria-based nanocatalysts towards enhanced catalytic performance[J]. Advanced Energy Materials, 2016, 6(17): 1600501.

[79] Ren C, Yang R C, Li Y Y, et al. Modulating of facets-dependent oxygen vacancies on ceria and its catalytic oxidation performance[J]. Research on Chemical Intermediates, 2019, 45(5): 3019-3032.

[80] Rakhmatullin R M, Pavlov V V, Semashko V V. EPR study of nanocrystalline CeO_2 exhibiting ferromagnetism at room temperature[J]. Physica Status Solidi (b), 2016, 253(3): 499-503.

[81] Martínez-Arias A, Fernández-García M, Hungría A B, et al. Spectroscopic characterization of heterogeneity and redox effects in zirconium-cerium (1∶1) mixed oxides prepared by microemulsion methods[J]. The Journal of Physical Chemistry B, 2003, 107(12): 2667-2677.

[82] Hernández-Alonso M D, Hungría A B, Martínez-Arias A, et al. EPR study of the photoassisted formation of radicals on CeO_2 nanoparticles employed for toluene photooxidation[J]. Applied Catalysis B: Environmental, 2004, 50(3): 167-175.

[83] Soria J, Conesa J C, Martínez-Arias A. Characterization of surface defects in CeO_2 modified by incorporation of precious metals from chloride salts precursors: An EPR study using oxygen as probe molecule[J]. Colloids and Surfaces A: Physicochemical and Engineering Aspects, 1999, 158(1/2): 67-74.

[84] Skaf M, Hany S, Aouad S, et al. Detection of adsorbed O^{2-}species on CeO_2 solid impregnated with Ag^{2+} ions during its thermal treatment under a H_2 atmosphere, an EPR study[J]. Physical Chemistry Chemical Physics, 2016, 18(42): 29381-29386.

[85] Liu X W, Zhou K B, Wang L, et al. Oxygen vacancy clusters promoting reducibility and activity of ceria nanorods[J]. Journal of the American Chemical Society, 2009, 131(9): 3140-3141.

[86] Puska M J, Nieminen R M. Theory of positrons in solids and on solid surfaces[J]. Reviews of Modern Physics, 1994, 66(3): 841.

[87] Chang S J, Li M, Hua Q, et al. Shape-dependent interplay between oxygen vacancies and Ag-CeO_2 interaction in Ag/CeO_2 catalysts and their influence on the catalytic activity[J]. Journal of Catalysis, 2012, 293: 195-204.

[88] Ashbrook S E, Smith M E. Solid state ^{17}O NMR-an introduction to the background principles and applications to inorganic materials[J]. Chemical Society Reviews, 2006, 35(8): 718-735.

[89] Peng L M, Liu Y, Kim N, et al. Detection of Brønsted acid sites in zeolite HY with high-field ^{17}O-MAS-NMR techniques[J]. Nature Materials, 2005, 4(3): 216-219.

[90] Kim N, Stebbins J F. Vacancy and cation distribution in yttria-doped ceria: An ^{89}Y and ^{17}O MAS NMR study[J]. Chemistry of Materials, 2007, 19(23): 5742-5747.

[91] Wang M, Wu X P, Zheng S J, et al. Identification of different oxygen species in oxide nanostructures with ^{17}O solid-state NMR spectroscopy[J]. Science Advances, 2015, 1(1): e1400133.

[92] Cao Y, Zhao L, Gutmann T, et al. Getting insights into the influence of crystal plane effect of shaped ceria on its catalytic performances[J]. The Journal of Physical Chemistry C, 2018, 122(35): 20402-20409.

[93] Perras F A, Kobayashi T, Pruski M. Natural abundance ^{17}O DNP two-dimensional and

surface-enhanced NMR spectroscopy[J]. Journal of the American Chemical Society, 2015, 137(26): 8336-8339.

[94] Blanc F, Sperrin L, Jefferson D A, et al. Dynamic nuclear polarization enhanced natural abundance ^{17}O spectroscopy[J]. Journal of the American Chemical Society, 2013, 135(8): 2975-2978.

[95] Hope M A, Halat D M, Magusin P C M M, et al. Surface-selective direct ^{17}O DNP NMR of CeO_2 nanoparticles[J]. Chemical Communications, 2017, 53(13): 2142-2145.

[96] Fadley C S, Baird R J, Siekhaus W, et al. Surface analysis and angular distributions in X-ray photoelectron spectroscopy[J]. Journal of Electron Spectroscopy and Related Phenomena, 1974, 4(2): 93-137.

[97] Fadley C S. X-ray photoelectron spectroscopy: Progress and perspectives[J]. Journal of Electron Spectroscopy and Related Phenomena, 2010, 178/179: 2-32.

[98] Nolan M, Parker S C, Watson G W. The electronic structure of oxygen vacancy defects at the low index surfaces of ceria[J]. Surface Science, 2005, 595(1/2/3): 223-232.

[99] Choi Y M, Abernathy H, Chen H T, et al. Characterization of O_2-CeO_2 interactions using in situ Raman spectroscopy and first-principle calculations[J]. ChemPhysChem, 2006, 7(9): 1957-1963.

[100] Qiu B C, Wang C, Zhang N, et al. CeO_2-induced interfacial Co^{2+} octahedral sites and oxygen vacancies for water oxidation[J]. ACS Catalysis, 2019, 9(7): 6484-6490.

[101] Xu B, Xia L, Zhou F L, et al. Enhancing electrocatalytic N_2 reduction to NH_3 by CeO_2 nanorod with oxygen vacancies[J]. ACS Sustainable Chemistry & Engineering, 2019, 7(3): 2889-2893.

[102] Qi L, Yu Q, Dai Y, et al. Influence of cerium precursors on the structure and reducibility of mesoporous CuO-CeO_2 catalysts for CO oxidation[J]. Applied Catalysis B: Environmental, 2012, 119/120: 308-320.

[103] Zhou Y H, Du L Z, Zou Y K, et al. A STM study of Ni-Rh bimetallic particles on reducible CeO_2(111)[J]. Surface Science, 2019, 681: 47-53.

[104] Nörenberg H, Briggs G A D. The surface structure of CeO_2(110) single crystals studied by STM and RHEED[J]. Surface Science, 1999, 433/434/435: 127-130.

[105] Nörenberg H, Briggs G A D. Defect formation on CeO_2(111) surfaces after annealing studied by STM[J]. Surface Science, 1999, 424(2/3): L352-L355.

[106] Esch F. Electron localization determines defect formation on ceria substrates[J]. Science, 2005, 309(5735): 752-755.

[107] Shahed S M F, Hasegawa T, Sainoo Y, et al. STM and XPS study of CeO_2(111) reduction by atomic hydrogen[J]. Surface Science, 2014, 628: 30-35.

[108] Han Z K, Zhang L, Liu M L, et al. The structure of oxygen vacancies in the near-surface of reduced CeO_2 (111) under strain[J]. Frontiers in Chemistry, 2019, 7: 436.

[109] Han Z K, Yang Y Z, Zhu B E, et al. Unraveling the oxygen vacancy structures at the reduced CeO_2(111) surface[J]. Physical Review Materials, 2018, 2(3): 035802.

[110] Wu X P, Gong X Q. Clustering of oxygen vacancies at CeO_2(111): Critical role of hydroxyls[J]. Physical Review Letters, 2016, 116(8): 086102.

[111] Lu J L, Gao H J, Shaikhutdinov S, et al. Morphology and defect structure of the CeO_2(111)

films grown on Ru(0001) as studied by scanning tunneling microscopy[J]. Surface Science, 2006, 600(22): 5004-5010.

[112] Hu S W, Wang Y, Wang W J, et al. Ag nanoparticles on reducible CeO_2(111) thin films: Effect of thickness and stoichiometry of ceria[J]. The Journal of Physical Chemistry C, 2015, 119(7): 3579-3588.

[113] Torbrügge S, Custance O, Morita S, et al. Manipulation of individual water molecules on CeO_2(111)[J]. Journal of Physics Condensed Matter, 2012, 24(8): 084010.

[114] Yang F, Choi Y, Agnoli S, et al. $CeO_2 \leftrightarrow CuO_x$ interactions and the controlled assembly of CeO_2(111) and CeO_2(100) nanoparticles on an oxidized Cu(111) substrate[J]. The Journal of Physical Chemistry C, 2011, 115(46): 23062-23066.

[115] Aizawa M, Morikawa Y, Namai Y, et al. Oxygen vacancy promoting catalytic dehydration of formic acid on TiO_2(110) by in situ scanning tunneling microscopic observation[J]. The Journal of Physical Chemistry B, 2005, 109(40): 18831-18838.

[116] Koettgen J, Martin M. Coordination numbers in Sm-doped ceria using X-ray absorption spectroscopy[J]. The Journal of Physical Chemistry C, 2019, 123(11): 6333-6339.

[117] Varshney M, Sharma A, Chae K H, et al. Electronic structure and dielectric properties of ZrO_2-CeO_2 mixed oxides[J]. Journal of Physics and Chemistry of Solids, 2018, 119: 242-250.

[118]Krcha M D, Janik M J. Examination of oxygen vacancy formation in Mn-doped CeO_2 (111) using DFT+U and the hybrid functional HSE06[J]. Langmuir, 2013, 29(32): 10120-10131.

[119] García Pintos D, Juan A, Irigoyen B. Mn-doped CeO_2: DFT+U study of a catalyst for oxidation reactions[J]. The Journal of Physical Chemistry C, 2013, 117(35): 18063-18073.

[120] Zhong S Y, Gong X Q. A first-principles molecular dynamics study on the surface lattice oxygen of ceria[J]. Applied Surface Science, 2019, 496: 143712.

[121] Han X P, Amrane N, Zhang Z S, et al. Oxygen vacancy ordering and electron localization in CeO_2: Hybrid functional study[J]. The Journal of Physical Chemistry C, 2016, 120(25): 13325-13331.

[122] Parry E P. An infrared study of pyridine adsorbed on acidic solids. Characterization of surface acidity[J]. Journal of Catalysis, 1963, 2(5): 371-379.

[123] Zerbi G, Crawford B Jr, Overend J. Normal coordinates of the planar vibrations of pyridine and its deuteroisomers with a modified Urey-Bradley force field[J]. The Journal of Chemical Physics, 1963, 38(1): 127-133.

[124] Zhang L, Li L L, Cao Y, et al. Getting insight into the influence of SO_2 on TiO_2/CeO_2 for the selective catalytic reduction of NO by NH_3[J]. Applied Catalysis B: Environmental, 2015, 165: 589-598.

[125] Stone F. Heats of adsorption of ammonia on acidic catalysts[J]. Journal of Catalysis, 1967, 8(2): 173-182.

第4章

稀土铈基催化材料在移动源尾气催化消除中的基础应用

4.1 机动车尾气简介

随着科技的发展和社会的进步，快速成长的汽车产业给人类社会带来了诸多便利。然而随着汽车保有量的快速增长，机动车尾气排放引起的环境污染问题也日益突出。机动车尾气主要是以内燃机为动力装置的车辆在运行过程中所排出的废气，其按照燃料类型可分为常规燃料机动车尾气和清洁燃料机动车尾气，而常规燃料机动车尾气又可以分为汽油车尾气和柴油车尾气。由于内燃机工作环境的不同，尾气成分也有所区别：汽油车和清洁燃料机动车尾气以气体成分为主，主要含有一氧化碳（CO）、氮氧化物（NO_x）、硫氧化物（SO_x）和碳氢化合物（HC）；柴油车尾气除了包含汽油车尾气中的气体成分以外，还有大量燃烧不完全产生的颗粒物（particulate matter，PM）。机动车尾气由于其排放高度接近人的呼吸带，因此容易进入呼吸道对人体造成危害，目前已成为城市大气污染的主要来源之一。国际癌症研究机构（International Agency for Research on Cancer，IARC）于 1989 年把柴油车尾气归类为“2A 类致癌物”，把汽油车尾气划为“2B 类致癌物”。

4.1.1 常规燃料机动车尾气

常规燃料机动车是指以汽油和柴油等化石能源为动力来源的机动车，其排放的尾气主要包括固体悬浮颗粒物、一氧化碳、氮氧化物和碳氢化合物等，其中颗粒物的组成还根据燃料不同而有差别。柴油车尾气中的固体悬浮颗粒物主要由不完全燃烧产生的多环芳烃和有机碳组成，其他机动车尾气中的颗粒则由硫和氮的氧化物转化而成。

一氧化碳是燃料的不完全燃烧产物，尾气中 CO 浓度与混合气空燃比（空气质量与燃油质量之比，A/F）有关。混合气中空燃比过低会造成燃料燃烧不充分使得尾气中 CO 浓度增加；而在空燃比较高的稀混合气中，CO 体积分数始终保持在 1.0%～1.1%的较低水平区间。同时发动机的工作状态对 CO 排放量也有很大的影响：发动机在部分负荷工作状态时，CO 排放量不高；在全负荷运转、冷启动时，CO 排放量加大；在加速喷油量增加或者减速不断油、过渡工况供油控制不良时，CO 排放量都会增高。

机动车运行过程中，化石燃料在内燃机中燃烧产生的高温可以使空气中的氮气和氧气发生反应生成氮氧化物。NO_x 可刺激肺部，使人免疫力降低，引发呼吸系统疾病。对儿童来说，NO_x 可能会造成肺部发育受损。研究指出，长期吸入 NO_x 可能会导致肺部构造改变。在 NO_2 浓度为 9.4mg/m^3 的环境中暴露 10 分钟，即可造成人呼吸系统功能的失调。此外，空气中的 NO 和 NO_2 还可以通过光化学反应与水分子作用形成酸雨，从而对环境造成危害。

碳氢化合物主要包括未燃和未完全燃烧的燃油、润滑油及燃油裂解和碳氢化合物的含氧衍生物，如烷烃、烯烃、芳香烃、醛、酮、酸等数百种成分。碳氢化合物成分复杂，进入大气环境对人体健康造成诸多不良影响，其排放情况与内燃机种类有关。

除了上述主要污染物以外，二氧化硫、二氧化碳等气体也会对环境产生负面影响。SO_2 是一种强烈的刺激性气体，达到一定浓度时容易导致“酸雨”的发生，造成土壤和水源酸化，影响农作物和森林植被的生长。而 CO_2 则是最主要的温室气体，近 100 年来温室效应已成为人类的一大祸患。温室效应所引起的冰川融化、海平面上升、厄尔尼诺现象、拉尼娜现象等都给人类的生存带来了极为严峻的挑战。

此外，机动车在直接向大气中排放上述一次污染物后，这些一次污染物在阳光（紫外线）作用下发生光化学反应生成二次污染物，该过程可能会引起光化学烟雾污染现象。

4.1.2 清洁燃料机动车尾气

对于以压缩天然气（compressed natural gas，CNG）为主要动力来源的汽车来说，该类机动车通过燃烧天然气来产生动力。天然气燃烧的主要污染物有一氧化碳、碳氢化合物和氮氧化物，其颗粒物产生量微乎其微。对于稀薄燃烧的天然气机动车，由于其工作温度相对较低，燃料 O_2 含量较高，NO_x 排放量很低，尾气不经过净化即可达标排放。因此稀薄燃烧的天然气机动车所产生的主要污染物为 CH_4 和 CO[1]。

对于以醇类汽油为动力来源的机动车来说，由于添加了醇类的汽油含有一定的氧原子，在发动机低负荷工作条件下，燃油能够得到更为充分的燃烧，因此这种含氧燃料的 CO 排放量更低[2]。含氧燃料燃烧后所产生的废气不可避免地含有一定量的 HC，主要来源于发动机中未燃烧的燃料，具体的排放浓度取决于发动机负荷。相比于 CNG，含氧燃料的 NO_x 排放会更加明显，在缸内温度高时会有更多的 NO_x 排放[3]。另外，随着发动机负荷的增加，更多的燃料会进入气缸，气缸内的燃烧温度也更高，NO_x 排放量也会增加。也有研究发现，燃料中的氧在气缸中的迅速燃烧会促使 NO_x 的形成[4]。

4.1.3 机动车尾气排放法规

机动车尾气是我国空气污染的重要来源之一，尾气排放达标已经成为机动车年审中必须满足的一项硬性指标。因此针对机动车尾气对城市大气环境的负面影响，提高尾气排放标准将是最为直接和有效的手段之一。近年来，随着人们对于环境质量不断提高的需求，我国机动车污染物排放标准逐步提升（图 4-1）。自 20 世纪 90 年代以来，欧、美、日制定了相应的机动车尾气排放法规，且每 3～5 年更新一次机动车的排放限值标准。我国轻型车排放标准在 2000 年开始实行国Ⅰ时，各项指标要求均落后于发达国家，从国Ⅰ到国Ⅴ，我国排放标准一直等效采用欧盟排放标准体系，并以 4 年左右一个阶段的速度迅速追赶。中国机动车排放法规用 15 年时间完成了欧美 40 年走完的路程，完成了从国Ⅰ到国Ⅴ的跨越。为进一步强化机动车污染防治工作，从源头减少排放，落实《中华人民共和国国民经济和社会发展第十三个五年规划纲要》有关“实施国Ⅵ排放标准和相应油品标准”的要求，2016 年环境保护部、国家质检总局发布了《轻型车污染物排放限值及测量方法（中国第六阶段）》（以下简称“轻型车国Ⅵ标准”）。轻型车国Ⅵ标准采用分步实施的方式，设置国Ⅵ(a)标准和国Ⅵ(b)标准两个排放限值方案，分别于 2020 年和 2023 年实施。

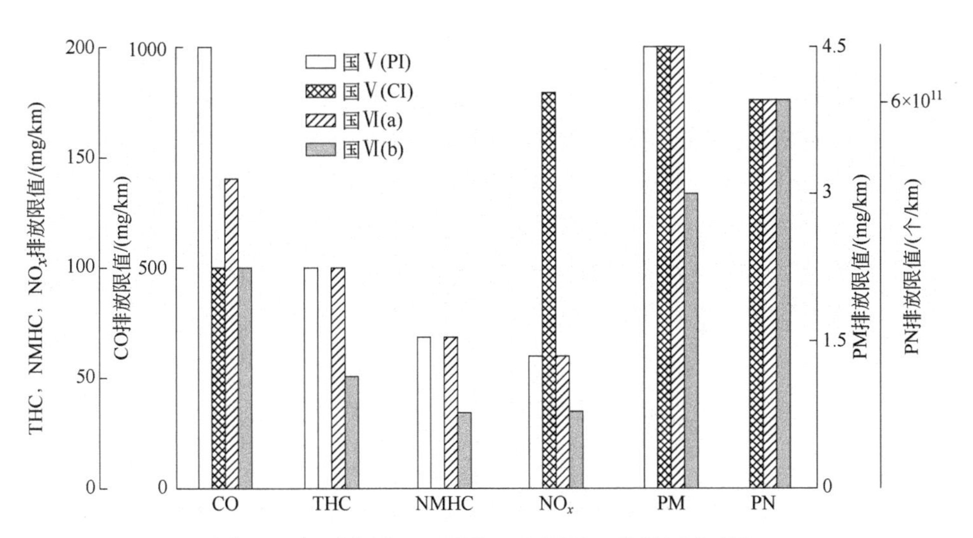

图 4-1 轻型车国Ⅴ、国Ⅵ(a)和国Ⅵ(b)排放标准对比

［国Ⅴ(CI)未对 THC 的排放做单独规定，对 NMHC 未做规定；国Ⅴ(PI)对 PN 未做规定］

通过比较国Ⅴ和国Ⅵ标准，我们可以发现：针对轻型车辆，国Ⅵ(a)

标准的 CO 限值与国Ⅴ(PI)相比加严了 30%，国Ⅵ(b)标准在国Ⅵ(a)标准基础上 CO 排放限值进一步加严 20%，HCs 和 NO_x 分别加严 50%和 42%，并新增了 PN 的限值要求。此外，国Ⅵ(b)相比于国Ⅴ(CI)排放标准，其 NO_x 和 PM 排放限值分别加严了 80%和 33%。国家标准的变化对机动车尾气后处理技术提出了新的挑战。从排放数值上看，机动车尾气净化催化剂的活性要求要比以往更高；汽油车尾气净化催化剂将比以往更看重氮氧化物的选择性；碳烟颗粒燃烧催化剂的要求将更加严苛。并且随着新标准带来的油品质量的提升，达到原来标准对催化剂抗硫性的要求可能将不再是催化剂性能研究的主要关注点，催化剂的低温催化性能和水热稳定性将是制约催化剂推广的关键因素。本章我们将介绍稀土铈基催化材料在机动车尾气净化催化剂中的应用，并针对机动车尾气排放标准对其需求进行了展望。

4.2 稀土铈基催化材料在汽油车尾气催化净化中的应用

汽油车尾气净化催化转化器通过催化作用，使汽车尾气中 HC、CO 和 NO_x 转化为 CO_2、N_2 和 H_2O 等无害物质后排入大气，从而达到保护环境的目的。早在 20 世纪 70 年代，一种能够对 HC、CO 和 NO_x 同时起到催化作用的催化剂就得以应用，被称作三效催化剂（three way catalyst，TWC）[5]。另外，由于清洁燃料车尾气的主要成分为 CH_4、NO_x 和 CO，因此目前 TWC 也被广泛应用于清洁燃料车的尾气后处理系统中[6-9]。三效催化器是目前处理机动车尾气的核心手段之一，汽油车三效催化器的结构如图 4-2 所示，催化剂是核心。催化剂中含有活性贵金属（Pt、Pd、Rh）和涂层，涂覆在陶瓷或者金属制成的蜂窝状载体的孔道表面，其中涂层材料主要以高比表面 γ-Al_2O_3 和稀土铈基材料为主。

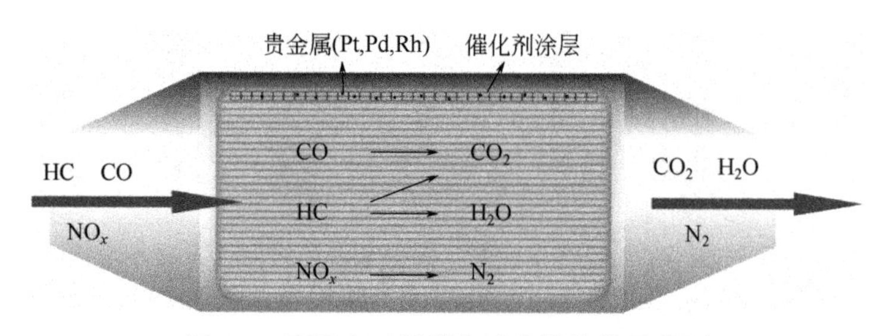

图 4-2 汽油车三效催化转化器结构示意图

在三效催化剂的作用下，汽油车尾气中的气体组分在三效催化器中发生如下主要催化反应，将主要污染物转化为 H_2O、CO_2、N_2 等排放到大气中。

（1）氧化反应

$$2CO+O_2 \longrightarrow 2CO_2 \tag{4-1}$$

$$HC+O_2 \longrightarrow CO_2+H_2O \tag{4-2}$$

（2）还原反应

$$2CO+2NO \longrightarrow 2CO_2+N_2 \tag{4-3}$$

$$HC+NO \longrightarrow CO_2+N_2+H_2O \tag{4-4}$$

$$2H_2+2NO \longrightarrow 2H_2O+N_2 \tag{4-5}$$

（3）水煤气变换反应

$$CO+H_2O \longrightarrow CO_2+H_2 \tag{4-6}$$

（4）水汽重整反应

$$HC+H_2O \longrightarrow CO_2+H_2 \tag{4-7}$$

三效催化剂的催化活性易随空燃比（A/F）的变化而变化。一般来说，控制反应体系中空燃比有“工程控制”和“化学控制”两种方法。“工程控制”即使用氧传感器来提高空燃比的控制精度；“化学控制”是通过在催化剂中加入储氧材料来减少空燃比的波动[10, 11]。当燃料完全燃烧时，理论空燃比为 14.63，常规发动机在正常运行时接近理论空燃比。如果空燃比（A/F）<14.63，燃油发生不完全燃烧，为富燃状况；如果空燃比（A/F）>14.63，空气过量，为稀薄燃烧状况。不同空燃比下，三效催化剂的净化效果也不同。如图 4-3 所示，为了提高三种污染物的总转化率，催化剂在接近理论空燃比的工况下工作时，才能发挥其最佳效率，人们通常把此区域称为“操作窗口”。

尽管采用“工程控制”的方法可以将发动机空燃比的变化控制在一个非常狭窄的范围，但是由于汽车行驶速度随着路况的变化而变化，使得在实际应用中发动机的空燃比会在 14.63 左右以一定的频率和幅度振荡，从而实际的尾气组成往往超出催化剂“操作窗口”的浓度范围。这就要求催化剂具有调节尾气中氧含量的功能（储释氧能力），从而在车辆的所有工况下（包括启动、加速、减速、巡航），对三种污染物都能达到转化效率和使用里程的要求。此外，由于紧耦合催化器中的催化剂工作温度很高（>1000℃），实际工况对催化剂的热稳定性和耐久性也提出极高要求。

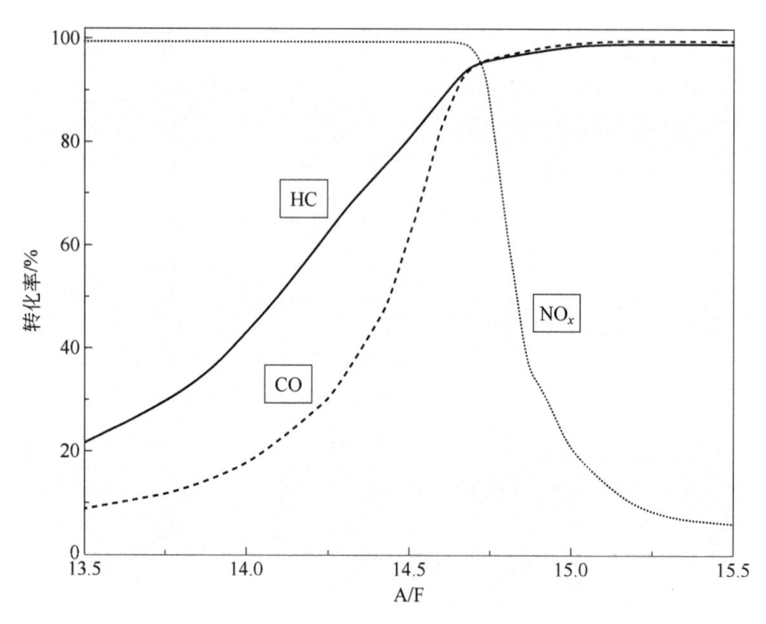

图 4-3 空燃比对三效催化剂转化率的影响

4.2.1 铈锆固溶体

储释氧材料能够调节催化反应过程中的氧含量，即在氧含量不足时释放氧，而在氧过量时储存氧。将储氧材料应用于三效催化剂可以极大提升三效催化剂的催化效果。大量研究发现，通过 $CeO_2 \rightleftharpoons CeO_{2(1-x)}+xO_2$ 这一可逆循环，CeO_2 表现出良好的储释氧能力（OSC），即在贫氧气氛下通过 CeO_2 提供的氧来去除 HC 和 CO［式（4-8）～式（4-10）］；在富氧条件下 CeO_2 可以吸附和存储 O_2、NO 和 H_2O 中的氧［式（4-11）～式（4-13）］，从而提高尾气组成在波动情况下三效催化剂的使用效率，并且 CeO_2 还可以起到促进还原条件下的水煤气变换反应的进行、稳定氧化铝载体和稳定贵金属活性组分分散等作用。自 20 世纪 80 年代初期以来，氧化铈已在三效催化剂中得到了广泛的应用，成为贵金属三效催化剂必不可少的关键性材料。

$$CeO_2+xCO \longrightarrow CeO_{2-x}+xCO_2 \tag{4-8}$$

$$CeO_2+HC \longrightarrow CeO_{2-x}+(H_2O, CO_2, CO, H_2) \tag{4-9}$$

$$CeO_2+xH_2 \longrightarrow CeO_{2-x}+xH_2O \tag{4-10}$$

$$CeO_{2-x}+xNO \longrightarrow CeO_2+0.5xN_2 \tag{4-11}$$

$$CeO_{2-x}+xH_2O \longrightarrow CeO_2+xH_2 \tag{4-12}$$

$$CeO_{2-x}+0.5xO_2 \longrightarrow CeO_2 \tag{4-13}$$

但是纯氧化铈在温度超过1000℃时会发生严重烧结，造成颗粒增大、比表面积减小，导致储释氧能力下降。因此，提高铈基材料的热稳定性是三效催化剂研究关注的重点之一。通过研究发现，采用 Zr^{4+}对 CeO_2 进行改性得到的铈锆固溶体（$CeZrO_x$）表现出更好的储释氧性能和热稳定性，进而提高了催化剂的性能和使用寿命。因此自 1995 年开始，逐渐用 $CeZrO_x$ 代替 CeO_2 作为三效催化剂的储释氧材料。与 CeO_2 相比，$CeZrO_x$ 具有以下特点：①ZrO_2 的引入造成了 CeO_2 晶胞的扭曲和收缩，增加了铈锆固溶体内的结构缺陷，提高了氧空穴浓度，促进了氧物种的迁移和扩散。②CeO_2 中的活性氧以表面氧为主，受比表面的影响较大，高温下的 CeO_2 烧结导致储氧能力大幅度下降。而铈锆固溶体中体相氧也可以参与储释氧循环，对比表面的依赖程度减小，因此高温烧结对铈锆固溶体储氧能力的影响也相对减小。③Ce^{4+}的离子半径为 0.097nm，而 Ce^{3+}在配位数为 6、8、10 和 12 时，其离子半径分别为 0.101nm、0.114nm、0.125nm 和 0.134nm。在 Ce^{4+}向 Ce^{3+}的转化过程中，由于 CeO_2 体积增大产生的膨胀应力抑制了此转变过程。在 CeO_2 晶格中引入离子半径较小的 Zr^{4+}（0.084nm），可以减弱体积膨胀的影响，促进晶格内的电子迁移。④与 CeO_2 相比，$CeZrO_x$ 具有更高的热稳定性。

4.2.2 铈锆固溶体的修饰与改性

虽然铈锆固溶体在体相形成的晶格缺陷可使体相晶格氧和氧空位参与到催化反应中，但是在储释氧能力和热稳定性方面仍然不能满足越来越苛刻的尾气排放标准要求，因此需要进一步提高铈锆固溶体中的氧空穴和晶格缺陷浓度，提高其储释氧能力和高温稳定性。研究表明，在铈锆固溶体中掺杂其他元素可能进一步提高铈锆固溶体性能。外来掺杂改性的影响主要包括以下两个方面：①通过改变不同掺杂离子的半径，使晶格内原子重排，晶体结构发生重组和不同程度的畸变，产生结构缺陷，有效降低活性氧物种在晶格中的扩散阻力；②通过引入价态低于 Ce^{4+}和 Zr^{4+}的阳离子，利用晶格的电价平衡使晶体中产生氧空位，提高体相氧的扩散速率，降低储氧量对比表面的依赖程度。目前掺杂的第三组分主要有氧化铝、碱土金属、过渡金属和稀土金属等。

4.2.2.1 铝的掺杂改性

Morikawa 等为了抑制高温过程中铈锆固溶体的烧结，采用了在铈锆固溶体中加入氧化铝的策略合成铈铬铝（ACZ）载体[12]。加入的氧化铝作为扩散阻挡层有效阻止了铈锆固溶体颗粒的烧结，在 1000℃下老化处理后，相比于严重烧结的铈锆固溶体样品（$2m^2/g$），ACZ 依然保持着 $20m^2/g$ 的比表面积。同时 ACZ 样品相比于 CZ 样品还具有更优良的储释氧性能。使用这种策略合成的 ACZ 载体在负载 Rh、Pd、Pt 等活性组分后，表现出良好的三效催化性能。铈锆铝材料在呈现大比表面积结构的情况下能够在表面构建丰富的缺陷位点，通过与 Pd 产生强相互作用促使 Pd 以活性物种 PdO 的状态沉积在材料表面。这也使得单钯催化剂能够表现出优异的三效催化性能。

4.2.2.2 碱土金属掺杂改性

陈耀强教授课题组系统地研究了 Sr、Ba 改性对 Pt-Rh 型三效催化剂的影响[13, 14]。使用传统的共沉淀法制备的 CeO_2-ZrO_2-SrO（CZS）或 CeO_2-ZrO_2-BaO（CZB）固溶体载体在负载 Pt-Rh 后，可促进催化剂在低温时进行水汽转换反应，显著降低了催化剂的起燃温度，并对 C_3H_8、CO 和 NO 都有较高的转化率，还有利于提高催化剂的抗老化性能。

Fernández-García 等研究了 Ce-Zr-Ca 三组分复合氧化物的结构及储释氧性能[15]。结果表明铈锆固溶体中掺杂 Ca 后明显改变了其表面和体相氧的储释性能。适量的 Ca（原子含量 10%）掺杂到铈锆固溶体后明显促进了表面氧的活化，但当 Ca 原子含量较大时（33%），则有抑制作用；相反，少量的 Ca 掺杂到铈锆固溶体中，抑制了体相氧的扩散，而大量的 Ca 引入铈锆固溶体中，则对体相氧的扩散起到了促进作用。

王军等系统研究了 Ca 和 Mg 的掺杂对铈锆固溶体的微观结构和储释氧性能的影响[16]。他们的研究表明，Ca 和 Mg 掺杂后受电荷补偿和离子半径的影响，固溶体产生了较多的晶格缺陷和氧空位，并且抑制了固溶体的相分离，增强了储释氧能力。样品经氧化还原处理后，两种金属氧化物掺杂具有不同的影响，CaO 掺杂后由于适中的 Ca^{2+} 半径，产生了更多的氧空位，使得氧离子在晶格中的扩散更容易，从而提高了 $Ce_{0.67}Zr_{0.33}O_2$ 的储释氧性能；但由于 MgO 在 CeO_2 中的可溶性小，且氧化还原处理后 Mg-Ce-Zr-O 的缺陷结构被破坏，从而使 $Ce_{0.67}Zr_{0.33}O_2$ 的储释氧性能急剧降低。

4.2.2.3 过渡金属掺杂改性

Terribile 等研究了 Mn 和 Cu 掺杂对铈锆固溶体催化剂催化氧化 HC 性能的影响[17]。结果表明，少量 MnO_x 和 CuO 的掺杂进入了铈锆固溶体的晶格，促进了低温下 Ce^{4+}的还原，从而明显改善了催化剂的氧化还原性能。另外，CeO_2-ZrO_2-M 三组分氧化物在多次氧化-还原循环过程中表现出了较好的稳定性。MnO_x 和 CuO 掺杂到铈锆固溶体中后，促进了催化剂活性的提高。

周仁贤教授课题组系统地研究了铈锆固溶体中掺杂过渡金属 Cr、Mn、Fe、Co 和 Ni 对 Pd/$Ce_{0.67}Zr_{0.33}O_2$ 三效催化剂性能的影响[18-20]。研究结果表明，过渡金属离子均进入铈锆固溶体的晶格，并且过渡金属和 Pd 间存在较强的相互作用。Fe 和 Co 掺杂得到的三元固溶体原子分布更加均匀，从而明显提高了氧的流动性、储释氧性能以及催化剂的还原性能。因此 Pd/CeZrFe 和 Pd/CeZrCo 催化剂对 HC、CO 和 NO_x 的催化转化效率明显提高，三效催化反应活性窗口也变宽。

沈美庆等研究了 Co 掺杂对铈锆载体在消除机动车尾气中 CO、NO 和 C_3H_8 的作用[21]。利用初湿浸渍法将 Pd 负载在 $Co_{0.1}Ce_{0.6}Zr_{0.3}O_x$ 和 $Ce_{0.67}Zr_{0.33}O_2$ 两种载体上，并对两种催化剂进行了性能考察，发现 Co 掺杂的催化剂储释氧能力得到了非常大的提升，通过对两种催化剂的水煤气转换和丙烷氧化反应效率进行对比，Co 的掺杂能够非常明显地拓宽了催化剂的反应活性窗口。

Pr 具有和过渡金属类似的可变所态，从而表现出较好的催化性能[22]。

4.2.2.4 稀土金属掺杂改性

Vidmar 等研究了 Y、Ga 和 La 等三价离子掺杂对 $Ce_{0.6}Zr_{0.4}O_2$ 性能的影响[23]。研究发现，Y^{3+}进入晶格并发生离子替换后，基本不会造成晶格尺寸改变，掺杂离子的半径越接近 $Ce_xZr_{1-x}O_2$ 固溶体的临界半径，越有利于提高固溶体的低温还原性能；稀土离子大约 2.5%～5.0%（摩尔分数）的掺杂量能显著改善 $Ce_{0.6}Zr_{0.4}O_2$ 氧化还原性能。与未掺杂的样品相比，掺杂样品的储氧量可以提高约 30%，而经过 1000℃老化后，储氧量下降的程度也更少，热稳定性明显提高。

总体来看，过去的几十年中，在各国科研工作者的共同努力下，用于汽车尾气治理的三效催化技术不断进步，催化效率越来越高。添加合适的第三种元素到 Ce-Zr-O 中形成的新型催化材料，可以有效地提升铈锆固溶体的储释氧能力和热稳定性，从而大幅提升 HC、CO 和 NO_x 的催化转化效率。我国在三效催化剂的开发方面起步较晚，与国外水平有较大差距，要想占领国内三效催化剂这个大环保市场，必须坚持高起点、高性能的铈锆固溶体的研发及其制备技术。汽车尾气净化催化剂未来发展方向是更高的污染物去除率，更长的寿命和更低的成本，因此需要性能更为优良的高水热稳定性、高比表面积的铈基储氧材料。

4.2.3 负载贵金属的稀土铈基催化剂

目前汽车尾气治理三效催化剂的活性组分主要是贵金属元素 Pt、Pd 和 Rh，这 3 种元素在三效催化剂中所起的作用不尽相同。Pt 在三效催化过程中主要是起到氧化作用，也就是把 CO 和 HC 完全氧化，其 NO 净化效果较差。Pd 催化剂在一定条件下可以体现出很好的三效催化性能，但作为工业实际应用尚未见深入报道。Rh 是三效催化剂中还原 NO_x 的主要成分，但与 Pt 和 Pd 相比，Rh 的氧化能力较低。

此外，据统计全球 90%左右的 Rh 和 40%左右的 Pt 都被用于制造汽车尾气催化剂，导致生产成本居高不下。为降低成本，需要尽量减少贵金属材料用量。通过设计特定结构的铈基载体，改善贵金属组分的分散度，可以有效提升贵金属材料的利用率。Jeong 等通过对 γ-Al_2O_3 进行还原处理，制备了 CeO_2 颗粒尺寸较小的 CeO_2/γ-Al_2O_3 载体，负载 Pt、Rh、Pd 后，贵金属物种分散程度高，表现出极佳的 TWC 性能[24]。相对 Pd 和 Rh 来说，Pt 是相对廉价的贵金属材料，其具有作为三效催化剂主活性组分的潜力，开发一种 Pt-CeO_2 为主体的三效催化剂也是降低其成本的选择之一。

4.2.4 负载非贵金属的稀土铈基催化剂

开发价格低廉且具有高效催化净化能力的非贵金属三效催化剂一直是研究人员关注的热点，Bauerle 等[25]考察了 40 余种金属氧化物催化剂的汽车尾气净化能力。他们发现用过渡金属氧化物来代替贵金属是可行的，特别是对于某些有机物的深度氧化，过渡金属氧化物甚至比贵金属有更高的活性[26]。

氧化铜（CuO）作为过渡金属氧化物的典型代表，由于其良好的催化性能，很有可能被用来取代某些贵金属催化剂。南京大学董林等系统地研究了 CuO 在稀土铈基催化剂中的存在状态及其催化性能之间的关系，发现 CuO 物种的分散行为与铈基载体的表面结构密切相关，并且符合“嵌入模型”理论，其最大分散容量约为 1.16mmol Cu^{2+}/100m^2 CeO_2[27]。表面分散 Cu 物种可以与铈锆固溶体形成不稳定的五配位结构，该结构使得 Cu 物种更容易被还原，同时加强了 Cu 与载体的协同效应，从而使 Cu/CeZr（Cu/CZ）表现出更优秀的催化活性；体相掺杂的 Cu 物种进入了铈锆固溶体的立方萤石晶格，部分取代了四价离子的位置，形成一个相对较稳定的结构，其中 Cu 物种较难被还原，在 NO 消除反应中活性较低（图 4-4）。通过调变 Ce/Zr 比例或者对 CeO_2 进行掺杂改性，可以更有效地分散和稳定表面铜物种，进而提高其催化性能[28, 29]。

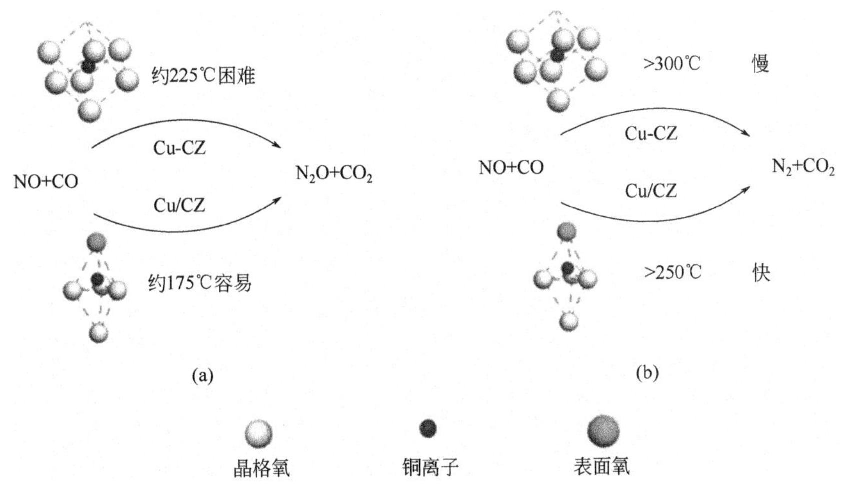

图 4-4　Cu/CZ 和 Cu-CZ 上 NO 分步分解的机理(a)低温下(b)高温下[28]

此外，负载 Fe、Co、Ni 等过渡金属氧化物的稀土铈基催化剂也得到了广泛的研究[30-34]。然而，相较于贵金属催化剂，过渡金属氧化物催化目前在活性、热稳定性以及抗中毒性能方面仍然无法满足实际工况需求，其现阶段还不具有取代贵金属催化剂的可能性，对于非贵金属催化剂的研究需要进一步加强。

4.2.5　低温稀土铈基三效催化剂

目前汽车厂商所使用的 TWC 工作温度都相对较高，这就意味着机动车冷启动后几分钟甚至几十分钟内所排出的尾气并不能很好地得到处理，因此在这一段时间内所排放出的尾气中污染物浓度将会大大超标。另外，对于燃油经济性的追求和更严格的温室气体排放标准使得汽车制造商会不断对发动机的耗油量进行优化。正如上文中提到的情况，在一般情况下，燃油效率的提高会导致排气温度降低，这也给传统的机动车尾气后处理系统带来非常大的挑战。因此如何提高低温段的催化活性成为目前研发 TWC 催化剂的热门问题。2012 年 11 月 29 日，美国汽车研究理事会在密歇根州举行了研讨会，提出了关于机动车催化剂的“150℃挑战”这一目标。会议希望对于当前催化剂的技术进行改进，以便在 150℃下将汽车尾气中的污染物催化效率提高 90%以上[35]。因此，不断降低催化剂的工作温度是目前机动车尾气处理催化剂研发的重要目标之一。

Liu 等[36]将 CuO 掺入 CeO_2 制备了 $Ce_{0.99}Cu_{0.01}O_2$ 载体，再利用原子层沉积(ALD)方法将原子分散态 Pt 负载于氧化铈以及所制备的复合氧化物载体上，制备了 Pt_1/Ce 和 Pt_1/CeCu 单原子催化剂。再用 H_2 对单原子催化剂进行还原处理，得到了含有亚纳米铂团簇的 Pt_n/Ce 和 Pt_n/CeCu 催化剂。对比催化剂的 CO 催化氧化性能，Pt_n/CeCu 的 T_{50} 低至 34℃，远低于 Pt_n/Ce（91℃）、Pt_1/CeCu（116℃）和 Pt_1/Cu（166℃）。结果表明，Pt_n/CeCu 催化剂中的 Cu 物种不仅可以激活界面氧物种，还可以减弱 CO 分子在界面 Pt 物种上的吸附作用，这是室温下催化 CO 氧化的关键。

Lin 等合成铈-金属有机骨架（Ce-MOF）载体并负载 Pd 作为活性组分来进行低温 CO 氧化反应[37]，Pd 负载量为 5%（以质量分数计，下同）的催化剂具有最高的催化活性。当 Pd 负载量继续增加到 7%时，CO 转化率降低，这是由于表面的 Pd 物种发生了聚集长大。表 4-1 对不同 MOF 上负载金属的 CO 氧化性能进行了比较，可以发现 Pd/Ce-MOF 具有最高的催化活性。这种较高的活性可能是由于在反应中，含 Ce 催化剂中电子从 Pd 转移到 Ce^{4+}从而形成 Ce^{3+}，随后电子从 Ce^{3+}转移到吸附的 O_2，从而促进了活性氧的形成，提高了 CO 的氧化反应效率。

表 4-1 金属/MOF 催化剂 CO 催化活性比较

金属的质量分数	MOF	T_{50}/℃	T_{100}/℃
5%Au[38]	ZIF-8	170	210
2.7%Pd[39]	MIL-53(Al)	100	115
5%Ag[40]	$Cu_3(BTC)_2$	100	120
1%Pd[40]	$Cu_3(BTC)_2$	190	205
2.9%Pd[41]	MIL-101(Cr)	92	107
5%Pd[37]	Ce-MOF	77	96

4.3 稀土铈基催化材料在柴油车尾气催化净化中的应用

柴油车所排放的尾气成分与汽油车有很大不同，《中国移动源环境管理年报（2020）》指出，柴油车排放的 NO_x 的量占机动车 NO_x 总排放量的绝大多数，而 PM 更是全部来源于柴油车的尾气。由于柴油机较高的空燃比条件，传统的三效催化系统在处理柴油车尾气中显得力不从心，需要一套复杂的柴油车尾气后处理系统。目前广泛使用的柴油车尾气后处理系统包含多个装置，包括柴油车氧化催化器（diesel oxidation catalyst，DOC）、颗粒过滤器（diesel particulate filter，DPF）、选择性催化还原（selective catalytic reduction，SCR）系统、选择性催化氧化（selective catalytic oxidation，SCO）系统。如图 4-5 所示，对柴油车尾气的净化消除由以上几个系统串联起来进行。

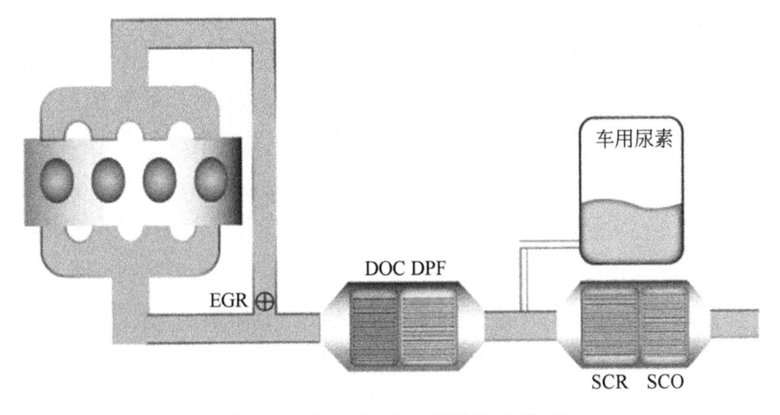

图 4-5　柴油车后处理系统流程图

4.3.1 柴油车尾气氧化催化剂中的稀土铈基催化材料

柴油车尾气氧化催化器（DOC）用于柴油车尾气处理由来已久。早在 20 世纪 70 年代，氧化催化转化器就已经被安装在非高速公路柴油车上，这是最早得到应用的柴油机排气后处理技术，其主要是利用转化器中催化剂的强氧化性将尾气中的 HC、CO、NO 等氧化为 CO_2、H_2O 和 NO_2，同时用于氧化消除颗粒物中的可溶性有机物（soluble organic fraction，SOF）组分:

$$HC+O_2 \longrightarrow CO_2+H_2O \quad (4\text{-}14)$$

$$CO+\frac{1}{2}O_2 \longrightarrow CO_2 \tag{4-15}$$

$$NO+\frac{1}{2}O_2 \longrightarrow NO_2 \tag{4-16}$$

DOC 的核心部分为柴油车氧化催化剂，通常由活性组分和助剂两部分组成。催化剂中常用的活性组分为 Pt、Pd、Ag、Rb、Ir 以及 Rh 等贵金属，助剂有 Ce、La 等稀土元素和 Cu、Fe、Cr、Mn 等过渡金属元素以及碱金属和碱土金属氧化物[42, 43]。稀土铈基催化剂因其价格低廉、储量丰富、性能优越，被视为一种提升贵金属催化剂催化性能的理想助剂。研究表明，CeO_2 在柴油机催化氧化应用中具有显著优势，可以提高催化剂的结构稳定性和催化剂活性。除了在 Ce^{3+}和 Ce^{4+}氧化还原过程中，可实现对氧的储存和释放，CeO_2 同时还具有适宜酸碱度、较低毒性和较低成本等优势。虽然纯 CeO_2 本身不具有较好的 DOC 活性，但经负载贵金属后，活性显著提高，这也相对减少了贵金属催化剂的使用量，降低了催化剂的总体成本。用于柴油车尾气氧化催化反应的负载型铈基催化剂体系可以大致分为铈基载体负载贵金属催化剂（Pt/CeO_2、Pd/CeO_2、Au/CeO_2 等）、掺杂/改性铈基催化剂（CuO/Ce-M-O，$CuO/MO_x/Al_2O_3$ 等）和作为掺杂元素改性金属氧化物催化剂。

在氧化铝上负载铂族金属（platinum group metal，PGM）的催化剂是实际应用中广泛使用的催化体系之一。然而令人困扰的一个问题是 PGM 在纯 Al_2O_3 载体上分散性低，导致 PGM 的使用效率较低，产生相对较高的成本。因此，许多研究都通过改善载体的性能来增强 Pt 的耐烧结性，从而保持 PGM 较高的分散程度。例如 Ferreira 等通过改进的溶胶-凝胶法制备了 CeO_2-Al_2O_3 催化剂载体，使负载的 Pt 具有较高的分散性，并且表现出较高的耐烧结性和热稳定性，从而获得了较好的催化性能[44]。

Ha 等[45]通过实验表征和理论计算，解释了 Au 和 CeO_2 之间的电子相互作用及其对氧空位的影响，发现 Au 和 CeO_2 之间的电子相互作用可以改变 Au/CeO_2 催化剂的性能。他们通过 DFT 微动力学模型模拟并结合实验手段，探究了不同反应条件（CO 分压和反应温度）与 TOF（turnover frequency，即单位时间内单个活性位点的转化数）/反应速率的关系，证实了 CeO_2(100)晶面更有利于 Au 的分散上，其形成的 Au-CeO_2(100)界面能够促进氧物种的释放，进而通过 MvK（氧化还原）机理辅助 CO 氧化，从而表现出更优越的 CO 氧化能力。

Grabchenko 等[46]采用沉积沉淀法和浸渍法将 Ag 负载到 CeO_2 表面，并用于 CO 和碳烟氧化模型反应中。他们发现不同的制备方法能够通过调控贵金属与 CeO_2 的作用来调节表面的相互作用，从而影响催化剂的催化性能。Ag 的负载显著增加了 CeO_2 的表面缺陷，Ag-Ce 界面作用越强，材料表面氧缺陷浓度越高，CO 和碳烟氧化活性越好。

掺杂是修饰稀土铈基催化剂的常用手段，通过掺杂元素对稀土铈基材料进行改性，可以诱导产生 CeO_2 晶格缺陷，降低 O_2 活化能，从而提高催化剂低温催化氧化活性。除此之外，不同形貌的 CeO_2 具有不同的表面结构，其中 CeO_2 纳米棒表面具有更为丰富的缺陷位点（空洞、晶格畸变、弯曲、台阶位、孪晶），有利于氧的储存和释放。而在 CeO_2 表面负载过渡金属能够通过产生金属-界面作用进一步促进表面活性氧物种的迁移和 Ce^{3+}/Ce^{4+} 价态的转变[47]。在过渡金属中，Cu 掺杂的 CeO_2 具有更为突出的 CO 氧化活性。Papadopoulos 等[48]以柠檬酸为螯合剂，氢氧化钠为沉淀剂，采用不同的 Cu 前驱体（硝酸铜和铜单质）合成了原子级分散的 Cu-Ce 催化剂，高分散的 Cu 离子以及 Cu 与 CeO_2 界面之间的强相互作用是 Cu 改性的 CeO_2 材料具有良好 CO 氧化性能的主要原因。

除了掺杂其他金属元素改性稀土铈基催化剂外，以铈作为掺杂元素改性过渡金属氧化物催化剂也引起了研究者们的兴趣。为了提高 MnO_x/Nb_2O_{5-x} 对 C_3H_8 和 CO 的催化氧化的催化活性，Wang 等[49]在 MnO_x/Nb_2O_{5-x} 催化剂中引入 Ce，制备了一系列不同 Mn/Ce 配比的 MnO_x-CeO_2/Nb_2O_{5-x} 催化剂。他们认为铌、锰和铈氧化物之间产生了明显的协同效应，由于 CeO_2 的存在使得 MnO_x/Nb_2O_{5-x} 系统中的 MnO_x 以小团簇的形态分布，这提高了 MnO_x 分散程度，促进 Ce-Mn 固溶体的形成以及新的 Nb-Mn-Ce 相的形成，产生较高比例的还原物种（Nb^{4+}、Ce^{3+}和 Mn^{3+}），并增强了在反应过程中结合中间产物的能力，有助于催化剂的高氧化活性。

陈耀强教授课题组还考察了不同含量的氧化铈掺杂对 Pt-WO_3/SiO_2-Al_2O_3 催化氧化 NO 性能的影响[50]。他们发现当氧化铈的掺杂量（质量分数）为 1%时，Pt-$WO_3/CeO_2/SiO_2$-Al_2O_3 催化剂表现出最佳的 NO 催化性能，铈带来的表面活性氧是提高催化氧化 NO 性能的关键因素。催化剂在 250℃，NO+O_2 气氛下的红外光谱结果表明，由于硝酸盐物种在 Ce 和 Al 位点上键合能力的差异，Ce 的掺杂促进 NO 在催化剂表面产生更多的桥式/螯合硝酸盐，同时降低了离子型硝酸盐的含量。CeO_2 与 Pt 的相互作用还有利于反应气氛下 Ce^{3+}/Ce^{4+} 的循环，促进活性氧和金属铂物种的形成，从而极大地提升了 Pt-$WO_3/CeO_2/SiO_2$-Al_2O_3 的催化氧化性能。

除此之外，氧化铈的形貌由于直接影响到了暴露晶面，其对催化剂催化性能的影响也引起了大家的广泛关注。Xia 等[51]使用超声辅助沉淀方法来调控不同类型氧化铈的表面缺陷，通过多种表征技术和理论计算探究了催化剂表面结构变化。他们发现，协同作用主要与 CeO_2 表面的双电子缺陷有关。双电子缺陷能吸附 O_2 形成过氧化氢巯基，铜离子能与过氧化氢巯基结合，随后在双电子缺陷中增加的两个电子会导致 CuO/CeO_2 中的电子再分散，同时产生 Cu^+ 和 Ce^{3+}，从而促进 CO 在 Cu/CeO_2 催化剂表面的氧化。

Spezzati 等[52]研究了负载在 CeO_2 纳米棒和纳米立方体［其表面分别以（111）和（100）面为主］上的 Pd（1%，质量分数）基催化剂的催化性能。CO 氧化结果显示，Pd/CeO_2 纳米棒相比于 Pd/CeO_2 纳米立方体表现出更好的催化氧化 CO 能力。结合高分辨透射电镜、原位漫反射红外和 DFT 计算的结果，他们认为 CeO_2 纳米立方体优先暴露的（100）面使孤立的 Pd 原子在室温下不活跃，从而导致其活性较低。

Li 等[53]制备了三种具有不同载体形貌的 Ru/CeO_2 催化剂，并将其用于 CO 氧化反应。他们认为载体形貌极大地影响了 CO 的氧化活性，CeO_2 纳米棒暴露的（111）面具有大量缺陷位，而 CeO_2 纳米立方体和 CeO_2 纳米八面体则分别暴露相对光滑的（100）面和（111）面。因此，CeO_2 纳米棒相对于 CeO_2 纳米八面体和 CeO_2 纳米立方体，其可以与 Ru 产生更强的金属-界面相互作用，从而使得 CeO_2 纳米棒负载的 Ru 催化剂表现出更优的反应活性和更高的稳定性。

Corma 等[54]发现，将制备的粒径分布非常窄的球形 CeO_2 纳米晶体作为载体可以改善 Au 的催化活性。当 CeO_2 载体颗粒尺寸减小到约 4nm 时，CeO_2 载体的性质发生剧烈的变化，从而显著提高 CO 氧化活性。

Wang 等[55]通过高温老化-臭氧活化-负载 Ag 的处理方式，获得了一系列具有可控表面氧空位和活性氧物种的模型 Ag/CeO_2 催化剂。通过评价这些模型催化剂对 CO、NO 和碳烟氧化的催化活性，他们发现老化处理后的 CeO_2 纳米棒负载的 Ag 催化剂表现出良好的低温氧化活性，有望替代 Pt 作为新型柴油尾气氧化催化剂。

目前，柴油机 DOC 作为一种商业化技术产品，已在欧洲的柴油轿车、轻型卡车以及美国重型柴油卡车上安装使用。从国外的柴油车排气后处理技术使用的经验看，DOC 在欧Ⅳ、欧Ⅴ和欧Ⅵ等不同排放法规实施阶段都有一定的应用，从 2005 年欧盟实施欧Ⅳ排放标准开始，DOC 已经成为所有柴油车厂家必选装置，特别是轻型柴油发动机，绝大多数措施是通过安装 DOC 来满足欧Ⅳ法规限值要求。值得关注的是，在今后实施更严格的排放法规后，DOC 并不会退出历史舞台，它将广泛应用于柴油机颗粒过滤器的再生和防止还原剂泄漏的后处理环节，有着更广阔的应用前景。

4.3.2 柴油车尾气选择性还原氮氧化物催化剂中的稀土铈基催化材料

NO_x 选择性催化还原通常也被放置在 DOC 的下游，该技术可以在稀薄的排气环境中使用额外的还原剂来减少 NO_x 排放。当前选择性催化还原 NO_x 技术（SCR）所使用的还原剂主要为 NH_3 和 HC。NH_3-SCR 系统由预氧化催化、尿素热解水解催化、SCR 催化以及后氧化催化系统组成，如图 4-6 所示。

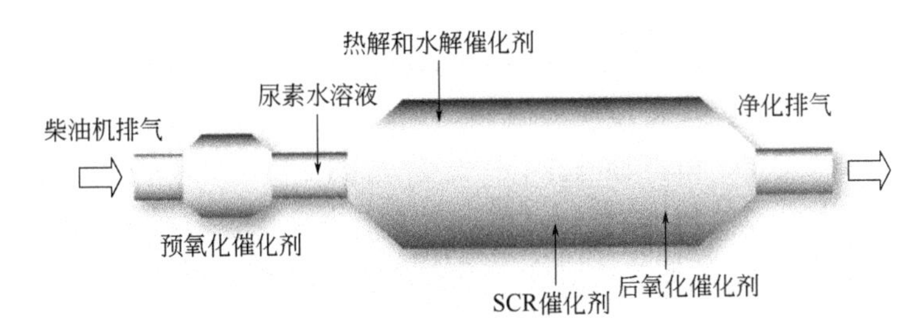

图 4-6　NH_3-SCR 系统示意图

SCR 通常利用氨（NH_3）作为还原剂，在含氧气氛中，一定温度和催化剂的作用下，将 NO_x 还原为无害的 N_2，从而达到去除 NO_x 的目的。由于柴油尾气中含有 O_2，且排放的 NO_x 中 90%为 NO。故柴油车用 SCR 催化器中主要发生以下反应：

$$4NH_3+4NO+O_2 \longrightarrow 4N_2+6H_2O \tag{4-17}$$

$$8NH_3+6NO_2 \longrightarrow 7N_2+12H_2O \tag{4-18}$$

$$4NH_3+2NO_2+O_2 \longrightarrow 3N_2+6H_2O \tag{4-19}$$

$$4NH_3+6NO \longrightarrow 5N_2+6H_2O \tag{4-20}$$

当 NH_3 与 NO 的摩尔比几乎为 1，反应温度低于 400℃且有较高比例的氧气存在时，即典型 SCR 反应条件下，那么在合适的催化剂作用下式(4-17)为最主要的化学反应。此反应被公认为标准 SCR 反应。当温度高于 350℃，可能发生的副反应有：

$$4NH_3+5O_2 \longrightarrow 4NO+6H_2O \quad (4\text{-}21)$$

$$2NH_3+2O_2 \longrightarrow N_2O+3H_2O \quad (4\text{-}22)$$

$$4NH_3+3O_2 \longrightarrow 2N_2+6H_2O \quad (4\text{-}23)$$

这些副反应在温度高于 500℃时加剧，但柴油车尾气温度一般低于 500℃，故副反应发生不明显，并且选择合适的 SCR 催化剂，既可以促进反应式(4-17) ～式(4-20)的进行，也可以促进 N_2O 分解为 N_2 和 O_2，因此 SCR 系统用于控制柴油尾气 NO_x 是可行的。目前以质量分数为32.5%的尿素溶液为还原剂前驱体的SCR系统已在柴油车上得到广泛应用。

4.3.2.1 NH_3-SCR 催化反应机理

在 SCR 催化转化器中进行的 NH_3-SCR 反应是气-固多相催化反应。对于该反应机理的解释，目前国际上公认的主要有：

① Eley-Rideal 机理：氨吸附在 Brønsted 酸位上形成 NH_4^+，或吸附在 Lewis 酸位上被活化成 NH_2 等中间物种，与气相或是微弱吸附的 NO_x 结合后发生反应，生成 N_2 和 H_2O。

② Langmuir-Hinshelwood 机理：催化剂表面吸附活化的 NH_3 和 NO_x 发生 SCR 反应生成 N_2 和 H_2O。

1977 年，Takagi 等[56]通过对钒系催化剂的表征以及动力学分析，发现 NH_3 以 NH_4^+形式吸附在催化剂表面，在氧气存在时氮氧化物以 NO_2 形式吸附在催化剂表面，这两种吸附物间很容易发生反应，生成 N_2 和 H_2O。Fei 等[57]利用原位红外研究了 NH_3-SCR 反应机理，认为在反应过程中 Langmuir-Hinshelwood 和 Eley-Rideal 机理反应都有可能发生，NO 主要以弱吸附物种参加反应。

4.3.2.2 稀土铈基催化材料在柴油车用 NH_3-SCR 催化剂中的应用

CeO_2 具有良好的氧化还原能力，Ce 离子的价态可以在 Ce^{3+}和 Ce^{4+}之间变化，以此来捕集或者释放氧物种，能促使 NO 转化为 NO_2，从而有利于 SCR 反应，提高催化剂的低温活性。CeO_2 表面的氧空位促进了 NH_3 和 NO 的吸附和活化，使得 NH_3-SCR 反应活性大大提高。正如 SCR 机理部分所述，NH_3-SCR 反应包含 NH_3 的吸附和活化，以及 NO 的活化。这就决定了一个优良的 NH_3-SCR 催化剂需要同时兼具合适的酸性以及氧化还原性这两种性质。纯的 CeO_2 虽然氧化能力有余，但是酸性不足（通常认为 CeO_2 为碱性氧化物）。因此纯 CeO_2 的 SCR 活性较弱。稀土铈基催化材料想应用于车用 NH_3-SCR 催化剂通常需要增强其酸性，或者将 CeO_2 作为改性剂增强其他催化剂的氧化还原能力。

（1）Ce 改性对催化剂 NH_3-SCR 活性的影响

稀土铈基材料提高催化剂的氧化还原能力通常由 Ce-M 之间的氧化还原对体现（M 为催化剂本身的可变价金属）。Li 等[58]通过 CeO_2 修饰提高了多壁碳管负载的 MnO_x 催化剂的 NH_3-SCR 活性。研究发现，催化剂活性随着 Ce 含量的增加先增大后减小。当 Ce/Mn 为 0.6 时，催化剂的活性最好。Ce 的掺杂促进了锰氧化物在载体多壁碳管上的分散，增加了催化剂的比表面积。另一方面，Ce 的掺杂提高了 Mn 的平均价态，形成更多 MnO_2 和 Mn_2O_3，为 SCR 反应提供更多活性位点，并同时提高了催化剂的储氧能力，增加了催化剂的表面氧含量，促进了 SCR 反应过程中 NH_3 的脱氢氧化和 NO 的氧化。此外，CeO_2 掺杂还降低了催化剂的结晶度，使 MnO_x 主要以无定形或微晶形式存在。

Zhao 等[59]通过浸渍法制备了 Mn-Ce-V-WO_x/TiO_2 催化剂，其在 150～400℃的范围内表现出良好的 NH_3-SCR 催化活性，并且在 250℃表现出良好的抗水抗硫能力。研究表明，催化剂中 Ce-Mn、Ce-V 之间形成的氧化还原对提升了催化剂的氧化还原能力，从而提升了催化剂的活性。另一方面，SO_2 物种可以选择性地吸附在 Mn、Ce 位置，从而保护活性位点 V、W，因此催化剂具有良好的抗水抗硫能力。

Li 等[60]将 V、W 氧化物负载在 Ce-Ti 复合氧化物表面。其中 WO_3 负载量为 5%（质量分数）时，样品表现出优良的 NH_3-SCR 活性和抗水抗硫能力。他们认为 WO_3 的存在调变了催化剂表面的酸碱性，抑制了硫酸氢铵的吸附，加速了硫酸氢铵的分解，因此催化剂表现出较好的抗硫性能。同时，V-Ce、W-Ce 之间的氧化还原对增强了催化剂的氧化还原能力，这可能是 V_2O_5-WO_3/CeO_2-TiO_2 催化剂具有优异 NH_3-SCR 性能的原因。

（2）Ce 改性对催化剂水热稳定性的影响

随着最新国Ⅵ标准的执行，机动车油品质量会大幅提升。燃油燃烧带来的 SO_2 会大幅下降，因此在今后的车用脱硝催化剂中，抗硫性将不再是催化剂面临的主要问题。相应地，催化剂水热稳定性要求将会上升到新的高度。分子筛催化剂常用作车用 NH_3-SCR 催化剂。其高比表面积可以承载更多的活性组分，同时分子筛本身的酸性位可以有效吸附 NH_3 参与 SCR 反应，分子筛的笼孔结构还可以将活性组分限域在其中，抑制活性组分团聚长大带来的催化剂失活。

但这类催化剂也有其劣势：在高温下，水汽可以带走分子筛骨架中的铝物种，从而导致分子筛结构坍塌，而 Ce 等稀土元素对分子筛的改性往往能带来水热稳定性的提升。Wang 等[61]通过引入 Ce、La 等稀土元素对 Cu-SAPO-34 分子筛催化剂进行改性，并对其水热稳定性能进行了研究。结果表明，稀土元素 Ce、La 的引入可以显著提高催化剂的 NH_3-SCR 催化活性和水热稳定性。经过 700℃、10%H_2O 的湿空气水热处理 10h 后，催化剂的 NH_3-SCR 活性没有降低。进一步结构分析表明，稀土元素的加入可以抑制水热老化过程中 SAPO-34 分子筛脱铝现象的发生。另外，Cu-Ce 之间的相互作用还可以提高 Cu 物种的分散性。

Trigueiro 等[62]考察了稀土元素（La、Ce 等）对 NaY 分子筛结构和热稳定性的影响。结果表明，随着稀土元素含量的增加，分子筛内水分子因稀土阳离子的存在而受到电磁场作用，从而增强了分子和分子筛间的作用力，经过稀土元素改性的 NaY 分子筛的脱水温度随之提高，同时分子筛骨架崩塌的温度在引入稀土元素后有所提高。

于善青等[63]发现 La 和 Ce 的存在抑制分子筛骨架中铝的脱除，从而有利于稳定分子筛的骨架结构。将表征结果与 DFT 计算结果相结合，他们提出 La 和 Ce 增强 Y 型分子筛结构稳定性的机制，即 La 离子或 Ce 离子与分子筛骨架中的氧物种之间存在较强的作用力，能减小分子筛 Al—O 键的静电势值，增强铝与相邻氧物种之间的作用力，从而稳定分子筛的骨架结构。另外，稀土离子通过极化水分子可以释放出 H^+，增加分子筛的 B 酸密度，从而增强催化剂的活性。

4.3.3 柴油车尾气颗粒物氧化催化剂中的稀土铈基催化材料

内燃机排放的颗粒物是发动机中燃料不完全燃烧形成的一种物质，70%的颗粒物粒径小于 0.3μm，是城市大气中 $PM_{2.5}$ 的主要来源，也是形成雾霾的重要因素。由于柴油机尾气中的颗粒物比汽油机高出 30～80 倍，因此一般说到颗粒物即指柴油机颗粒物，在柴油车尾气中的 PM 主要是碳烟颗粒。PM 中含有大量的可溶性有机物（soluble organic fraction，SOF）、重金属离子和 SO_2 等。其中 SOF 中的多环芳烃化合物（polycyclic aromatic hydrocarbons，PAHs）具有致癌性。固体悬浮颗粒如经呼吸进入肺部，会引起呼吸系统疾病，当颗粒物积累达到临界浓度时，便容易引发恶性肿瘤[64]。

由于PM粒径小、悬浮于空气的停留时间长，对人类健康和环境都会造成严重的影响。因此需要对PM的排放加以管制。现代柴油机尾气排放控制通常会采取排气净化后处理（如加装催化转化器、颗粒过滤与再生系统等）措施综合控制的办法[65]。

废气再循环装置（exhaust gas recirculation，EGR）是将柴油机燃烧生成的废气分离出一部分导入进气侧，使其再次参与燃烧的技术。由于再循环的废气含氧量低，与吸气混合后可以降低燃烧气氛中的氧浓度，从而降低燃烧温度，抑制NO_x的形成，如图4-7所示。虽然提高废气再循环率会使总的废气流量减少，总的污染物排放量也会相对减少。但是，燃烧氧含量低、燃烧温度低将导致燃烧过程中PM生成量增多，因此需要通过DPF去除PM，使NO_x和PM的排放同时满足排放法规的要求。柴油机颗粒捕集器系统是通过借助惯性碰撞、截留、扩散和重力沉降等机理将PM从气流中分离出来，同时利用其他技术使PM燃烧掉，从而达到在过滤器中再生和减排的目的，是目前能够去除尾气中PM成分最有效的后处理设备，已有三十多年的发展历史。

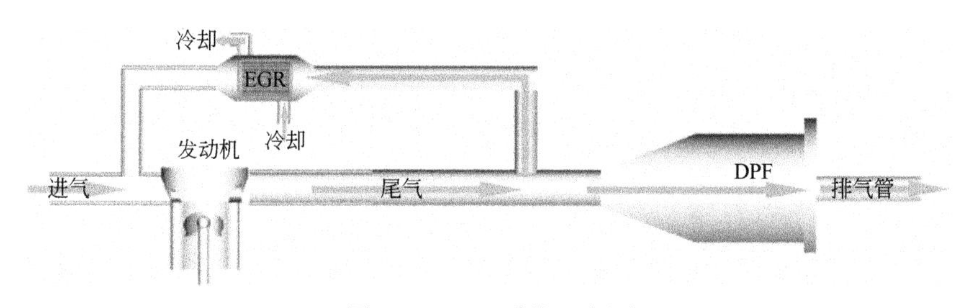

图4-7　EGR系统示意图

DPF一般以陶瓷为载体，用来捕捉发动机尾气中颗粒物，对PM的平均过滤效率达90%以上。但是随着PM在DPF中的不断沉积，DPF过滤体的孔道逐渐被堵塞，从而引起排气阻力增加和背压升高，进而导致柴油机性能下降，因此如果想保持良好的运行效果，必须定期或连续地清除沉积在DPF内的碳烟颗粒，使DPF“再生”，这个过程在实际使用状况中较为复杂烦琐，因此需要寻找一种新的方法避免烦琐的DPF的再生过程[66]。

DPF 的再生主要分为主动再生和被动再生两种方法。主动再生是指通过外部附加装置或者改变发动机运行参数，把尾气温度提高到碳烟颗粒的起燃温度并使之燃烧的方法来实现 DPF 的再生，其包括喷油助燃再生、电加热再生、红外加热再生、逆向喷气再生、微波加热再生和过滤器前喷射氧化剂（如 H_2O_2）等方法。主动再生方式相关系统的结构复杂，必须依靠额外能源，控制较困难，经济性差。被动再生则是指利用催化剂降低氧化碳烟颗粒反应的活化能，在正常的尾气排放温度下实现 DPF 的再生，主要包括燃料添加剂再生、连续再生和催化再生三种技术，是目前研究最为广泛的再生技术。相比之下，被动再生更简捷方便，经济性好，而用于 PM 催化燃烧的高效催化剂是该技术的研究核心。

4.3.3.1 碳烟颗粒的形成与消除机理

碳烟颗粒由燃油的不完全燃烧产生，是柴油车尾气的主要成分之一。它的形成包含四个基本步骤（图 4-8）：①热解，在高温下高浓度的燃料会在没有完全氧化的情况下形成 C_2H_2、苯和多环芳烃等 PM 前体；②成核，PM 前体聚集成核，形成较小的 PM 晶核；③表面生长，PM 晶核通过合并进一步长大形成 PM 初级颗粒；④聚结和凝聚，初级颗粒团聚形成比原生颗粒更大的团聚体。

燃料 —不充分燃烧→ C_2H_2 苯 PAHs —成核→ —表面生长→ —聚结和凝聚→

图 4-8 颗粒物（PM）形成的步骤

颗粒物的组成取决于柴油发动机的燃料质量和燃烧过程的均匀性。PM 主要由碳、金属化合物（灰）和有机化合物（烟灰）组成，在它的表面吸附着未燃烧的碳氢化合物和凝聚态硫酸盐。

消除碳烟主要有三种技术手段：燃料的改进、机内净化和机外后处理。其中，机外后处理技术包括 NO_x 的后处理以及 PM 的后处理。PM 后处理技术分为处理可溶性有机物的 DOC 和收集碳烟颗粒的 DPF。在实际的 DPF 过滤系统中，能使碳烟氧化的反应气体主要是 O_2 或 NO_2。因此，稀土铈基催化剂氧化碳烟的反应机理主要分为两种：活性氧机制和 NO_2 辅助机制。

（1）活性氧机制

$$CeO_2 + C \longrightarrow CeO_{2-x} + SOC \quad (4\text{-}24)$$

$$CeO_{2-x}+\frac{1}{2}x\,O_2 \rightleftharpoons CeO_2 \tag{4-25}$$

$$SOC \longrightarrow CO/CO_2+C \tag{4-26}$$

$$O+C \longrightarrow SOC \tag{4-27}$$

当柴油发动机尾气处于富氧条件时，稀土铈基催化剂的氧物种能与气相氧发生转化，在转化过程中生成了活性氧物种，即活性氧机制。在这个机制中，催化剂作为氧化还原中心，通过氧交换过程将氧气从气相氧转移到碳烟表面。当氧化铈与碳烟相接触发生氧化还原反应，形成新的氧空位和表面碳氧物种（surface oxygen-carbon complexes，SOC），而氧空位则可以快速地被气相氧再填充。因此，活性氧可以源源不断地从催化剂转移到碳烟，使其可以有效地被氧化。

（2）NO_2 辅助机制

$$CeO_2+xNO \rightleftharpoons CeO_{2-x}+xNO_2 \tag{4-28}$$

$$CeO_{2-x}+\frac{1}{2}x\,O_2 \rightleftharpoons CeO_2 \tag{4-29}$$

$$NO_2+C \rightleftharpoons NO+SOC \tag{4-30}$$

$$SOC \longrightarrow CO/CO_2+C \tag{4-31}$$

$$O+C \longrightarrow SOC \tag{4-32}$$

当柴油发动机尾气中存在 NO 且温度高于 300℃时，催化剂表面的碳烟氧化可能遵循 NO_2 辅助机制。首先 NO 在催化剂表面氧化成 NO_2，进而氧化碳烟。NO_2 从催化剂表面到达碳烟的路径不受限制，因此与活性氧机制不同，NO_2 辅助机制不需要考虑催化剂与碳烟是否接触。在柴油发动机尾气中，O_2 是含氧量最多的气体，因此在 NO_2 辅助机制中，O_2 的存在对碳烟燃烧也显得尤为重要。

4.3.3.2 稀土铈基催化材料在柴油车尾气颗粒物燃烧催化剂中的应用

碳烟燃烧催化剂的种类很多，选择一种具有较低起燃温度的催化剂对 DPF 的再生极其重要。贵金属被认为是催化碳烟燃烧活性最好的催化剂，但是贵金属催化剂由于积炭或中毒等原因，比较容易失活，而且贵金属价格昂贵，限制了其在环境催化领域的应用。用于 DPF 中进行碳烟燃烧的催化剂需要满足的条件有适当的活性温度窗口、良好的热稳定性、较高的碳烟燃烧效率、较多的有效接触面积以及良好的抗水性能等。近年来，研究者们发现铈基氧化物也是一种很好的燃烧碳烟催化剂。纯 CeO_2 对 PM 燃烧表现出较高的活性，但是它有一个最主要的缺点，即热稳定性差。纯 CeO_2 经高温焙烧后会严重烧结，导致氧化还原能力急剧下降，从而影响其催化性能。然而，通过对纯 CeO_2 进行修饰可提高其抗烧结能力及催化活性，因此将其用于催化燃烧碳烟具有极大的发展潜力。

（1）掺杂的稀土铈基催化剂

通过将其他金属离子引入 CeO_2 晶格有利于氧空位的形成和氧离子移动性的提高，进而有效提高其氧化还原性能、低温催化活性及热稳定性。其中，四大类元素被用来改性 CeO_2 基碳烟燃烧催化剂，包括贵金属、碱金属及碱土金属、过渡金属、稀土金属。组成、原料比和比表面积都会影响 CeO_2 材料的催化性能。

① 贵金属修饰。在众多的碳烟燃烧贵金属基催化剂中，Pt 基催化剂是目前商业化应用最广泛的一类。究其原因，是其具有很高的碳烟燃烧的催化活性，尤其是在 NO_x 存在的情况下更为显著，并且热稳定性也很高，而 Pt 与 CeO_2 结合可以进一步提高它的催化活性。此外，其他一些贵金属如 Pd、Ag、Au、Rh 等，其较弱的金属—氧键也能促进碳烟燃烧。因此，用这些贵金属修饰 CeO_2 时也能有效提高其催化活性。比如，Lim 等采用浸渍法将贵金属 Pt、Pd 和 Ag 负载在 CeO_2 和 TiO_2 上，制备了一系列负载型金属催化剂[67]。研究表明，在 O_2/N_2 的气氛条件下，Ag/CeO_2 在“紧密接触”和“疏松接触”两种条件下都能表现出优异的碳烟氧化活性。

② 碱金属及碱土金属修饰。由于碱金属具有较好的流动性，因此引入碱金属可以增加催化剂与碳烟的有效接触面积，因而有利于碳烟的催化燃烧。Aneggi 等[68]研究了不同碱金属修饰的稀土铈基催化剂对碳烟燃烧的活性。研究表明，K 和 Cs 修饰的稀土铈基氧化物低温活性最好。Olong 等[69]研究了 Cs 的掺杂量对活性的影响，发现当掺杂量高于 20%时，Cs/CeO_2 的活性最高。Peralta 等[70]发现当 K 的掺杂量为 2%时 K/CeO_2 就能表现出很好的活性，在 364℃时就能达到碳烟的最大燃烧速率。在碱土金属修饰的稀土铈基催化剂中，BaO/CeO_2、CaO/CeO_2 和 MgO/CeO_2 都被证明具有很好的碳烟燃烧效果，其碳烟氧化机理遵循 NO_2 辅助机制。

③ 过渡金属修饰。可变价态的过渡金属如 Mn、Fe、Co、Cu 等修饰的稀土铈基催化剂能表现出很好的氧化还原性能，因而可应用于催化燃烧碳烟。此外，过渡金属价格便宜，因此过渡金属-铈基复合氧化物已成为一类备受研究者们关注的碳烟燃烧催化剂。

He 等[71]研究了 Co、Ni、Cu 修饰的稀土铈基催化剂在碳烟燃烧性能上的差异。研究发现，所有 M/Ce-K-O(M = Co,Ni,Cu)纳米复合材料对碳烟燃烧均表现出较高的催化活性，其中 Cu/Ce-K-O 纳米复合材料的 T_{50} 最低为 315℃，主要原因是其晶格氧含量较高，Cu-O 相互作用强度较弱。张昭良等[72]研究发现，FeCe 复合氧化物具有很好的碳烟氧化活性，尤其是在“紧密接触”条件下。而 Muroyama 等[73]的研究表明，在“紧密接触”时 CuCe 复合氧化物和 MnCe 复合氧化物的低温活性比 FeCe 复合氧化物好。但是无论是 MnCe 复合氧化物还是 FeCe 复合氧化物，它们的高温热稳定性都很差。当焙烧温度高于 650℃时，其催化活性会因活性位的减少而急剧下降。

④ 稀土金属修饰。研究者们将稀土金属（Pr、Tb、Lu、La 等）引入 CeO_2 制备碳烟燃烧催化剂。虽然除了 Pr 以外的其他稀土金属元素都是不可变价态的，氧化还原能力相对较弱，但稀土金属易与 CeO_2 形成固溶体结构，导致 CeO_2 产生晶格畸变，从而提高催化剂的储释氧能力和氧化还原性能。同时，固溶体结构的生成有利于抑制 CeO_2 晶粒的长大，提高稀土铈基催化剂的高温热稳定性。

稀土金属掺杂的催化剂的活性普遍高于纯 CeO_2 材料。Valencia 等[74]发现，$Ce_{0.5}Pr_{0.5}O_2$ 复合氧化物具有 $125m^2/g$ 的高比表面积以及 7nm 的颗粒尺寸。在 NO_x 存在的条件下，甚至比商业用的 Pt 基催化剂表现出更优异的碳烟燃烧活性。

三元铈基复合氧化物会表现出比二元氧化物更好的催化活性，如 Ce-Pr-La、Ce-Zr-Y 固溶体等。但并非所有多元 CeO_2 基氧化物都具有这种特性，La、Pr、Sm、Tb 的掺杂并不能显著提高 $CeZrO_x$ 的碳烟燃烧催化活性。Krishna 等[75]比较 CeO_2、CePr、CeLa 的催化活性发现，纯 CeO_2 的本征活性最高。因此，对于碳烟氧化反应，这些稀土金属修饰的稀土铈基催化剂更多的是一种热稳定性催化剂，而非活性催化剂。

（2）不同结构的稀土铈基催化剂

稀土铈基催化剂可以通过很多种制备方法合成，如共沉淀法、柠檬酸络合燃烧法、溶胶-凝胶法、水热法、溶液燃烧法、固相法、浸渍法、（反相）微乳液法、固相研磨法。同时研究者们发现，增加碳烟颗粒与 CeO_2 催化剂的接触点可以有效提升催化燃烧效率。因此，开发具有新颖结构的稀土铈基催化剂已经成为研究的重点之一。颗粒尺寸较小或者具备特殊形貌的铈基催化剂已被证明具有很好的碳烟燃烧性能，如纳米稀土铈基催化剂、三维有序大孔（3DOM）稀土铈基催化剂等，都可以有效地增加活性位点的数量。

① 纳米稀土铈基催化剂。铈基纳米粒子表面能高，表面氧物种移动性强，因而在“疏松接触”条件下具有更多碳烟燃烧活性点。近年来，研究者致力于开发各种合成路线，以制备得到铈基氧化物纳米颗粒，其合成路线主要包括溶胶-凝胶法、微乳液法、胶体分散法和水热合成法。

Liu 等[76]采用不同的方法制备得到纳米 CeO_2、CoO_x/CeO_2。研究表明，CoO_x/CeO_2 比纳米 CeO_2 具有更优异的碳烟燃烧性能，是目前报道在疏松条件下活性最优异的碳烟催化剂。他们后续又制备了 $CeZrO_x$、$CeYO_x$、Ce-Zr-Pr 等一系列纳米氧化物催化剂，研究发现，$Ce_{0.9}Zr_{0.1}O_2$ 纳米颗粒具有最好的碳烟燃烧活性，其 T_{10}、T_{50} 和 CO_2 选择性分别达到 364℃、442℃和 98.3%。采用旋转蒸发和自蔓延燃烧法结合的方式，制备得到的纳米 Ce-Zr-Pr 催化剂也表现出较好的碳烟燃烧活性。Fang 等[77]制备了 $Ce_{0.7}Zr_{0.3}O_2$、$Ce_{0.7}Pr_{0.3}O_{2-\delta}$ 和 $Ce_{0.7}Gd_{0.3}O_{1.85}$ 的纳米铈基固溶体。该研究发现，三种催化剂的晶粒尺寸分别为 7.3nm、7.8nm 和 11.1nm。在催化碳烟燃烧中，其活性顺序为 $Ce_{0.7}Zr_{0.3}O_2 > Ce_{0.7}Pr_{0.3}O_{2-\delta} > Ce_{0.7}Gd_{0.3}O_{1.85} \approx CeO_2$，说明颗粒尺寸更小的铈锆固溶体纳米颗粒催化剂更适合用于碳烟燃烧反应。

② 三维有序大孔（3DOM）稀土铈基催化剂。碳烟颗粒的尺寸通常大于催化剂的孔道，因而不能充分利用催化剂的内表面，从而限制了其氧化碳烟的活性与速率。3DOM 结构可以扩大稀土铈基催化剂的孔道，使碳烟颗粒可以进入催化剂内部吸附在内表面上，从而大大增加了接触点的数量。

Zhang 等[78]以硝酸铈和氯氧化锆为原料，聚甲基丙烯酸甲酯（PMMA）为模板剂制备得到(3DOM)$Ce_{1-x}Zr_xO_2$ 固溶体。研究表明，该催化剂中存在许多相互交联的大孔道，有利于更多的碳烟进入催化剂孔道。相对于无序结构的催化剂，3DOM 结构的稀土铈基催化剂表现出更好的碳烟燃烧活性。Wei 等[79]先后制备了负载纳米 Au 和纳米 Pt 的(3DOM)$Ce_{1-x}Zr_xO_2$ 催化剂。研究表明，纳米粒子由于具有足够小的尺寸而得以高度分散在大孔的孔道内。3DOM 结构可以有效改善催化剂与碳烟的接触状况，而且纳米 Au(Pt)和载体氧化铈之间的协同效应可以提高活性氧的数量。因此，(3DOM)Au(Pt)/$Ce_{1-x}Zr_xO_2$ 催化剂具有较高的碳烟燃烧活性及热稳定性。该研究还发现，当 NO_x 存在时，(3DOM)Au/$Ce_{1-x}Zr_xO_2$、(3DOM)Pt/$Ce_{1-x}Zr_xO_2$ 和(3DOM) Au-Pt/$Ce_{1-x}Zr_xO_2$

催化剂即使在“疏松接触”下也能使碳烟在 250℃以下起燃，大幅度降低了碳烟的反应温度。

Jin 等[80]通过胶体晶体模板法制备了一系列(3DOM)Al-Ce 复合氧化物。研究表明，$Al_{0.3}Ce_{0.7}O_2$ 具有最佳的碳烟燃烧活性，其 T_{10}、T_{50} 和 T_{90} 分别为 297℃、384℃和 427℃，(3DOM)Al-Ce 催化剂比(DM)Al-Ce 催化剂表现出更好的碳烟催化性能。Yu 等[34]制备了(3DOM)$Mn_xCe_{1-x}O_2$ 和(3DOM)Pt/$Mn_{0.5}Ce_{0.5}O_2$ 催化剂。研究发现，在不同 Ce/Mn 比的(3DOM)$Mn_xCe_{1-x}O_2$ 中，(3DOM)$Mn_{0.5}Ce_{0.5}O_2$ 催化剂表现出最佳碳烟燃烧活性。不同 Pt 含量的(3DOM)Pt/$Mn_{0.5}Ce_{0.5}O_2$ 的催化活性都高于(3DOM)$Mn_xCe_{1-x}O_2$，尤其是 3%（质量分数）的 Pt/$Mn_{0.5}Ce_{0.5}O_2$ 表现出最优异的催化活性，其 T_{50} 和 CO_2 选择性分别达到 342℃和 96.7%。该研究还发现，Mn 与 Ce 之间、Pt 与 $Mn_{0.5}Ce_{0.5}O_2$ 之间的协同作用也对催化剂的高活性作出重要贡献。

（3）稀土铈基催化剂的热稳定性。由于在商业应用中，催化剂是与 DPF 结合使用的，若催化剂的稳定性不高，则需要经常再生或更换 DPF，从而产生经济及工作强度上的一系列问题。因此，判断催化剂的性能，不仅要考虑其是否具有高活性，还应考虑其稳定性的问题。

纯 CeO_2 的热稳定性较差，当温度高于 500℃时，CeO_2 晶粒快速生长形成大颗粒，即烧结失活。但修饰过的稀土铈基催化剂或具有特定形貌的稀土铈基催化剂则可能表现出较高的热稳定性。Wu 等[81, 82]将 BaO、Al_2O_3 添加到二元 CeO_2 基氧化物中制备了 Ba/MnO_x-CeO_2、MnO_x-CeO_2/Al_2O_3 催化剂。研究发现，BaO、Al_2O_3 可以有效抑制 CeO_2 晶粒的长大，提高了热稳定性。当焙烧温度为 800℃时，其活性基本维持不变。此外，将 BaO 掺入碱金属修饰的稀土铈基催化剂中能有效改善其热稳定性，如 Ba-K/CeO_2 相比于 K/CeO_2 表现出更高的热稳定性，其在 800℃下处理 30 小时还能保持原有的活性。

4.4 稀土铈基催化材料在清洁燃料机动车尾气催化净化中的应用

随着能源短缺问题日益严重以及人们对大气污染问题的愈发重视，我国对于机动车的尾气排放标准也日益严格。在这样的发展大环境下，选择一种污染小，储量大的新型燃料来替代汽油和柴油已经成为一种趋势。目前备选的替代燃料主要包括压缩天然气、液化天然气、含氧燃料（如醇类）等（图 4-9）。此外还有氢气、电力驱动的新能源机动车等。

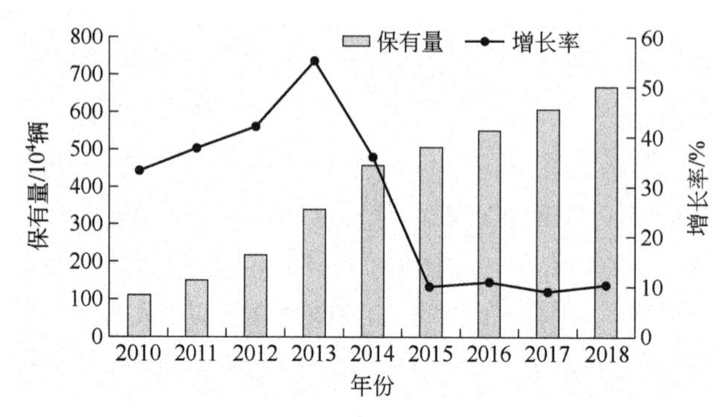

图 4-9　2010～2018 年我国天然气汽车保有量[83]

相比于汽油，液态天然气的体积仅为气态时的 1/600，这有利于运输和储存。天然气可用于干发电，而且发电效率高、建设成本低、建设速度快。在成本方面，天然气比煤气便宜大约 34%～88%、比液化石油气便宜约 38%～52%、比电力便宜约 63%～80%。天然气还是一种优质汽车燃料，它具有良好的抗爆性能，而且由于其本身是气态、与空气混合均匀、燃烧完全、不会结炭，可提高热效率 10%以上。与使用汽油燃料相比，天然气燃烧后的 CO 排放量减少 97%，HC 减少 72%，NO_x 减少 39%，CO_2 减少 24%，SO_2 减少 90%，苯、铅等粉尘减少 100%；与使用柴油燃料的机动车相比，天然气机动车尾气中有机污染物可降低 95%以上，颗粒物降低 96.7%，总体的毒性可降低 95%，所以天然气是一种低污染的机动车燃料。

含氧燃料的开发与使用也是目前发展清洁能源的趋势之一。在含氧燃料中，人们通常会添加乙醇，此外还会添加甲醇、二甲醚等物质。对于乙醇汽油，GB 18351—2017 中提出明确要求，乙醇加入量为 10%（体积分数），并且严禁添加其他含氧物质，这样的乙醇汽油可以用作车用点燃式发动机的燃料。乙醇汽油能够提高汽油的辛烷值和含氧量，使得燃料燃烧更为充分，减少了汽车尾气中污染物的排放，对环境的污染较小。另外乙醇可以通过谷物发酵[84]、甘蔗分解[85]方法获得，这在一定程度上降低了汽油的成本，提供了一种利用生物质的新思路，拓宽了农业的发展道路，减少了对化石燃料的需求，在一定程度上能够缓解国家对于化石燃料的需求。使用乙醇汽油不仅能够降低环境污染，而且在粮食、能源、生态等方面具有重要的战略意义。

4.4.1 稀土铈基催化材料在CNG汽车尾气处理中的作用

清洁燃料车尾气的主要成分为CH_4、NO_x和CO，因此，TWC转化器目前也同样适用于清洁燃料车的尾气处理[6-9]。TWC在CNG车尾气处理中除了会发生氧化还原反应和水煤气变换等反应，未参与燃烧而排放出来的甲烷还会发生甲烷蒸汽转换反应：

$$CH_4+H_2O \longrightarrow CO+3H_2 \tag{4-33}$$

$$CH_4+2H_2O \longrightarrow CO_2+4H_2 \tag{4-34}$$

由于甲烷的起燃温度相比于其他烷烃高，且不容易被完全氧化，传统用于净化汽油车尾气的TWC不能同时氧化天然气汽车尾气中的所有烃类（尤其是CH_4）。因此，如何降低CH_4的起燃温度以及提高催化剂稳定性是值得关注的问题。

含Pd催化剂具有良好的甲烷氧化活性[86]，是目前在清洁燃料车上催化效率最高的催化剂。虽然Pd的催化效率以及水热稳定性比Pt要高，但是抗硫能力相对较弱，因此也有汽车厂家采用Rh和Pt来作为催化剂的催化活性组分[87]。为了进一步提高催化剂催化活性、水热稳定性以及抗硫性能，通常还会在催化剂中添加一些助剂，如碱土金属（如Mg、Ca、Ba）[88]、稀土金属（如La、Ce、Y）[89]以及过渡金属（如Mn、Fe、Co、Ni）[90]。其中，由于CeO_2具有抗积炭、提高金属热稳定性和促进金属分散等作用[91]，因此目前有大量工作研究CeO_2在低温以及高温下的甲烷氧化反应[92]。但是，稀土铈基催化材料会与H_2O发生非常强烈的相互作用[93，94]，其催化活性会随着使用时间推移而不断降低。龚茂初等[95]制备了具有不同组成的天然气汽车尾气催化剂并对其进行了详细表征。掺杂了Ce的催化剂上CO和NO_x的转化率与未掺杂Ce的催化剂相比没有太大的差异，但是CH_4的起燃温度大幅降低，这有利于扩大催化剂的整体活性温度区间。另外，催化剂在掺杂了Ce后抗水热老化能力也得到了提升，经过1000℃水热老化处理后，掺杂Ce催化剂的CH_4起燃温度依然远低于未掺杂Ce的催化剂。

如果向CeO_2中掺入一定量的ZrO_2，其催化性能会得到非常明显的改善，能够更加符合三效催化剂的工作要求，如具有高比表面积、高稳定性、高热导率和高氧化还原电位。因此目前应用相对广泛的催化剂助剂为 CeO_2-ZrO_2 复合氧化物，它具有比较好的储释氧能力和更高的水热稳定性[96-101]。另外，CeO_2-ZrO_2 复合氧化物能够稳定 PdO 物种，增强 Pd/PdO 分散性，促进氧从 Ce-Zr 基团向 Pd 迁移，从而提高甲烷的催化氧化效率[102]。此外，王煜炎等[103]发现通过向 NiO/TiO_2 催化体系中掺杂 Ce 可以延长催化剂的使用寿命，提高催化剂分散性，减小催化剂晶粒尺寸，扩大 CH_4 催化氧化活性区间。Liu 等[104]发现在稀燃天然气工况条件下，将稀土元素（Ce，Y，Pr）引入镧-锆-铝载体对 Pd 催化剂的甲烷催化氧化性能非常有效。

4.4.2 稀土铈基催化材料在含氧燃料汽车尾气处理中的应用

在含氧燃料汽车尾气污染物中，CO 的排放量明显降低，但 NO_x 的排放量变化不大，甚至会有所增加。此外，一些非常规污染物如乙醛、乙醇等低分子量含氧有机物排放量也会增加。同时含氧燃料汽车尾气容易使 TWC 上产生积炭，阻碍催化剂工作，减少催化剂的使用寿命。针对含氧燃料汽车尾气的特性，催化净化法是目前降低机动车尾气中乙醇和乙醛等含氧有机物排放最有效的措施。

针对含氧燃料汽油车尾气排放中的乙醇等有机污染物，张政委等[105]通过浸渍法制备了含 Cu 和 Ce 的催化剂，并对比考察了不同 Cu 和 Ce 比例对乙醇完全氧化性能的影响，确定了 Ce/Cu 摩尔比在 3～5 之间催化活性最好。他们认为分散在 CeO_2 表面 CuO 中的 Cu^{2+}能够进入 CeO_2 晶格中，这有利于催化剂对乙醇的催化氧化。饶婷等[106]向 CeO_2 中分别掺杂 Mn、Fe、Co、Ni、Cu 等过渡金属，制备不同的铈基固溶体并进行乙醇氧化性能测试。尽管掺杂了不同元素的固溶体催化活性曲线有所差异，但是乙醇转化率都能达到 90%以上。

Liu 等[107]利用超声波辅助共沉淀法合成了以 CeZrAl 为载体的 Pd 基催化剂，通过该方法制备的催化剂中，Pd 与 $CeZrO_x$ 的相互作用得到增强。与未经过超声辅助制备的催化剂相比，乙醇的起燃温度降低了 30℃，通过提高尾气反应 $C_2H_5OH+2NO+2O_2 \longrightarrow N_2+2CO_2+3H_2O$ 的反应效率，超声波辅助振动共沉淀法制备的 Pd/$CeZrO_x$ 催化剂还具有更高的 NO 消除能力。

另外，利用铈锰材料来对尾气中的有机化合物进行催化氧化也已经被广泛地研究[108]。张杰[109]和饶婷[110]等制备了 M-Ce-O 和 M-Ce-Zr-O（M = Mn，Cu）催化剂，测试了这两种催化剂的乙醇氧化活性和储释氧性能。性能测试中将 CO_2 的转换率达到 50%时所处的温度点作为催化剂的起燃温度（T_{50}），起燃温度越低，说明催化剂的乙醇氧化活性越好，以 CO_2 的转换率达到 90%所处的温度点（T_{90}）作为催化剂完全氧化的标志，以 $T_{90}-T_{50}$ 的值作为催化反应的反应速度来考察催化剂的动力学性能。T_{50} 和 T_{90} 的数据见表 4-2。

表 4-2　$M_{0.1}Ce_{0.9}O_x$和 $M_{0.1}Ce_{0.6}Zr_{0.3}O_x$催化乙醇氧化活性及动力学性能[109, 110]

单位：℃

项目	$M_{0.1}Ce_{0.9}O_x$		$M_{0.1}Ce_{0.6}Zr_{0.3}O_x$		$Ce_{0.67}Zr_{0.33}O_x$
	Mn	Cu	Mn	Cu	—
T_{50}	248	262	280	273	305
T_{90}	293	333	330	319	398
$T_{90}-T_{50}$	45	71	50	46	93

从表中可以看到，过渡金属掺杂的铈锆复合氧化物具有更好的乙醇氧化活性，且催化速度快。比较 $M_{0.1}Ce_{0.9}O_x$ 与 $M_{0.1}Ce_{0.6}Zr_{0.3}O_x$ 的起燃温度 T_{50} 发现，$M_{0.1}Ce_{0.9}O_x$ 复合氧化物的催化活性均好于对应 $M_{0.1}Ce_{0.6}Zr_{0.3}O_x$，这可能与样品中 Ce 的含量有关，因为 Ce 也具有一定的催化活性。在 200～300℃时，$Mn_{0.1}Ce_{0.9}O_x$ 的性能好于 $Mn_{0.1}Ce_{0.6}Zr_{0.3}O_x$，而 Cu 的正好相反，这一结果与表面吸附氧的比例有关。由于氧在 CeO_2 中的扩散是空位机理，氧空位与氧的迁移性能密切相关，表面氧空位越多，氧迁移性能越好，催化效率也就越高。

4.5　稀土铈基催化材料用于移动源尾气处理的发展趋势

当今世界环境和发展已是全球关注的焦点，如何有效地治理城市机动车尾气的污染，是机动车行业面临的一项紧迫任务。催化净化技术是解决机动车尾气污染的最有效的方法，基于时代的要求，开发新一代的高效催化剂势在必行。

综上来看，基于污染排放控制标准的日益提高、燃油经济性和冷启动等方面的考虑，机动车催化技术的发展趋势是尽可能降低起燃温度、提升 NO_x 脱除效率以及提高催化剂使用寿命，这就需要催化剂在多方面开展工作：一是在贵金属负载方面取得突破，探究如何提高贵金属的分散性，提升原子利用率来降低贵金属用量；二是在高性能稀土储氧材料、耐高温高比表面材料和耐久性涂层的制备等技术上取得突破性进展。相信随着对稀土铈基催化材料认识的逐步深入和各类合成技术、表征手段的不断发展，性能更为优良的稀土铈基催化剂将在不远的将来问世。

参考文献

[1] 屠约峰. 天然气汽车尾气净化催化剂研究进展[J]. 工业催化, 2017, 25(7): 14-17.

[2] Özer S. The effect of diesel fuel-tall oil/ethanol/methanol/isopropyl/n-butanol/fusel oil mixtures on engine performance and exhaust emissions[J]. Fuel, 2020, 281: 118671.

[3] Rakopoulos D C, Rakopoulos C D, Papagiannakis R G, et al. Combustion and emissions in an HSDI engine running on diesel or vegetable oil base fuel with *n*-butanol or diethyl ether as a fuel extender[J]. Journal of Energy Engineering, 2016, 142(2): E4015006.

[4] Krishna M V S M, Prakash T O, Ushasri P, et al. Experimental investigations on direct injection diesel engine with ceramic coated combustion chamber with carbureted alcohols and crude jatropha oil[J]. Renewable and Sustainable Energy Reviews, 2016, 53: 606-628.

[5] Shelef M, McCabe R W. Twenty-five years after introduction of automotive catalysts: What next?[J]. Catalysis Today, 2000, 62(1): 35-50.

[6] Aslam M U, Masjuki H H, Kalam M A, et al. An experimental investigation of CNG as an alternative fuel for a retrofitted gasoline vehicle[J]. Fuel, 2006, 85(5/6): 717-724.

[7] Jahirul M I, Masjuki H H, Saidur R, et al. Comparative engine performance and emission analysis of CNG and gasoline in a retrofitted car engine[J]. Applied Thermal Engineering, 2010, 30(14/15): 2219-2226.

[8] Turrio-Baldassarri L, Battistelli C L, Conti L, et al. Evaluation of emission toxicity of urban bus engines: Compressed natural gas and comparison with liquid fuels[J]. Science of the Total Environment, 2006, 355(1/2/3): 64-77.

[9] Wei L J, Geng P. A review on natural gas/diesel dual fuel combustion, emissions and performance[J]. Fuel Processing Technology, 2016, 142: 264-278.

[10] Monte R D, Kašpar J. On the role of oxygen storage in three-way catalysis[J]. Topics in Catalysis, 2004, 28(1/2/3/4): 47-57.

[11] Trovarelli A. Catalytic properties of ceria and CeO_2-containing materials[J]. Catalysis Reviews, 1996, 38(4): 439-520.

[12] Morikawa A, Suzuki T, Kanazawa T, et al. A new concept in high performance ceria-zirconia oxygen storage capacity material with Al_2O_3 as a diffusion barrier[J]. Applied Catalysis B: Environmental, 2008, 78(3/4): 210-221.

[13] Guo J, Gong M, Yuan S, et al. Effect of BaO on catalytic activity of Pt-Rh TWC[J]. Journal

of Rare Earths, 2006, 24(5): 554-559.

[14] Guo J, Shi Z, Wu D, et al. A comparative study of SrO and BaO doping to CeO_2-ZrO_2: Characteristic and its catalytic performance for three-way catalysts[J]. Materials Research Bulletin, 2013, 48(2): 495-503.

[15] Fernández-García M, Martínez-Arias A, Guerrero-Ruiz A, et al. Ce-Zr-Ca ternary mixed oxides: Structural characteristics and oxygen handling properties[J]. Journal of Catalysis, 2002, 211(2): 326-334.

[16] An Y, Shen M Q, Wang J. Comparison of the microstructure and oxygen storage capacity modification of $Ce_{0.67}Zr_{0.33}O_2$ from CaO and MgO doping[J]. Journal of Alloys and Compounds, 2007, 441(1/2): 305-310.

[17] Terribile D, Trovarelli A, de Leitenburg C, et al. Catalytic combustion of hydrocarbons with Mn and Cu-doped ceria-zirconia solid solutions[J]. Catalysis Today, 1999, 47(1/2/3/4): 133-140.

[18] Li G, Wang Q, Zhao B, et al. A new insight into the role of transition metals doping with CeO_2-ZrO_2 and its application in Pd-only three-way catalysts for automotive emission control[J]. Fuel, 2012, 92(1): 360-368.

[19] Li G, Wang Q, Zhao B, et al. Promoting effect of synthesis method on the property of nickel oxide doped CeO_2-ZrO_2 and the catalytic behaviour of Pd-only three-way catalyst[J]. Applied Catalysis B: Environmental, 2011, 105(1/2): 151-162.

[20] Li G, Wang Q, Zhao B, et al. Effect of iron doping into CeO_2-ZrO_2 on the properties and catalytic behaviour of Pd-only three-way catalyst for automotive emission control[J]. Journal of Hazardous Materials, 2011, 186(1): 911-920.

[21] Wang J Q, Shen M Q, Wang J, et al. Effect of cobalt doping on ceria-zirconia mixed oxide: Structural characteristics, oxygen storage/release capacity and three-way catalytic performance[J]. Journal of Rare Earths, 2012, 30(9): 878-883.

[22] Xiao G, Li S, Li H, et al. Synthesis of doped ceria with mesoporous flowerlike morphology and its catalytic performance for CO oxidation[J]. Microporous and Mesoporous Materials, 2009, 120(3): 426-431.

[23] Vidmar P, Fornasiero P, Kašpar J, et al. Effects of trivalent dopants on the redox properties of $Ce_{0.6}Zr_{0.4}O_2$ Mixed oxide[J]. Journal of Catalysis, 1997, 171(1): 160-168.

[24] Jeong H, Kwon O, Kim B S, et al. Highly durable metal ensemble catalysts with full dispersion for automotive applications beyond single-atom catalysts[J]. Nature Catalysis, 2020, 3(4): 368-375.

[25] Bauerle G L, Sorensen L L, Nobe K. Nitric-oxide reduction on copper-nickel catalysts[J]. Industrial & Engineering Chemistry Product Research and Development, 1974, 13: 61-64.

[26] 袁贤鑫, 罗孟飞, 陈敏, 等. 净化含氮有机污染物的催化剂及工艺[J]. 环境科学, 1992, 13(1): 58-62.

[27] 董林, 陈懿. 一些离子化合物在 CeO_2 和 γ-Al_2O_3 载体上的分散嵌入模型的新证据[J]. 催化学报, 1995, 16(2): 85-86.

[28] Liu L, Yao Z, Liu B, et al. Correlation of structural characteristics with catalytic performance of CuO/$Ce_xZr_{1-x}O_2$ catalysts for NO reduction by CO[J]. Journal of Catalysis, 2010, 275(1): 45-60.

[29] Yao X, Yu Q, Ji Z, et al. A comparative study of different doped metal cations on the reduction, adsorption and activity of $CuO/Ce_{0.67}M_{0.33}O_2$ ($M = Zr^{4+}$, Sn^{4+}, Ti^{4+}) catalysts for NO plus CO reaction[J]. Applied Catalysis B: Environmental, 2013, 130/131: 293-304.

[30] Cao Y, Liu L, Gao F, et al. Understanding the effect of CuO dispersion state on the activity of CuO modified $Ce_{0.7}Zr_{0.3}O_2$ for NO removal[J]. Applied Surface Science, 2017, 403: 347-355.

[31] Hou X, Qian J, Li L, et al. Preparation and investigation of iron-cerium oxide compounds for NO_x Reduction[J]. Industrial & Engineering Chemistry Research, 2018, 57(49): 16675-16683.

[32] Yao X, Xiong Y, Sun J, et al. Influence of MnO_2 modification methods on the catalytic performance of CuO/CeO_2 for NO reduction by CO[J]. Journal of Rare Earths, 2014, 32(2): 131-138.

[33] Yao X, Xiong Y, Zou W, et al. Correlation between the physicochemical properties and catalytic performances of $Ce_xSn_{1-x}O_2$ mixed oxides for NO reduction by CO[J]. Applied Catalysis B: Environmental, 2014, 144: 152-165.

[34] Yu X H, Li J M, Wei Y C, et al. Three-dimensionally ordered macroporous $Mn_xCe_{1-x}O_\delta$and $Pt/Mn_{0.5}Ce_{0.5}O_\delta$ catalysts: Synthesis and catalytic performance for soot oxidation[J]. Industrial & Engineering Chemistry Research, 2014, 53(23): 9653-9664.

[35] Zammit M, DiMaggio C L, Kim C H, et al. Future automotive aftertreatment solutions: The 150℃ challenge workshop report[R]. United States:PNNL 2013.

[36] Liu X, Jia S, Yang M, et al. Activation of subnanometric Pt on Cu-modified CeO_2 via redox-coupled atomic layer deposition for CO oxidation[J]. Nature Communications, 2020, 11: 4240.

[37] Lin A, Ibrahim A A, Arab P, et al. Palladium nanoparticles supported on Ce-metal-organic framework for efficient CO oxidation and low-temperature CO_2 capture[J]. ACS Applied Materials & Interfaces, 2017, 9(21): 17961-17968.

[38] Jiang H L, Liu B, Akita T, et al. Au@ZIF-8: CO oxidation over gold nanoparticles deposited to metal-organic framework[J]. Journal of the American Chemical Society, 2009, 131(32): 11302-11303.

[39] Liang Q, Zhao Z, Liu J, et al. Pd nanoparticles deposited on metal-organic framework of MIL-53(Al): An active catalyst for CO oxidation[J]. Acta Physico-Chimica Sinica, 2014, 30(1): 129-134.

[40] Zhao Y, Zhong C L, Liu C J. Enhanced CO oxidation over thermal treated Ag/Cu-BTC[J]. Catalysis Communications, 2013, 38: 74-76.

[41] El-Shall M S, Abdelsayed V, Khder A E R S, et al. Metallic and bimetallic nanocatalysts incorporated into highly porous coordination polymer MIL-101[J]. Journal of Materials Chemistry, 2009, 19(41): 7625.

[42] Russell A, Epling W S. Diesel oxidation catalysts[J]. Catalysis Reviews, 2011, 53(4): 337-423.

[43] Kim C, Schmid M, Schmieg S. The effect of Pt-Pd ratio on oxidation catalysts under simulated diesel exhaust[J]. SAE Technical Papers.

[44] Ferreira A P, Zanchet D, Rinaldi R, et al. Effect of the CeO_2 content on the surface and structural properties of CeO_2-Al_2O_3 mixed oxides prepared by sol-gel method[J]. Applied Catalysis A: General, 2010, 388(1/2): 45-56.

[45] Ha H, Yoon S, An K, et al. Catalytic CO oxidation over Au nanoparticles supported on CeO_2 nanocrystals: Effect of the Au-CeO_2 interface[J]. ACS Catalysis, 2018, 8(12): 11491-11501.

[46] Grabchenko M V, Mamontov G V, Zaikovskii V I, et al. The role of metal-support interaction in Ag/CeO_2 catalysts for CO and soot oxidation[J]. Applied Catalysis B: Environmental, 2020, 260: 118148.

[47] Mock S A, Sharp S E, Stoner T R, et al. CeO_2 nanorods-supported transition metal catalysts for CO oxidation[J]. Journal of Colloid and Interface Science, 2016, 466: 261-267.

[48] Papadopoulos C, Kappis K, Papavasiliou J, et al. Copper-promoted ceria catalysts for CO oxidation reaction[J]. Catalysis Today, 2020, 355: 647-653.

[49] Wang Y, Li D, Li K, et al. Enhanced propane and carbon monoxide oxidation activity by structural interactions of CeO_2 with MnO_x/Nb_2O_{5-x} catalysts[J]. Applied Catalysis B: Environmental, 2020, 267: 118363.

[50] Liang Y, Ding X, Dai J, et al. Active oxygen-promoted NO catalytic on monolithic Pt-based diesel oxidation catalyst modified with Ce[J]. Catalysis Today, 2019, 327: 64-72.

[51] Xia Y, Lao J, Ye J, et al. Role of two-electron defects on the CeO_2 surface in CO preferential oxidation over CuO/CeO_2 catalysts[J]. ACS Sustainable Chemistry & Engineering, 2019, 7(22): 18421-18433.

[52] Spezzati G, Benavidez A D, DeLaRiva A T, et al. CO oxidation by Pd supported on CeO_2(100) and CeO_2(111) facets[J]. Applied Catalysis B: Environmental, 2019, 243: 36-46.

[53] Li J H, Liu Z Q, Cullen D A, et al. Distribution and valence state of Ru species on CeO_2 supports: Support shape effect and its influence on CO oxidation[J]. ACS Catalysis, 2019, 9(12): 11088-11103.

[54] Carrettin S, Concepción P, Corma A, et al. Nanocrystalline CeO_2 increases the activity of Au for CO oxidation by two orders of magnitude[J]. Angewandte Chemie, 2004, 116(19): 2592-2594.

[55] Wang H, Luo S, Zhang M, et al. Roles of oxygen vacancy and O_x^- in oxidation reactions over CeO_2 and Ag/CeO_2 nanorod model catalysts[J]. Journal of Catalysis, 2018, 368: 365-378.

[56] Takagi M, Kawai T, Soma M, et al. The mechanism of reaction between NO_x and NH_3 on V_2O_5 in presence of oxygen[J]. Journal of Catalysis, 1977, 50(3): 441-446.

[57] Fei Z, Yang Y, Wang M, et al. Precisely fabricating Ce-O-Ti structure to enhance performance of Ce-Ti based catalysts for selective catalytic reduction of NO with NH_3[J]. Chemical Engineering Journal, 2018, 353: 930-939.

[58] Li L, Wang L, Pan S, et al. Effects of cerium on the selective catalytic reduction activity and structural properties of manganese oxides supported on multi-walled carbon nanotubes catalysts[J]. Chinese Journal of Catalysis, 2013, 34(6): 1087-1097.

[59] Zhao X, Mao L, Dong G. Mn-Ce-V-WO_x/TiO_2 SCR catalysts: Catalytic activity, stability and interaction among catalytic oxides[J]. Catalysts, 2018, 8(2): 76.

[60] Li C, Shen M, Wang J, et al. New insights into the role of WO_3 in improved activity and ammonium bisulfate resistance for NO reduction with NH_3 over V-W/Ce/Ti catalyst[J]. Industrial & Engineering Chemistry Research, 2018, 57(25): 8424-8435.

[61] Fan J, Ning P, Wang Y, et al. Significant promoting effect of Ce or La on the hydrothermal stability of Cu-SAPO-34 catalyst for NH_3-SCR reaction[J]. Chemical Engineering Journal, 2019, 369: 908-919.

[62] Trigueiro F E, Monteiro D F J, Zotin F M Z, et al. Thermal stability of Y zeolites containing different rare earth cations[J]. Journal of Alloy and Compounds, 2002, 344(1/2): 337-341.

[63] Yu S Q, Tian H, Dai Z, et al. Mechanism of the influence of lanthanum and cerium on the stability of Y-zeolite[J]. Chinese Journal of Catalysis, 2010, 31(10): 1263-1270.

[64] 蒋镇宇, 朱会田, 张建军. 车用柴油机尾气排放与综合控制[J]. 内燃机, 2002(1): 29-33.

[65] 郭秀丽, 贾卫平, 亓占丰. DPF过滤材料研究现状及发展趋势[J]. 小型内燃机与摩托车, 2013, 42(5): 82-85.

[66] Fang P, Luo M F, Lu J Q, et al. Studies on the oxidation properties of nanopowder CeO_2-based solid solution catalysts for model soot combustion[J]. Thermochimica Acta, 2008, 478(1/2): 45-50.

[67] Lim C, Kusaba H, Einaga H, et al. Catalytic performance of supported precious metal catalysts for the combustion of diesel particulate matter[J]. Catalysis Today, 2011, 175(1): 106-111.

[68] Aneggi E, Leitenburg C, Dolcetti G, et al. Promotional effect of rare earths and transition metals in the combustion of diesel soot over CeO_2 and CeO_2-ZrO_2[J]. Catalysis Today, 2006, 114(1): 40-47.

[69] Olong N E, Stöwe K, Maier W F. A combinatorial approach for the discovery of low temperature soot oxidation catalysts[J]. Applied Catalysis B: Environmental, 2007, 74(1/2): 19-25.

[70] Peralta M A, Milt V G, Cornaglia L M, et al. Stability of Ba, K/CeO_2 catalyst during diesel soot combustion: Effect of temperature, water, and sulfur dioxide[J]. Journal of Catalysis, 2006, 242(1): 118-130.

[71] He F, Jing M, Meng X, et al. Preparation and comparison of M/Ce-K-O (M=Co, Ni, Cu) nanocomposites on catalytic soot combustion[J]. Advanced Materials Research, 2013, 699: 150-154.

[72] Zhang Z L, Han D, Wei S J, et al. Determination of active site densities and mechanisms for soot combustion with O_2 on Fe-doped CeO_2 mixed oxides[J]. Journal of Catalysis, 2010, 276(1): 16-23.

[73] Muroyama H, Asajima H, Hano S, et al. Effect of an additive in a CeO_2-based oxide on catalytic soot combustion[J]. Applied Catalysis A: General, 2015, 489: 235-240.

[74] Valencia M, Lopez E, Andrade S, et al. Evidences of the cerium oxide-catalysed DPF regeneration in a real diesel engine exhaust[J]. Topics in Catalysis, 2013, 56: 452-456.

[75] Krishna K, Bueno-Lopez A, Makkee M, et al. Potential rare earth modified CeO_2 catalysts for soot oxidation: Ⅰ. Characterisation and catalytic activity with O_2[J]. Applied Catalysis B: Environmental, 2007, 75(3/4): 189-200.

[76] Liu J, Zhao Z, Wang J, et al. The highly active catalysts of nanometric CeO_2-supported

cobalt oxides for soot combustion[J]. Applied Catalysis B: Environmental, 2008, 84(1/2): 185-195.

[77] Fang P, Luo M F, Lu J Q, et al. Studies on the oxidation properties of nanopowder CeO_2-based solid solution catalysts for model soot combustion[J]. Thermochimica Acta, 2008, 478(1/2): 45-50.

[78] Zhang G, Zhao Z, Liu J, et al. Three dimensionally ordered macroporous $Ce_{1-x}Zr_xO_2$ solid solutions for diesel soot combustion[J]. Chemical Communications, 2010, 46: 457-459.

[79] Wei Y, Zhao Z, Jin B, et al. Synthesis of AuPt alloy nanoparticles supported on 3D ordered macroporous oxide with enhanced catalytic performance for soot combustion[J]. Catalysis Today, 2015, 251: 103-113.

[80] Jin B, Wei Y, Zhao Z, et al. Three-dimensionally ordered macroporous CeO_2/Al_2O_3-supported Au nanoparticle catalysts: Effects of CeO_2 nanolayers on catalytic activity in soot oxidation[J]. Chinese Journal of Catalysis, 2017, 38(9): 1629-1641.

[81] Wu X, Lin F, Wang L, et al. Preparation methods and thermal stability of Ba-Mn-Ce oxide catalyst for NO_x-assisted soot oxidation[J]. Journal of Environmental Sciences, 2011, 23(7): 1205-1210.

[82] Wu X, Liu S, Weng D, et al. MnO_x-CeO_2-Al_2O_3 mixed oxides for soot oxidation: Activity and thermal stability[J]. Journal of Hazardous Materials, 2011, 187(1/2/3): 283-290.

[83] 王意东, 何太碧, 汪霞, 等. 中国天然气汽车产业未来发展建议[J]. 天然气工业, 2020, 40(7): 106-112.

[84] Jeevan Kumar S P, Sampath Kumar N S, Chintagunta A D. Bioethanol production from cereal crops and lignocelluloses rich agro-residues: Prospects and challenges[J]. SN Applied Sciences, 2020, 2(10): 1673.

[85] Gehrmann S, Tenhumberg N. Production and use of sustainable C_2～C_4 alcohols–an industrial perspective[J]. Chemie Ingenieur Technik, 2020, 92(10): 1444-1458.

[86] Centi G. Supported palladium catalysts in environmental catalytic technologies for gaseous emissions[J]. Journal of Molecular Catalysis A: Chemical, 2001, 173(1/2): 287-312.

[87] Huang C, Shan W, Lian Z, et al. Recent advances in three-way catalysts of natural gas vehicles[J]. Catalysis Science & Technology, 2020, 10(19): 6407-6419.

[88] Auvray X, Lindholm A, Milh M, et al. The addition of alkali and alkaline earth metals to Pd/Al_2O_3 to promote methane combustion. Effect of Pd and Ca loading[J]. Catalysis Today, 2018, 299: 212-218.

[89] Colussi S, Trovarelli A, Cristiani C, et al. The influence of ceria and other rare earth promoters on palladium-based methane combustion catalysts[J]. Catalysis Today, 2012, 180(1): 124-130.

[90] Willis J J, Goodman E D, Wu L, et al. Systematic identification of promoters for methane oxidation catalysts using size- and composition-controlled Pd-based bimetallic nanocrystals[J]. Journal of the American Chemical Society, 2017, 139(34): 11989-11997.

[91] Chen X, Delgado J J, Gatica J M, et al. Preferential oxidation of CO in the presence of excess of hydrogen on Ru/Al_2O_3 catalyst: Promoting effect of ceria-terbia mixed oxide[J]. Journal of Catalysis, 2013, 299: 272-283.

[92] Dai Q, Wu J, Deng W, et al. Comparative studies of Pt/CeO_2 and Ru/CeO_2 catalysts for

catalytic combustion of dichloromethane: From effects of H_2O to distribution of chlorinated by-products[J]. Applied Catalysis B: Environmental, 2019, 249: 9-18.
[93] Xie S, Liu Y, Deng J, et al. Three-dimensionally ordered macroporous CeO_2-supported Pd@Co nanoparticles: Highly active catalysts for methane oxidation[J]. Journal of Catalysis, 2016, 342: 17-26.
[94] Fornasiero P, Balducci G, Di Monte R, et al. Modification of the redox behaviour of CeO_2 induced by structural doping with ZrO_2[J]. Journal of Catalysis, 1996, 164(1): 173-183.
[95] 赵彬, 龚茂初, 张怀红, 等. 含新型稀土储氧材料的高性能天然气汽车尾气净化 Pd 催化剂[J]. 中国稀土学报, 2003, 21(增刊 2): 98-100.
[96] Vidal H, Kašpar J, Pijolat M, et al. Redox behavior of CeO_2-ZrO_2 mixed oxides: Ⅰ. Influence of redox treatments on high surface area catalysts[J]. Applied Catalysis B: Environmental, 2000, 27(1): 49-63.
[97] Vlaic G, Di Monte R, Fornasiero P, et al. The CeO_2-ZrO_2 system: Redox properties and structural relationships[J]. Studies in Surface Science and Catalysis, 1998, 116: 185-195.
[98] Alifanti M, Baps B, Blangenois N, et al. Characterization of CeO_2-ZrO_2 mixed oxides. comparison of the citrate and sol-gel preparation methods[J]. Chemistry of Materials, 2003, 15(2): 395-403.
[99] Liotta L F, Macaluso A, Longo A, et al. Effects of redox treatments on the structural composition of a ceria-zirconia oxide for application in the three-way catalysis[J]. Applied Catalysis A: General, 2003, 240(1/2): 295-307.
[100] Kozlov A I, Kim D H, Yezerets A, et al. Effect of preparation method and redox treatment on the reducibility and structure of supported ceria-zirconia mixed oxide[J]. Journal of Catalysis, 2002, 209(2): 417-426.
[101] He H, Dai H X, Ng L H, et al. Au C T, Pd-, Pt-, and Rh-loaded $Ce_{0.6}Zr_{0.35}Y_{0.05}O_2$ three-way catalysts: An investigation on performance and redox properties[J]. Journal of Catalysis, 2002, 206(1): 1-13.
[102] Fujimoto K I, Ribeiro F H, Avalos-Borja M, et al. Structure and reactivity of PdO_x/ZrO_2 catalysts for methane oxidation at low temperatures[J]. Journal of Catalysis, 1998, 179(2): 431-442.
[103] 王煜炎, 吴刚强, 郎中敏, 等. Ce 助剂对负载型 Ni/TiO_2 催化剂 CO 甲烷化性能的影响[J].现代化工, 2017, 37(9): 107-111.
[104] Liu H, Zhao B, Chen Y, et al. Rare earths (Ce, Y, Pr) modified $Pd/La_2O_3ZrO_2Al_2O_3$ catalysts used in lean-burn natural gas fueled vehicles[J]. Journal of Rare Earths, 2017, 35(11): 1077-1082.
[105] 张政委, 陈志祥, 赖小林, 等. CuO/CeO_2 作为乙醇完全氧化催化剂的结构及性能研究[J]. 烟台大学学报(自然科学与工程版), 2005, 18(4): 257-263.
[106] 饶婷. 过渡金属掺杂 CeO_2 在乙醇汽油车尾气催化剂中的应用研究[D]. 天津：天津大学, 2007.
[107] Liu J, Zhao M, Xu C, et al. Ultrasonic-assisted fabrication and catalytic activity of CeZrAl oxide-supported Pd for the purification of gasohol exhaust[J]. Chinese Journal of Catalysis, 2013, 34(4): 751-757.
[108] Trawczyński J, Bielak B, Miśta W. Oxidation of ethanol over supported manganese

catalysts-effect of the carrier[J]. Applied Catalysis B: Environmental, 2005, 55(4): 277-285.

[109] 张杰. 乙醇汽油对摩托车排放特性与尾气净化催化剂的影响[D]. 天津：天津大学, 2006.

[110] Rao T, Shen M, Jia L, et al. Oxidation of ethanol over Mn-Ce-O and Mn-Ce-Zr-O complex compounds synthesized by sol-gel method[J]. Catalysis Communications, 2007, 8(11): 1743-1747.

第5章

稀土铈基催化材料在固定源氮氧化物催化消除中的基础应用

5.1 固定源 NO_x 污染简介

随着我国工业化的迅猛发展，大气污染已成为当今社会面临的重要问题。氮氧化物（NO_x）是大气污染的主要污染物之一，因其会导致光化学烟雾、酸雨、臭氧层破坏和温室效应等环境问题，而受到了人们的广泛关注。从“十二五”开始，NO_x 就被列为大气污染防治的约束性指标，“十三五”期间已持续成为大气污染物的重点防治对象。近几年，全国各地“超低排放”政策陆续启动，《中华人民共和国环境保护税法》也于2018年1月1日起施行。2018年3月5日，国务院总理李克强在第十三届全国人民代表大会第一次会议的政府工作报告中指出，二氧化硫、氮氧化物要持续减排。根据《环境统计年报》数据统计，2019年全国废气中氮氧化物排放量为1233.9万吨，其中工业源氮氧化物排放量占44.4%，生活源氮氧化物排放量占4.5%，机动车氮氧化物排放量占51.4%。如图5-1所示，2015～2019年氮氧化物排放量总体呈下降趋势，但总量依然很大。氮氧化物的治理工作仍然任重而道远。

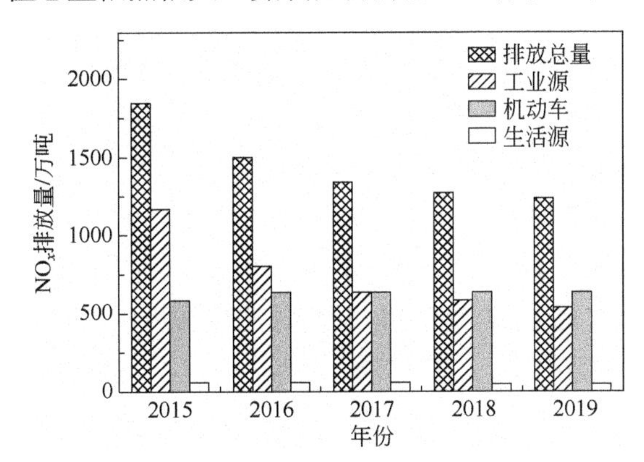

图5-1　2015～2019年全国氮氧化物排放量

氮氧化物的生成机理主要分热力型、燃料型和快速型三种（表5-1）。90%以上的氮氧化物为NO，煤和石油等化石燃料的燃烧是 NO_x 排放的主要源头。

表5-1　氮氧化物的生成机理

项目	热力型	燃料型	快速型
主要反应	$N_2+O \longrightarrow NO+N$ $N+O_2 \longrightarrow NO+O$ $N+OH \longrightarrow NO+H$	N化合物 $\longrightarrow$ 挥发分N 挥发分N $\longrightarrow$ NO	N_2+CH化合物 $\longrightarrow$ HCN化合物 HCN化合物+$O_2 \longrightarrow$ NO

续表

项目	热力型	燃料型	快速型
温度	高温（＞1300℃）	600～800℃	＜1700℃
反应物	空气中的 N_2 和 O_2	燃料中的有机 N 化合物分解后氧化	空气中的 N_2 和原料中的 CH 化合物
形成因素	燃料和空气的充分混合燃烧温度高	过量空气系数高 挥发分含量高	CH 化合物浓度高 氧浓度低

5.1.1 火电行业的 NO_x 排放及治理

火电行业是我国 NO_x 排放的主要污染源，从“十二五”开始，我国已重点推进电力行业的脱硝工作。至 2015 年底，我国火电脱硝装机容量比例已达到总装机容量的 92%[1]，技术工艺较成熟，火电行业的脱硝已成为大气污染防治行业的典范。

火电厂主要以煤、石油、天然气、垃圾等作为燃料，其中煤的使用最为广泛。燃煤电厂锅炉烟气的主要污染物成分有 SO_2、NO_x、SO_3 及碱金属等，其中，NO_x 主要来源于空气中的 N_2 与 O_2 在大于 1300℃高温下的反应，以及燃料中含氮物质的燃烧。NO_x 的排放浓度约为 100～1000mg/m^3（标准状态）[2，3]，SO_2 的排放浓度约为 500～4000mg/m^2（标准状态），省煤器出口的烟气温度约为 300～400℃[4，5]。目前，普遍采用的脱硝技术有选择性催化还原（SCR）和选择性非催化还原（SNCR）工艺。其中 SCR 工艺占我国脱硝市场的 90%以上[6]。SCR 布置方式有高尘布置和低尘布置两种。高尘布置是指将催化剂布置在省煤器和空预器之间，这种布置方式应用的最为广泛。但是由于烟尘含量大，容易造成催化剂堵塞进而导致失活。低尘布置方式是将脱硝装置布置到除尘器之后或尾部，这样大大降低了烟尘飞灰的影响，延长了催化剂的使用寿命。但是，除尘后烟气的温度较低，无法满足现有催化剂的活性温度区间需求，脱硝效率显著降低。若使用重新加热的方式来提高烟气温度，又会增加脱硝运行成本[4]。因此，低温脱硝催化剂的研发已成为发展趋势。此外，现有 SCR 脱硝催化剂的使用年限为 3～5 年[7]。因此，失活催化剂的改造再生是所要面临的另一个重要课题。除上述因素外，研究具有特殊要求的催化剂如抗重金属、碱金属等中毒的催化剂，以适应电厂烟道尾气的特殊成分也是必要的发展方向。垃圾焚烧发电是很多国家鼓励采用的一种生活垃圾处理方式。垃圾焚烧电厂中产生污染物的主要设备是垃圾焚烧炉。常用的垃圾焚烧炉有炉排炉和流化床炉。其中，炉排炉的使用约占垃圾焚烧炉市场的 80%以上[8]。这类焚烧炉技术成熟，适用于干燥的固体垃圾燃烧，且不需要添加助燃剂。产生烟气的主要污染物成分为颗粒物、HCl、HF、NO_x 以及剧毒有机污染物和重金属，SO_2 的浓度较低[9]。流化床焚烧炉可以处理固态、液态和气态的垃圾。但是需要添加助燃剂，以保证焚烧状态的稳定性。通常所选择的助燃剂是煤，因此产生的烟气中 SO_2 含量显著增加。焚烧炉出口烟气温度约 140～170℃[10, 11]，标准状态下污染物浓度 NO_x 为约 400mg/m^3，SO_x 为约 2000mg/m^3，HCl 为＜800mg/m^3[10]。在垃圾焚烧烟气处理中，脱硝是最核心的需求之一。目前，SNCR 技术在焚烧烟气处理中的应用很多，其反应温度与炉膛的燃烧温度（800～1000℃）相符且操作维护成本低。但是脱硝效率只有 30%～75%，且存在氨泄漏问题，会导致锅炉尾部结垢和堵塞[12]。SCR 技术的应用较少，主要是因为烟气中的重金属含量很高，易导致催化剂中毒。

5.1.2 非电行业的 NO_x 排放及治理

5.1.2.1 玻璃行业

相比于火电行业，非电行业的污染物排放量越来越大，现已成为大气污染治理的重点。我国玻璃生产中，主要采用发生煤炉气、石焦油、天然气等为燃料。平板玻璃火焰温度约为 1500～2000℃，且为富氧燃烧。在此温度下，空气中的 N_2 和 O_2 反应会产生大量的 NO_x。玻璃窑炉中燃烧产生的废气主要有 SO_2、NO_x、HCl、HF、碱性氧化物及少量重金属等。其中 SO_2 的排放浓度约为 300～3300mg/m^3，NO_x 排放浓度约为 1200～3000mg/m^3。玻璃的生产原料中含有石灰石、纯碱等，所以产生的烟气中碱性氧化物的含量很高。作为玻璃澄清剂的芒硝（主要成分为 Na_2SO_4）在高温下分解也会产生大量的 SO_2[13]。此外，玻璃生产中要进行动态换火，导致炉温会迅速降低再快速升高，烟气组成会随之发生显著变化。CO 浓度迅速上升，NO_x 和 SO_2 浓度迅速下降[14]。常见的平板玻璃生产线和日用玻璃生产线的排烟温度有所不同，分别为 400～500℃和 300～400℃。经余热锅炉后烟气温度降为 180～220℃[15]。玻璃窑炉可选用的脱硝技术有 SCR、SNCR 和臭氧氧化脱硝技术[16]。由于 SNCR 工艺的炉内喷氨过程会影响到玻璃的质量，难以推广应用。所以，SCR 法是目前应用实例最多的工艺，但是其脱硝效率并不理想。其中存在的问题主要有：玻璃窑炉换火时氨量会出现瞬时不足或过量；烟气中的污染物成分，如高 SO_2、碱金属、砷等会引起催化剂中毒[17]。

5.1.2.2 陶瓷行业

陶瓷生产中大多选用柴油作燃料，部分使用水煤气。陶瓷制粉过程中使用喷雾干燥塔，排烟温度在 80～120℃。陶瓷厂的烟道尾气中颗粒物的排放量非常大，约为 10000～30000mg/m^3[18]。陶瓷烧成的温度在 1200℃以上。梭式窑等间歇窑炉的排烟温度在 1000℃以上，隧道窑和辊道窑的排烟温度在 100～150℃之间[19]。窑炉产生的主要污染物有 SO_2、NO_x、氟化物、氯化物、重金属 Pb 等。其中，NO_x 的排放浓度约为 200～800mg/m^3，SO_2 的浓度约为 800～5000mg/m^3，HF 的浓度约为 1～120mg/m^3，Pb 的排放浓度约为 0.002～2.750mg/m^3[20]。陶瓷以碱金属氧化物和碱土金属氧化物为原料，因此灰分中碱金属及碱土金属含量很高。此外，陶瓷企业的废气排放量大，粉尘的分散度高。国外陶瓷行业主要采用干式吸附器对 NO_x 进行吸附，脱硝效率高，但投资成本高。我国常用的处理陶瓷厂尾气的脱硝技术有 SCR 和 SNCR，均是借鉴燃煤锅炉的脱硝技术。由于烟气成分的差异性，脱硝效果并不理想。SCR 法存在的主要问题是催化剂抗碱金属和重金属的性能差，脱硝效率不高于 60%，此外，由于陶瓷企业是低空排放[21]，氨逃逸严重，排放量甚至高于脱除的 NO_x，造成了二次污染。但是，SNCR 技术也不适用于陶瓷厂尾气的处理。由于需要在窑内喷氨或尿素，会影响陶瓷的烧成温度，同时还会造成釉面结晶，影响产品质量[22]。

5.1.2.3 水泥行业

水泥厂 NO_x 排放量占全国 NO_x 排放总量的 10%～12%[23]，是排在火电、机动车尾气之后的第三大污染源。水泥生产中产生废气的主要工艺过程是熟料煅烧。水泥窑炉分回转窑和立式窑两种。其中，以回转窑做生产设备的新型干法水泥生产量占我国水泥总产量的 80%[24]。窑头煤粉燃烧的最高温度约 1600℃，用于石灰质原料分解的分解炉内的燃烧温度约为 900℃，回转窑内的燃烧温度约为 1400～1500℃。窑尾烟气温度约为 1200℃。预热器出口的烟气温度约为 300℃，除尘器后的烟气温度约为 120～180℃[25]。产生的NO 主要是热力型和燃料型。分解炉内只产生燃料型 NO_x[23]。而回转窑内生成的 NO_x 则主要为热力型。由于水泥窑整体表现为碱性气氛，所以水泥窑产生的 SO_2 等酸性气体很少。但是粉尘含量高，碱金属含量高。烟气的主要成分为 NO_x、CO_2、SO_2、HF 等。其中，颗粒物的排放浓度约为 30000～80000mg/m^3，

SO_2 的排放浓度约为 50～200mg/m^3，NO_x 的排放浓度约为 800～1200mg/m^3。水泥厂常用的脱硝技术为 SNCR 技术，该技术应用广泛，较为成熟，约占世界上水泥工业脱硝技术的 90%以上[26]，但是脱硝效率仍然较低[24]。SCR 技术在该领域有较广泛的应用前景。但现有中高温 SCR 催化剂主要布置在除尘器之前，高粉尘和高碱金属的烟气会使催化剂发生堵塞和中毒。所以，低温 SCR 催化剂是目前研究的热点。低温 SCR 催化剂布置在除尘器之后，可以避免粉尘的影响。

5.1.2.4 钢铁行业

钢铁生产过程中的烧结机是 NO_x 的主要排放源。烧结机内燃料燃烧的温度约为 1350～1600℃。烧结机机头的排烟温度约为 100～200℃，机尾的排烟温度约为 80～150℃。烟气的主要成分有 SO_2、NO_x、CO_2、HF、二噁英等。其中，粉尘的排放浓度约为 100mg/m^3，SO_2 的排放浓度约 400～1500mg/m^3，NO_x 的排放浓度约 200～310mg/m^3[27]，二噁英的排放浓度约为 3～5ng-TEQ/m^3（toxic equivalent quantity，TEQ，毒性当量）。产生的 NO_x 包括热力型和燃料型两种。烧结烟气的成分复杂，含湿量大。目前，钢铁烧结烟气的处理技术主要有两种，一是活性焦法，二是 SCR 法[28]。活性焦法可以同时吸附多种物质，是一体化的技术，且没有二次污染。SCR 法的脱硝效率更高。但是，目前的中高温催化剂不适合烧结烟气中较低的温度区间。所以，研究适合烧结烟气使用的中低温催化剂是目前应用研究的热点问题。目前中低温 SCR 脱硝技术应用于烧结烟气主要面临以下三个问题：一是中低温脱硝催化剂的抗中毒能力差，易受到烟气中 SO_x、H_2O 和重金属等物质的影响；二是与中高温脱硝催化剂相比，中低温 SCR 催化剂的造价较高；三是中低温脱硝催化剂对烧结烟气中的二噁英没有消除作用。所以，研究适合烧结烟气的 SCR 催化剂目前仍面临一定的挑战。

5.1.2.5 焦化行业

在炼焦过程中焦炉中会产生 NO_x。炼焦常用的燃料是煤气，主要为高炉煤气和焦炉煤气，它们的燃烧温度和速度不同。高炉煤气的燃烧温度约为 1400～1500℃，燃烧速度慢，废气量大。焦炉煤气的燃烧温度约为 1800～2000℃，燃烧速度快，废气量小[29]。烟气中主要含有 SO_2、NO_x、CO、CO_2、H_2S、苯并芘等[30]。其中，SO_2 的排放浓度较低，约为 30～190mg/m^3，燃烧生成的 NO_x 以热力型为主，占 95%以上，NO_x 的排放浓度范围变化较大，约 100～1200mg/m^3[31，32]。焦炉产生的烟尘量少，浓度约为 5～100mg/m^3[33]。烟气的排放温度较低，在 180～300℃[31]。处理炼焦烟气的主要脱硝技术有 SCR 法、氧化脱硝法、有机催化脱硝法、干法活性炭脱硝法等。氧化脱硝法常用臭氧或双氧水做氧化剂，脱硝效率较高，但操作温度较低，范围小，且易产生二次污染[32]。低温 SCR 法是目前最为理想的技术[34]，但在提高催化剂的抗硫性等方面面临着很大的挑战。

5.1.2.6 有色金属冶炼行业

有色金属冶炼工艺包含火法、湿法和火法-湿法联合工艺。其中，火法冶炼是该行业产生 NO_x 污染的主要来源。有色金属的种类众多，加上原料的品位和组分各不相同，导致有色行业有着特点各异的火法工艺烟气。有色火法冶炼烟气特征明显，炉窑多为周期操作，烟气量波动明显；烟气发生量小，目前国内最大的铜铅冶炼项目，工艺烟气量仅 $100000m^3/h$，小型稀贵金属项目甚至小于 $1000m^3/h$（标准状态）；烟气中酸性污染物浓度极高，介于 1000～$300000mg/m^3$。烟气中主要含有 SO_2、NO_x、CO、CO_2 等，还有多类重金属、砷、汞等物质。有色金属冶炼烟气在出脱硫塔后温度很低，在 40～80℃范围。

在有色金属冶炼行业污染物排放标准颁布之前，我国执行《工业炉窑大气污染物排放标准》和《大气污染物综合排放标准》。在 2010 年，我国颁布了有色金属冶炼行业污染物排放标准。2014 年有色工业污染物排放标准修改版、2015 年再生金属污染物排放标准的进一步出台，让有色行业环境治理从此进入了高速发展期。处理有色金属冶炼烟气 NO_x 的方法主要有 SNCR 法、SCR 法、氧化脱硝法等。SNCR 喷氨口可安装于余热锅炉上升烟道，但由于上升烟道空间较短，难以保证脱硝反应有效停留时间，脱硝效率仅 50%左右，很难满足现行排放限值要求。低温 SCR 法是目前最有前途的技术。经过除尘、脱硫后的“洁净”烟气通过换热器升温，可满足催化剂的操作温度[35]。目前，低温脱硝技术已于 2020 年在有色金属冶炼行业中应用。南京大学、云南驰宏资源综合利用有限公司、江苏宁天新材料科技有限公司联合完成了“重有色冶炼烟气超低温稀土脱硝催化剂的开发与应用”项目。项目所开发的稀土基超低温脱硝催化剂在 SO_2 平均浓度不高于 $35mg/m^3$ 和烟温 140～150℃的工况条件下，末端 NO_x 出口浓度时均值低于 $100mg/m^3$，催化剂稳定运行 1000h 以上，首次实现超低温 SCR 脱硝技术在重有色冶炼烟气治理中的工业应用，填补了国内空白。

总的来说，随着 NO_x 排放限值要求的不断提高，部分火电行业烟气处理仍需进行超低排放改造。玻璃、陶瓷、水泥、钢铁、焦化等非电行业的 NO_x 污染比重逐年增长，各个行业应根据各自烟气的特点发展适合的脱硝工艺。随着近年来我国对生态环境建设要求的不断提高，发展有效消除 NO_x 的工艺手段已经成为相关行业密切关注的热点问题。NO_x 的控制技术主要有燃烧控制技术和燃烧后控制技术两种。其中，燃烧控制技术包括低氮燃烧技术[36]、再燃烧技术[37]和烟气再循环技术[38]。在燃烧后控制技术中，选择性催化还原（SCR）、选择性非催化还原（SNCR）和 SCR-SNCR 混合技术是三种主要的技术[39, 40]。这几种技术都于 20 世纪 70 年代最先在日本得到应用[41]。从经济和技术效益考虑，选择性催化还原是最有效的技术，但仍需进行改进：①目前非电行业已成为烟气处理的重点方向，但是非电行业的温度窗口低，现行常用的 V_2O_5-WO_3(MoO_3)/TiO_2 催化剂不能适用，所以需加紧开展低温脱硝催化剂的研究工作；②低温条件下，为适应不同行业的复杂工况，对催化剂的抗水、抗硫、抗碱金属、抗重金属等性能提出了更多的要求。

5.2 稀土铈基催化材料在 NH_3 选择性催化还原 NO_x 中的应用

在工业脱硝过程中，V_2O_5-WO_3(MoO_3)/TiO_2 催化剂是市场上最常用的催化剂，该催化剂广泛应用于电厂的脱硝处理，其温度窗口约为 300～420℃。然而，在非电行业，烟气的排放温度普遍低于 300℃。因此，需研发中低温脱硝催化剂。由于稀土铈基催化材料具有低温活性高、抗硫中毒性能好等特点，在低温脱硝方面有着独特的表现。总的来说，根据它的使用方式和存在形式，其在催化剂中的状态可以分为 3 种类型，见图 5-2。

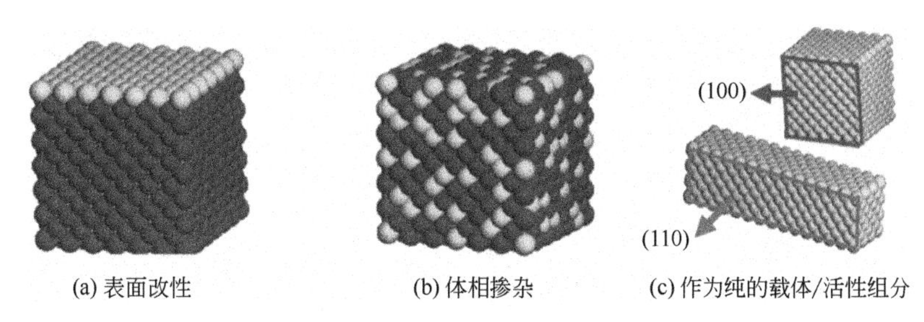

(a) 表面改性　　(b) 体相掺杂　　(c) 作为纯的载体/活性组分

图 5-2　CeO_2 在催化剂中状态的三种类型

5.2.1 氧化铈作为载体或者活性组分

单纯氧化铈在 NH_3-SCR 反应中一般呈现较低的活性。Guo 等[42, 43]研究了煅烧温度和制备前驱体对 CeO_2 催化性能的影响，发现 CeO_2 不能使 NO 完全转化，在 250℃时，NO 的最大转化率约为 80%。Yao 等[44]研究了不同酸处理（CH_3COOH、HNO_3、HCl、H_3PO_4 和 H_2SO_4）对 CeO_2 的物理化学性质及催化活性的影响。研究表明，经 H_2SO_4 处理的 CeO_2 表现出最高的活性，其主要原因为该催化剂有更多的表面 Brønsted 酸位、Ce^{3+}和氧缺陷。另外，经 H_2SO_4 处理的 CeO_2 具有更好的抗 SO_2 中毒性能。Chang 等[45]利用硫酸盐和硝酸盐作为前驱体，通过水热法和沉淀法制备了一系列的 CeO_2 催化剂。其中，利用硫酸铈作为前驱体，通过水热法制备的 CeO_2 催化剂在 NH_3-SCR 反应中表现出非常好的活性，并且在 230～450℃范围内显示出极高的 N_2 选择性。Li 等[46]也发现了类似的结果，当焦磷酸存在时，通过水热法利用硝酸铈制备的 CeO_2 催化剂其活性也会提高。以上研究表明，硫酸盐和磷酸盐的应用增强了催化剂的表面酸性，促进了催化剂活性的提高。

为了进一步提高 CeO_2 的活性，研究人员把 CeO_2 作为载体来负载活性组分，使活性物种分散在 CeO_2 表面，调节其电子和氧化还原性质，同时在界面区域发挥协同作用，以进一步提高稀土铈基催化材料的低温催化性能。例如，Xu 等[47]利用沉淀-沉积法将 MnO_x 沉积到 CeO_2 表面，获得了具有超低温催化性能的催化剂。在 80～150℃范围内，NO 的转化率可以接近 100%。除了锰基催化剂，其他相似的二氧化铈为载体的催化剂（如 VO_x[48]、WO_3[49]及 NiO[50]等）也被研制出来以满足低温需求。除了单一负载组分的金属氧化物催化剂，研究者们还探索了负载两种甚至是多种组分的 CeO_2 金属氧化物催化剂。Zhu 等[51]制备了一系列 CeO_2 负载的双金属氧化物催化剂（如 Ni-Mo、Cu-Mo 及 Fe-Mo 等），并探究它们在 NH_3-SCR 反应中的催化性能。研究发现，将 NiO、CuO 及 Fe_2O_3 引入 MoO_3/CeO_2 催化剂中，可以形成不同配位结构的表面钼物种，即孤立的规则四面体、高度扭曲的四面体及聚合八面体钼物种。研究结果表明，钼物种与不同金属氧化物之间的作用强度顺序与表面 Lewis 酸的强度顺序是一致的，由此可以判断催化剂活性与表面酸性是紧密相关的。

除了表面分散的活性物种，作为载体的 CeO_2 的自身特性是影响催化剂最终性能的另一个重要因素。随着材料科学近年来的快速发展，科学家们已经可以合成不同结构和形貌的 CeO_2[52-54]。虽然了解纯 CeO_2 作为活性组分或载体的用途，有利于研究氧化铈基催化剂在 NH_3-SCR 反应中结构与性能之间的关系。但是，从提高催化活性的角度看，把 CeO_2 单独作为活性材料来使用并不是理想的选择。

5.2.2 稀土铈基复合氧化物催化剂（体相掺杂）

与以单纯 CeO_2 为载体的催化剂相比，稀土铈基复合氧化物催化剂在 NH_3-SCR 反应中的应用占据更主要的地位。事实上，对 CeO_2 进行改性是提高其催化性能和热稳定性的常用手段。通过向 CeO_2 体相中引入适量其他元素可以改变其物理化学性质，获得固溶体、尖晶石、钙钛矿氧化物或者无定形的复合氧化物。经过改性之后的 CeO_2 可被用作载体（如 CeO_2-ZrO_2、CeO_2-SnO_2 等）或者直接作为催化剂（如 CeO_2-TiO_2、CeO_2-MnO_x 等），这些氧化物催化剂由于其较高的催化活性而受到关注。Qi 等[55]将 MnO_x-CeO_2 复合氧化物催化剂用于 NH_3 还原 NO 反应。研究结果表明，在 80～150℃的低温范围内，MnO_x-CeO_2 催化剂表现出优良的 NH_3-SCR 性能，并且在温度低至 120℃时，NO 仍然可以被完全还原。Gao 等[56]通过溶胶-凝胶法制备了 CeO_2-TiO_2 复合氧化物催化剂，在 CeO_2 与 TiO_2 的质量比为 0.6 时，可获得最高活性。由于 CeO_2-TiO_2 在 NH_3-SCR 中的优越性能，CeO_2-TiO_2 催化剂的制备方法也被广泛研究[57, 58]，另外，其他多种 CeO_2 基催化剂被相继合成并深入研究，如 Ce-W、Ce-Nb、Ce-Sn、Ce-Cu、Ce-Mo 以及 Ce-Ta 等[59, 60-64]。

大量研究表明，多元素掺杂更有利于提高催化剂活性，并且可以拓宽催化剂的反应温度窗口、增强抗中毒性能。基于此，大量含铈的多组分催化剂被用于 NH_3-SCR 反应。Liu 等[65]通过水热法合成了 Cu-Ce-Ti 三组分催化剂，发现该三组分催化剂显示出比双组分催化剂更高的活性，其中，最佳配比是 $Cu_{0.1}Ce_{0.1}Ti_{0.8}O_x$，其在 150℃时 NO 的转化率为 70%，在 200～350℃时，NO 可以全部转化。类似的体系还有 Mn-Ce-Ti 复合氧化物体系[66]。Yu 等[67]通过反向共沉淀法制得 Ce-Sn-Ti 复合氧化物催化剂，研究发现 SnO_2 对催化活性的提高有明显的促进作用，Ce-Sn-Ti 催化剂的活性要明显高于 Ce-Ti 催化剂，其中 Ce 与 Sn 的最佳摩尔比为 2∶1。SnO_2 的引入不仅可以提高比表面积、增大孔隙体积，而且可以更大程度上将 Ce^{4+} 还原为 Ce^{3+}，并提高化学吸附氧的数量，增强 NH_3-SCR 反应的活性。Liu 等[68]研究了 $SmCeTiO_x$ 三组分复合氧化物催化剂在 NH_3-SCR 反应中表现出优越的抗 SO_2 中毒性能的原因。结合原位 DRIFTS 光谱、X 射线光电子能谱和密度泛函计算结果发现，催化剂中存在 $Sm^{2+}+Ce^{4+} \rightleftharpoons Sm^{3+}+Ce^{3+}$ 的可逆电子传递循环过程抑制了 SO_2 的电子传向 Ce^{4+}，进而抑制了表面金属硫酸盐的生成（图 5-3）。

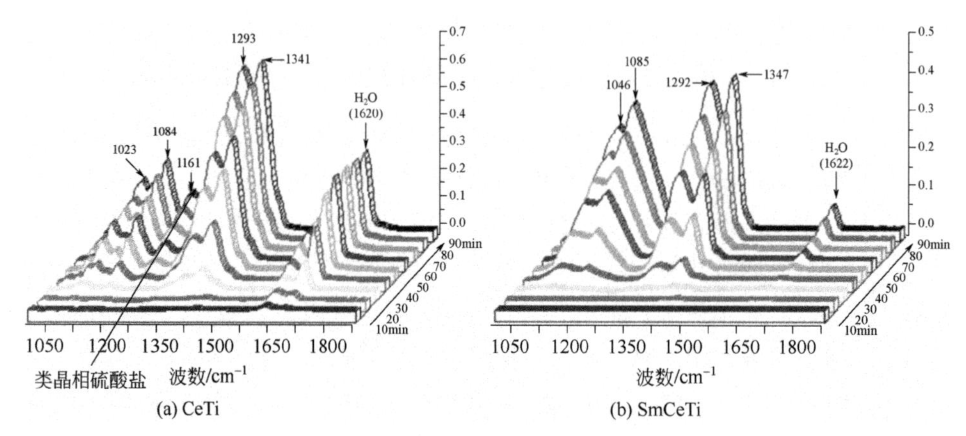

图 5-3　NH_3-SCR 反应中 CeTi 和 $SmCeTiO_x$ 催化剂 SO_2+O_2 的原位 DRIFTS 光谱图

众所周知，制备方法的选择对于催化剂的活性提升至关重要。目前，常用来制备铈基复合氧化物催化剂的方法主要有共沉淀法、柠檬酸法、溶胶-凝胶法、水热法和均相沉淀法，其中均相沉淀法适用于生产高度分散的复合金属氧化物。Shan 等[69]通过均相沉淀法制备了 $CeTiO_x$ 复合氧化物催化剂，该催化剂在 NH_3-SCR 反应中具有比负载型 CeO_2/TiO_2 催化剂更高的活性。此方法也被推广到其他催化剂体系的制备中，如 CeO_2-Nb_2O_5[61]、CeO_2-WO_3[60]及 CeO_2-VO_x[70]。溶胶-凝胶法是另一种制备高度分散活性物种和纳米尺寸复合氧化物催化剂的方法。Gao 等[71]通过对比多种方法制备的 CeO_2/TiO_2 催化剂发现，由一步溶胶-凝胶法所制得的催化剂在 NH_3-SCR 反应中有更高的活性。然而，对于不同的催化体系情况也不尽如此。Liu 等[72]研究表明，在 175～500℃的温度范围内，由浸渍法和固相法制得的 Ce-W 氧化物催化剂在 NH_3-SCR 反应中的活性要高于由溶胶-凝胶法制得的催化剂。

在实际应用的 NH_3-SCR 反应中，温度难以保持恒定，且在多数条件下，温度可能会突然升高导致催化剂结构或者性能发生变化。因此，研究煅烧温度对催化剂的影响也非常有必要[63，73-75]。Wang 等[73]在 NH_3-SCR 反应中，探索了煅烧温度对 $CeMoO_x$ 复合氧化物催化剂结构和 NH_3-SCR 反应催化性能的影响，$CeMoO_x$-400 在 175～375℃的温度窗口内 NO_x 的转化率接近 100%；与 $CeMoO_x$-400 相比，$CeMoO_x$-500

在低于 200℃的时候表现出更低的 NO_x 催化转化率，而在高于 350℃时，则表现出更高的 NO_x 的转化率。进一步提高煅烧温度会导致 NO_x 在低于 250℃时的转化率显著降低。

除了催化剂制备因素的影响，复合氧化物催化剂的形貌对于催化性能的影响也引起了研究者的广泛关注。例如，Jiang 等[76]利用超临界反溶剂过程分别制得空心和实心的 MnO_x-CeO_2 纳米球。结果表明，空心球结构的 MnO_x-CeO_2 由于具有更高的比表面积、更好的氧流动性以及更丰富的表面活性氧物种，使 NO 在低温条件下有更高的转化率。

铈基复合氧化物也被广泛用作 NH_3-SCR 催化剂的载体。例如，通过把 Zr 引入 CeO_2 中，CeO_2 的储释氧能力（OSC）和热稳定性都有明显的提高，因此，CeO_2-ZrO_2 常被当作 NH_3-SCR 催化剂的载体。Li 等[77]把六种过渡金属氧化物（WO_3、MoO_3、Mn_2O_3、CrO_3、Fe_2O_3 及 Co_2O_3）分别沉积到 CeO_2-ZrO_2 材料表面，并测试它们的催化反应活性，在该系列催化剂中，由于 W 和 CeO_2-ZrO_2 的协同作用，WO_3/CeO_2-ZrO_2 催化剂显示出了最高的 NO 转化效率。Shen 等[78]研究了低温条件下，$MnO_x/Ce_uZr_{1-u}O_2$ 催化剂中 Ce-Zr 的组成对 NH_3-SCR 反应活性的影响。结果表明，$MnO_x/Ce_{0.5}Zr_{0.5}O_2$ 催化剂显示出了优异的 N_2 选择性及良好的抗水和抗二氧化硫中毒能力。动力学研究表明，$MnO_x/Ce_{0.5}Zr_{0.5}O_2$ 催化剂在 NH_3-SCR 反应中的表观活化能是 18kJ/mol，远低于 MnO_x/TiO_2 催化剂（38kJ/mol）。Gao 等[79]制备了三种不同形貌（棒状、立方体和多面体）的 CeO_2-ZrO_2 复合氧化物并在其表面负载 MnO_x，发现与 MnO_x/CeO_2-ZrO_2 纳米立方体和纳米多面体相比，纳米棒可以明显地提高 NO 转化率。

本课题组[80, 81]在铈基复合氧化物作为载体应用于低温 NH_3-SCR 反应方面也开展了一些相关研究工作。合成了锐钛矿型 TiO_2、CeO_2-TiO_2 固溶体及 CeO_2，并以其为载体制备了 CuO/TiO_2、CuO/CeO_2-TiO_2 和 CuO/CeO_2 催化剂，该系列催化剂的反应活性顺序为：CuO/CeO_2＜CuO/TiO_2＜CuO/CeO_2-TiO_2。所得双组分复合氧化物为载体的催化剂，其活性提高的相关解释如下：

① 将 Ce^{4+}嵌入锐钛矿型 TiO_2 的晶格中，会导致 CuO/CeO_2-TiO_2 催化剂中 Cu^{2+}不稳定扭曲八面体配合结构的形成，从而促进氧化铜物种的还原；

② 通过两个氧化还原循环：$Cu^{2+} + Ce^{3+} \rightleftharpoons Cu^{+} + Ce^{4+}$及 $Cu^{2+} + Ti^{3+} \rightleftharpoons Cu^{+} + Ti^{4+}$，促进了 CuO 与 CeO_2-TiO_2 载体之间的电子作用，

进而有利于在 CuO/CeO_2-TiO_2 催化剂表面形成更多的 Lewis 酸位点，以及活化反应物分子，形成更多的 NH_4NO_2 物种。

5.2.3 氧化铈作为表面负载的组分（表面改性）

将氧化铈分散在其他有足够比表面积的其他载体上，可以看作是以氧化铈作为载体催化剂的逆配置。常用的载体，如 TiO_2、Al_2O_3 及 SiO_2 等，都被用于负载氧化铈。在这些载体中，由于 TiO_2 具有无毒性、化学惰性、与 SO_2 的低反应性以及原料易得等优点而得到广泛研究。Xu 等[82]通过浸渍法制备了 CeO_2/TiO_2 催化剂，在 275～400℃的温度范围内表现出很高的活性以及优异的 N_2 选择性。Wang 等[83]将 CeO_2 引入到 TiO_2 纳米管（TNTs）的孔道中，与以 TiO_2 纳米颗粒为载体的催化剂相比，由于限域空间的存在，CeO_2 的氧化还原性以及对 NH_3 的吸附作用得到增强，使得 CeO_2/TNTs 催化剂在 NH_3-SCR 反应中表现出更高的反应活性。另外，钛酸盐纳米管孔道内的 CeO_2 也显示出了非凡的抗碱金属中毒的能力。Wang 等[84]研究了 TiO_2 暴露晶面对 CeO_2/TiO_2 催化剂催化性能的影响。研究发现，与主要暴露晶面为（101）的 TiO_2 相比，暴露（001）晶面的 TiO_2 作为载体在 NO 消除方面体现出更高的活性。相对不稳定的（001）晶面可以提高 CeO_2 的热稳定性，同时在 TiO_2 表面产生的 Ti^{3+}可以有效地促进 NH_3-SCR 反应过程，这两方面都有利于催化性能的提升。虽然 CeO_2/TiO_2 催化剂性能优异，但是它也遇到了低温条件下活性较低的问题。Shu 等[85]研究了铁元素的添加对 CeO_2/TiO_2 催化剂性能的影响，发现铁能够促进其低温活性，提高催化剂的抗硫性能。由于铁的加入能够产生更多的 Ce^{3+}和表面吸附氧，易在催化剂表面形成更多 NO_2 物种。

碳材料，例如活性炭、碳纳米管等，由于具有高比表面积和高孔容特点也被广泛用作催化剂载体，它可以产生有利于 NH_3-SCR 反应的高分散的活性位点。此外，碳材料在降低 NH_4NO_3 和 NH_4HSO_4 的分解温度方面，也具有独特的性质，这有助于提高催化剂的低温活性和耐 SO_2 性[86, 87]。碳材料通常需要经过预活化处理以提高其催化性能。Chen 等[88]将 CeO_2 负载在硝酸预处理过的碳纳米管（CNTs）上，在 250～400℃的条件下，NO 的转化率超过 70%，研究表明，经硝酸处理后的碳纳米管比表面积增大，且可以生长出适当尺寸的 CeO_2 晶体，有利于 CeO_2/CNTs 催化剂活性的提高。为了在碳纳米管上制备高度分散的纳米颗粒，Fang 等[89]利用吡啶热处理方法在 CNTs 上面原位负

载 CeO_2，与浸渍法或物理混合法所制备的催化剂相比，此法制备的催化剂在 NH_3-SCR 反应中呈现出更高的活性。活性炭纤维（ACF）由于其特殊的性能也被用作催化剂载体。Lu 等[90]研究了负载量为10%～40%的 CeO_2/ACF 催化剂在不同温度下的催化活性以及在 200℃时的催化剂稳定性，结果显示，负载量为 10%的 CeO_2/ACF 催化剂比其他催化剂在高温条件下具有更高的 NO 转化率。Zhu 等[91]利用低温氧等离子体和硝酸分别处理 ACF，分别标记为 ACFP 和 ACFN，结果表明，经过两种方法进行表面处理的 ACF 都可以大幅度提高 NO 的转化率，其中，CeO_2/ACFN 比 CeO_2/ACFP 具有更高的活性。

近年来，沸石催化剂由于其丰富的酸性及热稳定性受到了广泛的关注，并且很多金属离子交换的沸石分子筛在 NH_3-SCR 反应中也具有较高活性，例如，Fe/SSZ-13[92]、Cu/SAPO-34[93]、MnO_x/NaY[94]、Ce/ZSM-5[95]等。近年研究表明，菱沸石型分子筛作为 SCR 催化剂具有较高的反应活性和高温稳定性[92, 93]。在众多该类催化剂中，铁和铜沸石分子筛催化剂被广泛探究，但 CeO_2 作为活性组分负载在沸石上的报道较少，其原因是在 Ce 离子交换过程中会造成沸石结晶度变差[96]，另外，还可能出现 CeO_2 在焙烧以后形成团簇的情况。现在，Ce-沸石分子筛催化剂的制备主要是通过水溶液中的离子交换（IE）方法[95]，但它不能获得很高的 Ce^{3+}交换率，离子交换法经常会导致 Ce^{3+}与其他阳离子共同存在于沸石中，这会在不同程度上影响催化剂的性能，导致不可预知的 NO 转化率。相反地，Kooten 等[97]由固相离子交换法制备的 Ce/ZSM-5 催化剂显示出了非常优异的 NO 转化性能。还有研究证明 CeO_2 与沸石物理混合的催化剂可以在 NH_3-SCR 反应中呈现出较高的活性[98]。

从上述研究中可以发现，CeO_2 可以作为活性组分分散在催化剂表面，也常被用作助剂改性催化剂。CeO_2 的加入不仅能够提高催化剂活性而且能起到稳定催化剂的作用，同时还能提高催化剂的抗 SO_2 和碱金属中毒的性能。Chen 等[99]系统地探究了 Ce 改性对 V_2O_5-WO_3/TiO_2 催化剂在 NH_3-SCR 反应中的影响，发现 Ce 与 W 和 V 之间的协同作用可以增强 NO_x 的吸附，促进反应活性的提高。Ce 在催化剂中主要以 Ce^{3+}的形式存在，这有利于把 NO 氧化为 NO_2。此外，将 Ce 引入 V_2O_5-WO_3/TiO_2 催化剂中可以形成更强且更有活性的 Brønsted 酸位点，进而有利于 NH_3-SCR 反应的进行。

对于负载型稀土铈基催化剂应用于 NH_3-SCR 反应，本课题组也开展了一些工作[100]，合成了一系列 CeO_2/$Ti_xSn_{1-x}O_2$ 催化剂，探究 SnO_2

的引入对 NH_3-SCR 反应的影响。催化活性结果表明，$CeO_2/Ti_{0.5}Sn_{0.5}O_2$ 催化剂的 NO 消除效率高于 CeO_2/TiO_2 催化剂，尤其在低温条件下更为显著。表征结果显示，SnO_2 的引入会促进形成更大比表面积以及更高热稳定性的金红石型 $Ti_{0.5}Sn_{0.5}O_2$ 材料。CeO_2 与 $Ti_{0.5}Sn_{0.5}O_2$ 载体间的相互作用促进了催化剂的氧化还原性能，有利于提高催化剂的催化活性。此外，加入 SnO_2 能够增强催化剂的表面酸性并弱化对硝酸盐的吸附作用，这在催化反应过程中也是非常重要的。

5.3 稀土铈基催化材料在固定源 NO_x 消除中的催化反应机理

在 NH_3 选择性催化还原 NO_x 的反应中，催化反应机制的认识是设计催化剂的重要基础，其主要包含对催化剂活性位点的性质和反应中间产物，以及对催化反应机理的理解等。

与商用 V_2O_5/TiO_2 催化剂相比，稀土铈基催化剂中的 NH_3-SCR 反应机理问题相关研究还比较少，也还未取得共识。一般认为，CeO_2 在 NH_3-SCR 反应中起作用主要是利用了 CeO_2 的强还原性和丰富的氧空位。纯 CeO_2 作为催化剂的 NH_3-SCR 表现是比较差的，并且在其表面易发生 NH_3 的氧化反应[101，102]。因此，需要在 CeO_2 催化剂表面引入酸性位点以提高其 NH_3-SCR 反应的活性及选择性。目前，提高 CeO_2 催化剂的表面酸性有两种途径。第一，对 CeO_2 的表面硫酸化。第二，引入可以提升表面酸性的 W 或者 Mo 等物种，形成 CeO_2-MO_x 催化剂[59-64]（M=W、Mo、Nb、Ta 等）对于不同的催化剂体系其反应机理有一定的差异，我们选取两个有代表性的体系介绍其反应机理。

5.3.1 硫酸化的 CeO_2 体系

原位漫反射红外光谱（in situ DRIFTS）研究表明，在 CeO_2 和硫酸化的 CeO_2 表面，NH_3-SCR 反应主要以 Eley-Rideal 反应机理（即活化的 NH_3 与气态 NO 反应）为主，具体反应过程如下[103，104]:

$$NH_{3(g)} \rightleftharpoons NH_{3(ad)} \quad (5\text{-}1)$$

$$NH_{3(ad)} + \equiv Ce^{4+} \longrightarrow -NH_2 + \equiv Ce^{3+} + H^+ \quad (5\text{-}2)$$

$$-NH_2 + NO_{(g)} \longrightarrow N_2 + H_2O \quad (5\text{-}3)$$

$$\equiv Ce^{3+} + \frac{1}{4}O_2 \longrightarrow \equiv Ce^{4+} + \frac{1}{2}O^{2-} \quad (5\text{-}4)$$

式（5-1）为气态 NH_3 吸附在酸性位点，式（5-2）为吸附的 NH_3 被 Ce^{4+}活化形成表面—NH_2。然后—NH_2 可以与气态 NO 反应生成 N_2 和 H_2O［式（5-3）］。式（5-4）是 Ce^{4+}的再生过程。在 300℃以上，CeO_2 和硫酸化 CeO_2 表面 NH_3-SCR 反应中还可能同时发生 NH_3 氧化的副反应，该副反应的发生过程为[103]：

$$NH_3+O_2 \xrightarrow{\equiv Ce^{4+}} NO+H_2O \tag{5-5}$$

如式（5-5）所示，在高温下，—NH_2 可以在催化剂表面被 Ce^{4+}进一步催化氧化为 NO。然后，形成的 NO 也被—NH_2 还原生成 N_2。这称为 NH_3 的选择性催化氧化[105]。

5.3.2 金属掺杂的 CeO_2 体系

向 CeO_2 中引入第二种元素，如 W、Mo 等，可以调节催化剂的氧化还原性及表面酸性，这是另一种提高稀土铈基催化剂催化活性的有效手段。金属掺杂稀土铈基催化剂 CeO_2-MO_x 的反应机理已被研究者们多次讨论，我们以具有代表性的 CeO_2-WO_3 催化剂为例来详细说明金属掺杂稀土铈基催化剂的协同催化机理。

如图 5-4 所示，该催化反应机理说明在金属元素钨改性后的稀土铈基催化剂中，双金属氧化物的协同作用是由两个交叉的循环组成，分别为 W-OH 上的酸性位点循环利用和 CeO_x 表面的氧化还原循环，具体为 W-OH 表面吸附 NH_3 物种被 Ce^{4+}氧化活化成 NH_x，随后与气相 NO 反应生成 N_2 和 H_2O，产物脱附离开催化剂表面伴随着 WO_3 表面 Brϕnsted 酸性位点的再生。而还原生成的 Ce^{3+}则被 O_2 氧化为 Ce^{4+}完成循环。从该反应可知，两种金属的协同作用本质为酸性位点和氧化还原位点的协同作用。

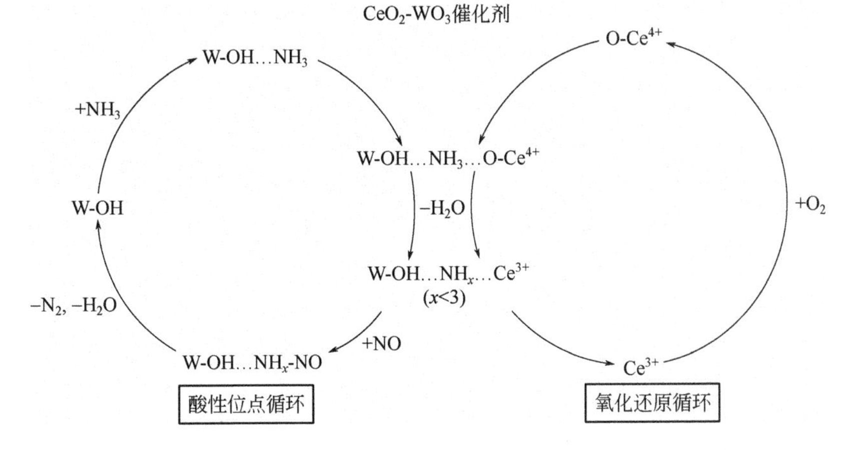

图 5-4 金属掺杂稀土铈基催化剂的协同催化机理（以 W 掺杂为例）

5.4 稀土铈基催化材料在 NH_3-SCR 反应中抗 SO_2 和 H_2O 中毒的应用基础研究

在真实的 NH_3-SCR 反应环境中通常存在 SO_2 和 H_2O，其浓度取决于实际工作条件。通常认为，SO_2 或者 H_2O 的出现对于 NH_3-SCR 反应是不利的，并且这种影响在低温条件下尤为明显。因此，稀土铈基催化剂在低温 NH_3-SCR 反应中耐 SO_2 和耐 H_2O 的性能，是影响其应用的重要因素。

5.4.1 稀土铈基催化剂的耐 SO_2 性

为了深入认识稀土铈基催化剂的耐 SO_2 性，探究 SO_2 与 CeO_2 表面的相互作用是十分必要的。Freeizz 等[106]通过 XPS 和 TPD 技术研究了 SO_2 与 CeO_2 薄膜之间的相互作用，发现在室温下吸附的 SO_2 会被氧化为 SO_4^{2-}。另外，三个脱附峰出现在 200℃、610℃、690℃，分别归属于吸附态的 SO_2 分子和硫酸盐的分解产物。Smirnov 等[107]通过 XPS 实验证明，在低于 200℃的情况下，CeO_2 与 SO_2 发生反应生成的主要产物为亚硫酸盐，而当温度高于 300℃时，会生成硫酸盐。Waqif 等[108]利用红外光谱对生成硫酸盐的存在状态进行了研究，结果发现，SO_2 在 CeO_2 表面的氧化产物会在 1340～1400cm^{-1} 和约 1200cm^{-1} 波段出现两条谱带，主要对应两种硫酸盐：表面硫酸盐和类晶相硫酸盐。这两种硫酸盐的数量与催化剂的比表面积和表面硫酸盐化的程度相关。但是，这些硫酸盐随反应温度变化的情况及其对 NH_3-SCR 反应催化活性的影响在该研究中没有涉及。针对以上问题，本课题组开展了详细的研究工作[104]，研究发现，CeO_2 硫酸盐化的程度会随着 SO_2 预处理温度的升高而不断增强（图 5-5），硫酸盐的状态会由表面硫酸盐转变为类晶相硫酸盐，最后形成晶相硫酸盐。其中，类晶相硫酸盐和晶相硫酸盐是导致催化活性下降的主要原因。有趣的是，即使生成了晶相硫酸盐，也可以通过水洗的方法除去，这为脱硝催化剂的再生提供了一条有效的方法。

上述研究发现，在较低的温度条件下，SO_2 在 CeO_2 表面可以被氧化为硫酸盐，从而引入了表面 Brønsted 酸位点，这对催化剂活性提高是有明显的促进作用的[103, 109]。基于此，利用 CeO_2 与 SO_2 之间存在强相互作用这一特点，把 CeO_2 作为助剂添加入 NH_3-SCR 催化剂中，可以减缓主要活性物种的硫酸盐化，提高催化剂的耐 SO_2 性。例如，Jin 等[110]研究了低温条件下，NH_3-SCR 反应中 Ce 对于提高 Mn/TiO_2 催化剂耐 SO_2 性能所起的作用。研究结果表明，在引入 CeO_2 之后，被吸附的 SO_x 会优先在 CeO_2 表面形成类晶相硫酸盐，进而减弱主要活性物种（MnO_x）的硫酸盐化（图 5-6）。另外，DRIFTS 和 TG-DSC 结果表明，CeO_2 能够降低覆盖在催化剂表面的硫酸盐的热稳定性，促进其分解[111]。所以，Ce 的添加可以提高催化剂的耐硫性能。

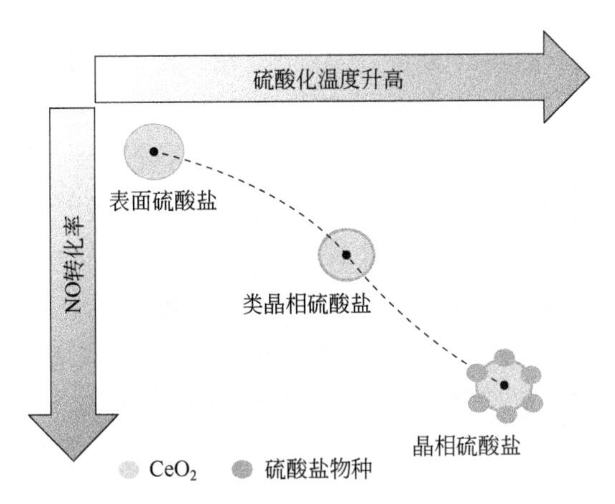

图 5-5 硫酸盐化的程度随着温度升高的变化情况

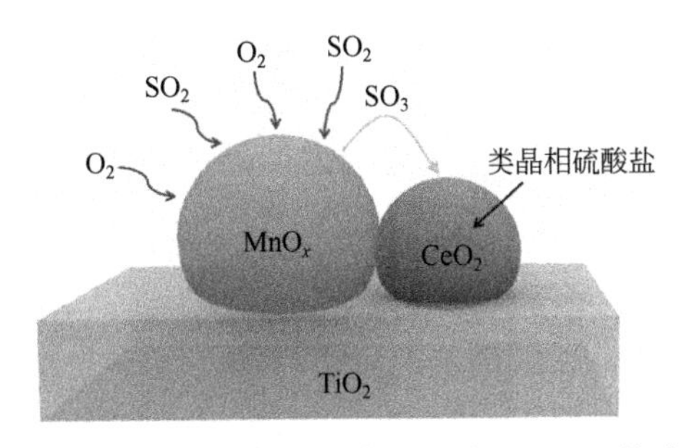

图 5-6 CeO_2 表面形成类晶相硫酸盐减弱 MnO_x 的硫酸盐化

尽管在 SO_2 存在的情况下铈的引入可以明显提高催化剂的活性和耐硫性，但由于二氧化铈呈碱性，长时间与 SO_2 作用仍会导致催化剂表面到本体的硫酸盐化，最终导致催化剂完全中毒。Xu 等[112]研究了 NH_3-SCR 反应中的 SO_2 对 CeO_2/TiO_2 催化剂的钝化作用。发现在温度为 350℃，286mg/m^3 的 SO_2 存在条件下，在 48h 内，NO 转化率接近 90%。然而，当温度降为 300℃，SO_2 的浓度增加到 514.8mg/m^3 时，

NO 在前 12h 的转化率为 90%，然后随时间的增长逐渐下降。研究者分别对新鲜和 SO_2 毒化以后的 CeO_2/TiO_2 催化剂进行表征，发现毒化前后样品的晶体结构并没有明显的改变，但催化剂的比表面积随 SO_2 的毒化时间延长而不断减小。催化剂毒化的主要原因是 SO_2 与 CeO_2 反应生成了 $Ce(SO_4)_2$ 和 $Ce_2(SO_4)_3$，导致 Ce(Ⅳ)和 Ce(Ⅲ)之间的氧化还原过程被中断，并抑制了硝酸盐物种的吸附和形成。

从这个角度考虑，弱化 SO_2 与 CeO_2 之间的相互作用是提高稀土铈基催化剂耐 SO_2 的关键途径。通常，氧化铈与惰性材料（如 TiO_2、SiO_2、Al_2O_3 等）复合，不仅可以增大比表面积及提高活性组分的分散，而且能够，中和氧化铈表面的碱性位点，提高催化剂的酸性，进而弱化 SO_2 与氧化铈之间的相互作用。这对于催化剂的活性及耐 SO_2 性提升均十分有利[113]。

基于这一认识，本课题组发展了降低 SO_2 对稀土铈基催化剂毒化作用的策略。例如，我们构造了一种新型的 TiO_2/CeO_2 催化剂。与常规的 CeO_2/TiO_2 及纯 CeO_2 催化剂相比，前者的耐 SO_2 性得到了明显的提高[114]。其主要原因是 CeO_2 表面被 TiO_2 覆盖，阻隔了其与 SO_2 反应。除了可以提供 Ti-O-Ce 活性位点，表面 TiO_2 在 CeO_2 表面还形成了保护层，降低了 CeO_2 的硫酸盐化（图 5-7）。除了表面改性，我们发现，外来离子的体相掺杂也可以有效地提高 CeO_2 的耐 SO_2 性。金属离子（如 Ti^{4+}、Sn^{4+} 等）掺杂的 CeO_2 可用作 MnO_x/CeO_2 催化剂的载体[81]，这些改性过的催化剂活性显著提高，并且体现出更高的抗硫性能。掺杂 Ti 离子的样品在 250℃条件下反应 10h 后，催化剂的活性仍然不会下降。

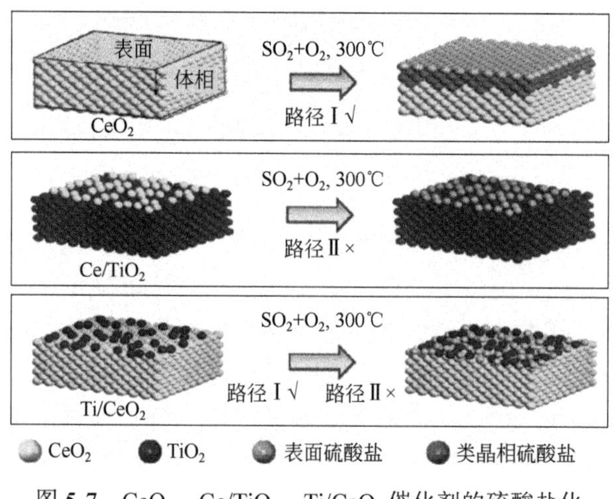

图 5-7 CeO_2、Ce/TiO_2、Ti/CeO_2 催化剂的硫酸盐化

值得注意的是，除了活性组分的硫酸盐化，在低温条件下，NH_4HSO_4在催化剂表面的沉积是催化剂失活的另一个重要原因。降低NH_4HSO_4在催化剂表面的分解温度是一个可行的策略。但是，该方面的相关研究还相对缺乏，有待继续深入。

5.4.2 稀土铈基催化剂的耐 H_2O 性

由于H_2O与NH_3的竞争吸附，H_2O通常对NH_3-SCR反应表现为可逆的负面影响，尤其在温度低于200℃时负面效应尤为显著。事实上，H_2O是工业废气的主要组分之一，而且也是NH_3-SCR反应的产物之一。H_2O能与催化剂的表面发生强烈的相互作用，可能改变活性位点的结构。然而，与耐SO_2性能相比，在NH_3-SCR反应中对催化剂耐H_2O性的研究相对较少。

Du等[115]研究了水蒸气对Ce-Cu-Ti（CCT）氧化物催化剂性能的影响，通过实验和理论研究发现，在低温条件下，水能抑制CCT催化剂在NH_3-SCR反应中的性能；而在超过300℃的条件下，则能提升催化性能。究其原因，H_2O与NH_3在催化剂表面形成竞争吸附，在低温条件下水的存在会大大降低催化剂对NH_3的吸附；在高温条件下由于水抑制了NH_3的氧化反而对催化活性起促进作用。Xiong等[116]研究了在低温NH_3-SCR反应中H_2O对MnO_x-CeO_2催化剂的影响，他们也发现H_2O对于催化性能有促进作用。Casapu等[117]解释这个促进作用是一个两步过程：首先是H_2O被吸附并在催化剂表面羟基化，然后N_2O与羟基发生脱水反应并生成N_2。

通过文献调研可以发现，迄今为止，几乎所有关于提高催化剂耐H_2O性的研究，都是基于提高催化剂的活性（如增强酸性或提高氧化还原性）来实现的。在研究H_2O导致催化剂失活的本质原因时，在不影响催化剂的表面酸性或氧化还原性的情况下，增加材料的疏水性似乎是处理耐H_2O性问题的关键点。例如，在Yu等[118]最近的研究中发现，通过修饰催化剂的孔结构，催化剂的低温NH_3-SCR反应活性在有H_2O存在的情况下可以显著提高。

5.5 稀土铈基催化材料在抗碱金属中毒中的应用基础研究

在锅炉燃烧产生的煤灰中，含有一定量的碱金属氧化物，它们会覆盖在催化剂的表面或与活性组分发生反应，导致催化剂中毒。研究者对碱金属中毒的机理进行了分析[119, 120]，一般来讲，催化剂碱中毒主要表现在物理中毒和化学中毒。物理中毒是指碱金属覆盖在催化剂孔道上，降低催化剂比表面积和孔隙率；而化学中毒是碱金属降低了表面酸性位点的数量，减少了表面的 Brønsted 酸。其中，化学中毒是催化剂中毒的主要原因。

研究者们主要通过掺杂改性催化剂来缓解催化剂的碱中毒，常见的改性剂有 Sb[121]，Nb[122]，Ce[123, 124]，Co[125]等。可见，Ce 可以在催化剂的抗碱金属中毒方面起到一定的作用。例如，当 MnO_x/TiO_2 催化剂上负载 CeO_2 后，催化剂抗 K 中毒的能力有所提高[123]。Ce 可以提供更多的 Lewis 酸位点更有利于 NH_3 的吸附，并且该吸附不受 K 的影响。经研究发现，Ce 的 4f 轨道未受到 K 掺杂的干扰，催化剂仍可保持较强的氧化还原能力。—O—Ce—O—Mn—O—为催化剂的活性位点，能够很好的得到保留，而碱金属本身则更易团聚在一起。研究证明，催化剂的合成和改性方法在催化剂的结构和性能中起着关键作用，关于提高稀土铈基催化剂在碱金属存在下的脱硝性能还有待人们的进一步研究。

尽管低温 SCR 脱硝催化剂的研究已经取得了非常大的进步，但是，探索适用于低温 NH_3-SCR 反应的高活性稀土铈基催化剂仍然面临着诸多挑战。到目前为止，只有 MnO_x/CeO_2 催化剂在低温（100～150℃）条件下可以达到 100%的 NO 转化率，而大多数催化剂仅可以在 200℃或者更高的温度条件下，使 NO 的转化率达到 100%。因此，加强稀土铈基催化剂的低温性能是非常必要的。

提高稀土铈基催化剂在低温 NH_3-SCR 实际反应工况中的寿命也是其应用推广所面临的一个巨大挑战，与中、高温区的条件相比，在低温的条件下，H_2O 与 NH_3 的竞争吸附及$(NH_4)_2SO_4/NH_4HSO_4$ 在催化剂表面的沉积问题尤为突出，如 MnO_x/CeO_2 催化剂在该方面就存在严重缺陷，这对于催化剂的长效运行极其不利。另外，即使在没有 H_2O 和 SO_2 存在的情况下，当反应温度低于 NH_4NO_3 的分解温度时，NH_4NO_3 也会在催化剂表面发生沉积，导致催化剂比表面积减少、活性点被覆盖等问题。进而影响催化剂在低温 NH_3-SCR 反应中的应用。目前，对这些问题的研究还相对缺乏。

参考文献

[1] 尚光旭, 司传海, 刘媛. “十三五”除尘脱硫脱硝行业政策导向及发展趋势[J]. 中国环保产业, 2016(10): 21-23.

[2] 丁惠敏, 段静. 火电厂烟气 NO_x 控制技术分析及脱硝技术比较[J]. 吉林电力, 2011,

39(6): 37-38.
[3] 冯前伟, 张杨, 王丰吉, 等. 现役燃煤机组 SCR 烟气脱硝装置运行现状分析[J]. 中国电力, 2017, 50(4): 157-161.
[4] 马强. 电厂烟气脱硝技术研究[D]. 郑州: 郑州大学, 2015.
[5] 王文选, 肖志均, 夏怀祥. 火电厂脱硝技术综述[J]. 电力设备, 2006,7(8): 1-5.
[6] 来强. 国内燃煤电厂烟气脱硝发展现状及意义[J]. 中国科技纵横, 2013(16): 50.
[7] 王方群, 杜云贵, 刘艺, 等. 国内燃煤电厂烟气脱硝发展现状及建议[J]. 中国环保产业, 2007(1): 18-22.
[8] 张益, 赵由才. 生活垃圾焚烧技术[M]. 北京: 化学工业出版社, 2000.
[9] 王雷, 张运翘. 垃圾焚烧电厂常用烟气净化工艺分析[J]. 锅炉技术, 2008, 39(3): 73-76,80.
[10] 徐嘉, 严建华, 肖刚, 等. 城市生活垃圾气化处理技术[J]. 科技通报, 2004, 20(6): 560-564.
[11] 林昌梅. 生活垃圾焚烧发电厂烟气处理工艺的分析探讨[J]. 福建建筑, 2010(10): 92-94.
[12] 贺毅. 垃圾焚烧发电厂脱硝技术及应用[J]. 中国环保产业, 2014(6): 37-39.
[13] 李春雨. 我国玻璃、水泥炉窑脱硝技术及应用现状研究[J]. 环境工程, 2014, 32(4): 55-58,104.
[14] 常子冈, 沈克俭, 欧阳凌云. 浮法玻璃熔窑烟气综合治理的研究[C]//2007 中国浮法玻璃及玻璃新技术发展研讨会论文集. 蚌埠, 2007: 19-24.
[15] 蒙杰. 玻璃窑炉烟气处理工艺探讨[J]. 科学之友, 2010(10): 6-8.
[16] 苏云, 邵萍, 眭国荣, 等. 玻璃熔窑烟气脱硝技术探讨[J]. 环境工程, 2012, 30(4): 73-75,52.
[17] 唐志雄, 岑超平, 陈雄波, 等. 平板玻璃工业窑炉烟气中低温 SCR 脱硝中试研究[J]. 环境工程学报, 2015, 9(2): 817-822.
[18] GB 25464—2010.陶瓷工业污染物排放标准[S].
[19] 杨志平. 陶瓷工业窑炉烟气的直接利用[J]. 陶瓷科学与艺术, 2005, 39(3): 23-25.
[20] 方平, 唐子君, 唐志雄, 等. 陶瓷炉窑烟气污染物排放特性及治理技术现状[J]. 环境科学与技术, 2014, 37(12): 68-72,192.
[21] 陈运法, 朱廷钰, 程杰, 等. 关于大气污染控制技术的几点思考[J]. 中国科学院院刊, 2013, 28(3): 364-370.
[22] 刘春江, 乔富东, 黄宾. 陶瓷行业污染物的解决方法及瓶颈[J]. 佛山陶瓷, 2015, 25(2): 35-38.
[23] GB 4915—2013.水泥工业大气污染物排放标准[S].
[24] 董恒利. 水泥行业脱硝技术应用分析[J]. 科技信息, 2013(35): 258.
[25] 桑圣欢, 陈艳征, 罗超. 水泥窑低温 SCR 脱硝技术研究[J]. 水泥工程, 2017(3): 7-9,18.
[26] 毛志伟, 杨如顺, 甘昊. 水泥窑脱硝工艺技术的探讨[J]. 中国水泥, 2012(5): 56-59.
[27] 王代军. 烧结球团烟气综合治理技术的应用与分析[J]. 工程与技术, 2014(2): 3-8.
[28] 郭永强. 烧结烟气 SCR 脱硝技术浅析[J]. 环境工程, 2014, 32(增刊 1): 493-494,503.
[29] 李立业, 田京雷, 黄世平. 焦炉烟气 SO_2 和 NO_x 排放控制[J]. 燃料与化工, 2017, 48(2): 1-3,8.
[30] 王培俊, 刘俐, 李发生, 等. 炼焦过程产生的污染物分析[J]. 煤炭科学技术, 2010, 38(12): 114-118.

[31] 张雨桐. 焦炉烟气脱硫脱硝工艺探讨[J]. 化工管理, 2016(35): 273-274.
[32] 王岩，张飏，郭珊珊，等. 焦炉烟气脱硫脱硝技术进展与建议[J]. 洁净煤技术，2017, 23(6): 1-6.
[33] 刘永民. 焦炉烟气脱硫脱硝净化技术与工艺探讨[J]. 河南冶金, 2016, 24(4): 17-20,29.
[34] 北极星环保网.解析焦化行业脱硝发展环境 也谈焦炉烟道废气特点[EB/OL]. (2016-04-13)[2018-03-27]. http://huanbao.bjx.com.cn/news/20160413/724508.shtml.
[35] 李谦. 脱硝技术在有色金属冶炼行业烟气处理中的应用探讨[J]. 环境与发展，2020,32(7): 70-71.
[36] Tang Q, Denison M, Adams B, et al. Towards comprehensive computational fluid dynamics modeling of pyrolysis furnaces with next generation low-NO_x burners using finite-rate chemistry[J]. Proceedings of the Combustion Institute, 2009, 32(2): 2649-2657.
[37] Shu Y, Wang H C, Zhu J W, et al. An experimental study of heterogeneous NO reduction by biomass reburning[J]. Fuel Processing Technology, 2015, 132(2): 111-117.
[38] Evulet A T, ELKady A M, Branda A R, et al. On the performance and operability of GE's dry low NO_x combustors utilizing exhaust gas recirculation for post combustion carbon capture[J]. Energy Procedia, 2009, 1(1): 3809-3816.
[39] Fu M F, Li C T, Lu P, et al. A review on selective catalytic reduction of NO_x by supported catalysts at 100～300℃ catalysts, mechanism, kinetics[J]. Catalysis Science & Technology, 2014, 4(1): 14-25.
[40] Gao F Y, Tang X L, Yi H H, et al. A review on selective catalytic reduction of NO_x by NH_3 over Mn-based catalysts at low temperatures: Catalysts, mechanisms, kinetics and DFT calculations[J]. Catalysts, 2017, 7(7): 199.
[41] Singoredjo L, Korver R, Kapteijn F, et al. Alumina supported manganese oxides for the low-temperature selective catalytic reduction of nitric oxide with ammonia[J]. Applied Catalysis B: Environmental, 1992, 1(4): 297-316.
[42] Pan W G, Zhou Y, Guo R T, et al. Effect of cerium precursor on the performance of pure CeO_2 catalysts for selective catalytic reduction of NO with NH_3[J]. Asian Journal of Chemistry, 2013, 25(16): 9079-9082.
[43] Guo R T, Zhen W L, Zhou Y, et al. Selective catalytic reduction of NO by NH_3 over ceria: Effect of calcination temperature on the activity of catalysts[J]. Asian Journal of Chemistry, 2014, 26(2): 407-410.
[44] Yao X J, Wang Z, Yu S H, et al. Acid pretreatment effect on the physicochemical property and catalytic performance of CeO_2 for NH_3-SCR[J]. Applied Catalysis A: General, 2017, 542: 282-288.
[45] Chang H Z, Ma L, Yang S J, et al. Comparison of preparation methods for ceria catalyst and the effect of surface and bulk sulfates on its activity toward NH_3-SCR[J]. Journal of Hazardous Materials, 2013, 262: 782-788.
[46] Li F, Zhang Y B, Xiao D H, et al. Hydrothermal method prepared Ce-P-O catalyst for the selective catalytic reduction of NO with NH_3 in a broad temperature range[J]. ChemCatChem, 2010, 2(11): 1416-1419.
[47] Xu L, Li X S, Crocker M, et al. A study of the mechanism of low-temperature SCR of NO with NH_3 on MnO_x/CeO_2[J]. Journal of Molecular Catalysis A: Chemical, 2013, 378: 82-90.

[48] Li C T, Li Q, Lu P, et al. Characterization and performance of V_2O_5/CeO_2 for NH_3-SCR of NO at low temperatures[J]. Frontiers of Environmental Science Engineering, 2012, 6(2): 156-161.

[49] Ma Z R, Weng D, Wu X D, et al. Effects of WO_x modification on the activity, adsorption and redox properties of CeO_2 catalyst for NO_x reduction with ammonia[J]. Journal of Environmental Sciences, 2012, 24(7): 1305-1316.

[50] Maitarad P, Han J, Zhang D S, et al. Structure-activity relationships of NiO on CeO_2 nanorods for the selective catalytic reduction of NO with NH_3: Experimental and DFT studies[J]. The Journal of Physical Chemistry C, 2014, 118(18): 9612-9620.

[51] Zhu J, Gao F, Dong L H, et al. Studies on surface structure of $M_xO_y/MoO_3/CeO_2$ system (M = Ni, Cu, Fe) and its influence on SCR of NO by NH_3[J]. Applied Catalysis B: Environmental, 2010, 95(1-2): 144-152.

[52] Yuan Q, Duan H H, Li L L, et al. Controlled synthesis and assembly of ceria-based nanomaterials[J]. Journal of Colloid and Interface Science, 2009, 335(2): 151-167.

[53] Zhang D S, Du X J, Shi L Y, et al. Shape-controlled synthesis and catalytic application of ceria nanomaterials[J]. Dalton Transactions, 2012, 41(48): 14455-14475.

[54] Sun C W, Li H, Chen L Q. Nanostructured ceria-based materials: Synthesis, properties, and applications[J]. Energy & Environmental Science, 2012, 5(9): 8475-8505.

[55] Qi G S, Yang R T. A superior catalyst for low-temperature NO reduction with NH_3[J]. Chemical Communications, 2003, 34(7): 848-849.

[56] Gao X, Jiang Y, Zhong Y, et al. The activity and characterization of CeO_2-TiO_2 catalysts prepared by the sol-gel method for selective catalytic reduction of NO with NH_3[J]. Journal of Hazardous Materials, 2010, 174(1/2/3): 734-739.

[57] Shan W P, Liu F D, He H, et al. An environmentally-benign CeO_2-TiO_2 catalyst for the selective catalytic reduction of NO_x with NH_3 in simulated diesel exhaust[J]. Catalysis Today, 2012, 184(1): 160-165.

[58] Li P, Xin Y, Li Q, et al. Ce-Ti amorphous oxides for selective catalytic reduction of NO with NH_3:Confirmation of Ce—O—Ti active sites[J]. Environmental Science & Technology, 2012, 46(17): 9600-9605.

[59] Peng Y, Qu R Y, Zhang X Y, et al. The relationship between structure and activity of MoO_3–CeO_2 catalysts for NO removal: Influences of acidity and reducibility[J]. Chemical Communications, 2013, 49(55): 6215-6217.

[60] Shan W P, Liu F D, He H, et al. Novel cerium-tungsten mixed oxide catalyst for the selective catalytic reduction of NO_x with NH_3[J]. Chemical Communications, 2011, 47(28): 8046-8048.

[61] Casapu M, Bernhard A, Peitz D, et al. A niobia-ceria based multi-purpose catalyst for selective catalytic reduction of NO_x, urea hydrolysis and soot oxidation in diesel exhaust[J]. Applied Catalysis B: Environmental, 2011, 103(1/2): 79-84.

[62] Guo R T, Zhen W L, Pan W G, et al. Effect of Cu doping on the SCR activity of CeO_2 catalyst prepared by citric acid method[J]. Journal of Industrial and Engineering Chemistry, 2014, 20(4): 1577-1580.

[63] Li X L, Li Y H, Deng S S, et al. A Ce-Sn-O_x catalyst for the selective catalytic reduction of

NO_x with NH_3[J]. Catalysis Communications, 2013, 40: 47-50.

[64] Zhang T, Qu R Y, Su W K, et al. A novel Ce-Ta mixed oxide catalyst for the selective catalytic reduction of NO_x with NH_3[J]. Applied Catalysis B: Environmental, 2015, 176/177: 338-346.

[65] Liu Z M, Yi Y, Li J H, et al. A superior catalyst with dual redox cycles for the selective reduction of NO_x by ammonia[J]. Chemical Communications, 2013, 49(70): 7726-7728.

[66] Liu Z M, Zhu J Z, Li J H, et al. Novel Mn-Ce-Ti mixed-oxide catalyst for the selective catalytic reduction of NO_x with NH_3[J]. ACS Applied Materials & Interfaces, 2014, 6(16): 14500-14508.

[67] Yu M E, Li C T, Zeng G M, et al. The selective catalytic reduction of NO with NH_3 over a novel Ce-Sn-Ti mixed oxides catalyst: Promotional effect of SnO_2[J]. Applied Surface Science, 2015, 342: 174-182.

[68] Liu H, Fan Z X, Sun C Z, et al. Improved activity and significant SO_2 tolerance of samarium modified CeO_2-TiO_2 catalyst for NO selective catalytic reduction with NH_3[J]. Applied Catalysis B: Environmental, 2019, 244: 671-683.

[69] Shan W P, Liu F D, He H, et al. The remarkable improvement of a Ce-Ti based catalyst for NO_x abatement, prepared by a homogeneous precipitation method[J]. ChemCatChem, 2011, 3(8): 1286-1289.

[70] Lian Z H, Liu F D, He H. Effect of preparation methods on the activity of VO_x/CeO_2 catalysts for the selective catalytic reduction of NO_x with NH_3[J]. Catalysis Science & Technology, 2015, 5: 389-396.

[71] Gao X, Jiang Y, Fu Y C, et al. Preparation and characterization of CeO_2/TiO_2 catalysts for selective catalytic reduction of NO with NH_3[J]. Catalysis Communications, 2010, 11(5): 465-469.

[72] Liu C X, Chen L, Chang H Z, et al. Characterization of CeO_2-WO_3 catalysts prepared by different methods for selective catalytic reduction of NO_x with NH_3[J]. Catalysis Communications, 2013, 40: 145-148.

[73] Wang J H, Dong X S, Wang Y J, et al. Effect of the calcination temperature on the performance of a $CeMoO_x$ catalyst in the selective catalytic reduction of NO_x with ammonia[J]. Catalysis Today, 2015, 245: 10-15.

[74] Pan W G, Zhou Y, Guo R T, et al. Influence of calcination temperature on CeO_2-CuO catalyst for the selective catalytic reduction of NO with NH_3[J]. Environmental Progress & Sustainable Energy, 2014, 33(2): 385-389.

[75] Wu S G, Zhang L, Wang X B, et al. Synthesis, characterization and catalytic performance of $FeMnTiO_x$ mixed oxides catalyst prepared by a CTAB-assisted process for mid-low temperature NH_3-SCR[J]. Applied Catalysis A: General, 2015, 505: 235-242.

[76] Jiang H X, Zhao J, Jiang D Y, et al. Hollow MnO_x-CeO_2 nanospheres prepared by a green route: A novel low-temperature NH_3-SCR catalyst[J]. Catalysis Letters, 2014, 144(2): 325-332.

[77] Li Y, Cheng H, Li D Y, et al. WO_3/CeO_2-ZrO_2, a promising catalyst for selective catalytic reduction (SCR) of NO_x with NH_3 in diesel exhaust[J]. Chemical Communication, 2008(12): 1470-1472.

[78] Shen B X, Wang Y Y, Wang F M, et al. The effect of Ce-Zr on NH_3-SCR activity over $MnO_x(0.6)/Ce_{0.5}Zr_{0.5}O_2$ at low temperature[J]. Chemical Engineering Journal, 2014, 236: 171-180.

[79] Gao R H, Zhang D S, Maitarad P, et al. Morphology-dependent properties of MnO_x/ZrO_2-CeO_2 nanostructures for the selective catalytic reduction of NO with NH_3[J]. The Journal of Physical Chemistry C, 2013, 117(20): 10502-10511.

[80] Yao X, Zhang L, Li L, et al. Investigation of the structure, acidity, and catalytic performance of $CuO/Ti_{0.95}Ce_{0.05}O_2$ catalyst for the selective catalytic reduction of NO by NH_3 at low temperature[J]. Applied Catalysis B: Environmental, 2014, 150/151(11): 315-329.

[81] Xiong Y, Tang C J, Yao X J, et al. Effect of metal ions doping (M = Ti^{4+}, Sn^{4+}) on the catalytic performance of MnO_x/CeO_2 catalyst for low temperature selective catalytic reduction of NO with NH_3[J]. Applied Catalysis A: General, 2015, 495(1): 206-216.

[82] Xu W Q, Yu Y B, Zhang C B, et al. Selective catalytic reduction of NO by NH_3 over a Ce/TiO_2 catalyst[J]. Catalysis Communications, 2008, 9(6): 1453-1457.

[83] Wang H Q, Chen X B, Weng X L, et al. Enhanced catalytic activity for selective catalytic reduction of NO over titanium nanotube-confined CeO_2 catalyst[J]. Catalysis Communications, 2011, 12(11): 1042-1045.

[84] Wang H Q, Cao S, Fang Z, et al. CeO_2 doped anatase TiO_2 with exposed (001) high energy facets and its performance in selective catalytic reduction of NO by NH_3[J]. Applied Surface Science, 2015, 330: 245-252.

[85] Shu Y, Sun H, Quan X, et al. Enhancement of catalytic activity over the iron-modified Ce/TiO_2 catalyst for selective catalytic reduction of NO_x with ammonia[J]. The Journal of Physical Chemistry C, 2012, 116(48): 25319-25327.

[86] Zhu Z P, Niu H X, Liu Z Y, et al. Decomposition and reactivity of NH_4HSO_4 on V_2O_5/AC catalysts used for NO reduction with ammonia[J]. Journal of Catalysis, 2000, 195(2): 268-278.

[87] Li P, Liu Q Y, Liu Z Y. Behaviors of NH_4HSO_4 in SCR of NO by NH_3 over different cokes[J]. Chemical Engineering Journal, 2012, 181/182: 169-173.

[88] Chen X B, Gao S, Wang H Q, et al. Selective catalytic reduction of NO over carbon nanotubes supported CeO_2[J]. Catalysis Communications, 2011, 14(1): 1-5.

[89] Fang C, Zhang D S, Shi L Y, et al. Highly dispersed CeO_2 on carbon nanotubes for selective catalytic reduction of NO with NH_3[J]. Catalysis Science & Technology, 2013, 3(3): 803-811.

[90] Lu P, Li C T, Zeng G M, et al. Low temperature selective catalytic reduction of NO by activated carbon fiber loading lanthanum oxide and ceria[J]. Applied Catalysis B: Environmental, 2010, 96(1/2): 157-161.

[91] Zhu L L, Huang B C, Wang W H, et al. Low-temperature SCR of NO with NH_3 over CeO_2 supported on modified activated carbon fibers[J]. Catalysis Communications, 2011, 12(6): 394-398.

[92] Gao F, Kollár M, Kukkadapu R K, et al. Fe/SSZ-13 as an NH_3-SCR catalyst: A reaction kinetics and FTIR/Mössbauer spectroscopic study[J]. Applied Catalysis B: Environmental, 2015, 164: 407-419.

[93] Wang D, Jangjou Y, Liu Y, et al. A comparison of hydrothermal aging effects on NH_3-SCR of NO_x over Cu-SSZ-13 and Cu-SAPO-34 catalysts[J]. Applied Catalysis B: Environmental, 2015, 165: 438-445.

[94] Richter M, Trunschke A, Bentrup U, et al. Selective catalytic reduction of nitric oxide by ammonia over egg-shell MnO_x/NaY composite catalysts[J]. Journal of Catalysis, 2002, 206(1): 98-113.

[95] van Kooten W E J, Kaptein J, van den Bleek C M, et al. Hydrothermal deactivation of Ce-ZSM-5, Ce-beta, Ce-mordenite and Ce-Y zeolite deNO_x catalysts[J]. Catalysis Letters, 1999, 63(3/4): 227-231.

[96] Salama T M, Mohamed M M, Othman A I, et al. Structural and textural characteristics of Ce-containing mordenite and ZSM-5 solids and FT-IR spectroscopic investigation of the reactivity of NO gas adsorbed on them[J]. Applied Catalysis A: General, 2005, 286(1): 85-95.

[97] van Kooten W E J, Liang B, Krijnsen H C, et al. Ce-ZSM-5 catalysts for the selective catalytic reduction of NO_x in stationary diesel exhaust gas[J]. Applied Catalysis B: Environmental, 1999, 21(3): 203-213.

[98] Krishna K, Seijger G B F, van den Bleek C M, et al. Very active CeO_2-zeolite catalysts for NO_x reduction with NH_3[J]. Chemical Communications, 2002(18): 2030-2031.

[99] Chen L, Li J H, Ge M F. Promotional effect of Ce-doped V_2O_5-WO_3/TiO_2 with low vanadium loadings for selective catalytic reduction of NO_x by NH_3[J]. The Journal of Physical Chemistry C, 2009, 113(50): 21177-21184.

[100] Zhang L, Li L L, Cao Y, et al. Promotional effect of doping SnO_2 into TiO_2 over a CeO_2/TiO_2 catalyst for selective catalytic reduction of NO by NH_3[J]. Catalysis Science & Technology, 2015, 5(4): 2188-2196.

[101] Xu J Q, Yu H J, Guo F, et al. Development of cerium-based catalysts for selective catalytic reduction of nitrogen oxides: A review[J]. New Journal of Chemistry, 2019, 43: 3996-4007.

[102] Shan W P, Liu F D, Yu Y B, et al. The use of ceria for the selective catalytic reduction of NO_x with NH_3[J]. Chinese Journal of Catalysis, 2014, 35(8): 1251-1259.

[103] Yang S J, Guo Y F, Chang H Z, et al. Novel effect of SO_2 on the SCR reaction over CeO_2: Mechanism and significance[J]. Applied Catalysis B: Environmental, 2013, 136/137: 19-28.

[104] Zhang L, Zou W X, Ma K L, et al. Sulfated temperature effects on the catalytic activity of CeO_2 in NH_3-selective catalytic reduction conditions[J]. The Journal of Physical Chemistry C, 2015, 119(2): 1155-1163.

[105] Long R Q, Yang R T. Selective catalytic oxidation of ammonia to nitrogen over Fe_2O_3-TiO_2 prepared with a sol-gel method[J]. Journal of Catalysis, 2002, 207(2): 158-165.

[106] Ferrizz R M, Gorte R J, Vohs J M. TPD and XPS investigation of the interaction of SO_2 with model ceria catalysts[J]. Catalysis Letters, 2002, 82(1/2): 123-129.

[107] Smirnov M Y, Kalinkin A V, Pashis A V, et al. Interaction of Al_2O_3 and CeO_2 surfaces with SO_2 and $SO_2 + O_2$ studied by X-ray photoelectron spectroscopy[J]. The Journal of Physical Chemistry B, 2005, 109(23): 11712-11719.

[108] Waqif M, Bazin P, Saur O, et al. Study of ceria sulfation[J]. Applied Catalysis B: Environmental, 1997, 11(2): 193-205.

[109] Gu T T, Liu Y, Weng X L, et al. The enhanced performance of ceria with surface sulfation for selective catalytic reduction of NO by NH_3[J]. Catalysis Communications, 2010, 12(4): 310-313.

[110] Jin R B, Liu Y, Wang Y, et al. The role of cerium in the improved SO_2 tolerance for NO reduction with NH_3 over Mn-Ce/TiO_2 catalyst at low temperature[J]. Applied Catalysis B: Environmental, 2014, 148/149: 582-588.

[111] Kwon D W, Nam K B, Hong S C. The role of ceria on the activity and SO_2 resistance of catalysts for the selective catalytic reduction of NO_x by NH_3[J]. Applied Catalysis B: Environmental, 2015, 166/167: 37-44.

[112] Xu W Q, He H, Yu Y B. Deactivation of a Ce/TiO_2 catalyst by SO_2 in the selective catalytic reduction of NO by NH_3[J]. The Journal of Physical Chemistry C, 2009, 113(11): 4426-4432.

[113] Zhao W R, Tang Y, Wan Y P, et al. Promotion effects of SiO_2 or/and Al_2O_3 doped CeO_2/TiO_2 catalysts for selective catalytic reduction of NO by NH_3[J]. Journal of Hazardous Materials, 2014, 278: 350-359.

[114] Zhang L, Li L L, Cao Y, et al. Getting insight into the influence of SO_2 on TiO_2/CeO_2 for the selective catalytic reduction of NO by NH_3[J]. Applied Catalysis B: Environmental, 2015, 165: 589-598.

[115] Du X S, Gao X, Cui L W, et al. Experimental and theoretical studies on the influence of water vapor on the performance of a Ce-Cu-Ti oxide SCR catalyst[J]. Applied Surface Science, 2013, 270(14): 370-376.

[116] Xiong S C, Liao Y, Xiao X, et al. Novel effect of H_2O on the low temperature selective catalytic reduction of NO with NH_3 over MnO_x-CeO_2: Mechanism and kinetic study[J]. The Journal of Physical Chemistry C, 2015, 119(8): 4180-4187.

[117] Casapu M, Kröcher O, Elsener M. Screening of doped MnO_x-CeO_2 catalysts for low-temperature NO-SCR[J]. Applied Catalysis B: Environmental, 2009, 88(3/4): 413-419.

[118] Yu S H, Jiang N X, Zou W X, et al. A general and inherent strategy to improve the water tolerance of low temperature NH_3-SCR catalysts via trace SiO_2 deposition[J]. Catalysis Communications, 2016, 84: 75-79.

[119] Zhang L J, Cui S P, Guo H X, et al. The influence of K^+ cation on the MnO_x-CeO_2/TiO_2 catalysts for selective catalytic reduction of NO_x with NH_3 at low temperature[J]. Journal of Molecular Catalysis A: Chemical, 2014, 390: 14-21.

[120] Chen L, Li J H, Ge M F. The poisoning effect of alkali metals doping over nano V_2O_5-WO_3/TiO_2 catalysts on selective catalytic reduction of NO_x by NH_3[J]. Chemical Engineering Journal, 2011, 170(2/3): 531-537.

[121] Yang N Z, Guo R T, Pan W G, et al. The promotion effect of Sb on the Na resistance of Mn/TiO_2 catalyst for selective catalytic reduction of NO with NH_3[J]. Fuel, 2016, 169: 87-92.

[122] Jiang Y, Han D, Yang L, et al. Improving the Kresistance effectively of CeO_2-TiO_2 catalyst by Nb doping for NH_3-SCR reaction[J]. Process Safety and Environmental Protection, 2022, 160: 876-886.

[123] Peng Y, Li J H, Si W Z, et al. Ceria promotion on the potassium resistance of MnO_x/TiO_2 SCR catalysts: An experimental and DFT study[J]. Chemical Engineering Journal, 2015, 269: 44-50.

[124] Peng Y, Li J H, Shi W B, et al. Design strategies for development of SCR catalyst: Improvement of alkali poisoning resistance and novel regeneration method[J]. Environmental Science & Technology, 2012, 46(22): 12623-12629.

[125] Zhang X P, Cui Y Z, Li Z F, et al. Cobalt modification for improving potassium resistance of $Mn/Ce\text{-}ZrO_2$ in selective catalytic reduction[J]. Chemical Engineering & Technology, 2016, 39(5): 874-882.

第6章
稀土铈基催化材料在典型挥发性有机物催化消除中的基础应用

6.1 VOCs简介

挥发性有机物(volatile organic compounds，VOCs)是指饱和蒸气压较高、沸点较低、分子量小、常温下易挥发的一类有机化合物。该类有机物大多具有毒性，部分已经被列入致癌物，如氯乙烯、苯、多环芳烃、甲醛等。大气中的VOCs在太阳光照射下易与氮氧化物反应，是臭氧和二次有机气溶胶的重要前体物[1]，因此VOCs的排放在许多国家都受到严格限制。VOCs的来源可分为天然源和人为源两类，其中人为源排放量约占35%，人为源年排放量约为14200万吨。人为排放的VOCs主要来自工业生产与城市生活，例如化石燃料燃烧、溶剂使用与储运、交通工具排放、生物质燃烧等。借鉴各国VOCs的减排措施发现，VOCs的减排途径主要包括源头控制、工艺优化、末端治理等。其中，源头控制是最佳方案，也是人类的长远目标，要实现这一目标还需要经历较长的时间。末端治理是我国未来需要进一步发展的技术。

VOCs是一类物质的总称，主要是碳原子数在15以内的有机物，种类繁多，大致可分为碳氢化合物、含氧有机物、卤代烃、含氮化合物和含硫化合物。尽管VOCs在大气中普遍存在，其浓度却很低，一般是十亿分之几到万亿分之几的体积浓度。虽然天然源VOCs排放量远超人为源，但在减排方面主要是针对人为源。人为源的VOCs来源复杂，根据排放源特点可分为固定源、移动源及无组织排放。固定源主要指化工生产园区、大型窑炉燃烧、印染涂料行业等；移动源主要指车、船、飞机等交通工具；无组织排放主要指生物质焚烧、烹调油烟、干洗等。鉴于人为源VOCs种类多、排放源复杂的特性，对其排放控制需要采取相应的多种策略。总体上可分为物理法、化学法和生物法三大类[2, 3]。物理法是利用VOCs各组分的物理性质不同进行分离，例如吸附法、冷凝法和膜分离法，将有机废气中的主要成分分离出来，通过纯化可以回收利用。一般适用于较高浓度的有机废气，但易形成二次污染。化学法主要是通过氧化或者氧化还原反应将VOCs转化成对环境无害的无机小分子，例如焚烧法、催化燃烧、催化加氢脱卤、光催化氧化等。一般适用于浓度低、组成复杂的有机废气，具有高效节能环境友好等优点，但投资成本较高。生物法是指VOCs经过微生物的新陈代谢被分解成CO_2和水，具有工艺简单且环境友好等优势，但是目前菌种难以降解高稳定性的VOCs。可见，这些方法各有所长，下面就几种国内外常用的技术做简单介绍。

① 吸附法。采用吸附剂以物理吸附的方式去除混合气中的VOCs。这种方法原理简单，操作简便，处理废气量大，去除效率高。吸附剂是其中的关键，要求其具有大的比表面积、丰富的孔道结构和一定的硬度，当吸附剂吸附饱和后可以进行脱附再生重复利用。常用的吸附剂包括分子筛、活性炭和树脂等。由于吸附剂需要较高频率地脱附再生，吸附过程常采用两个吸附器，当一个吸附时，另一个脱附再生，可保证吸附过程的连续性。而脱附技术成为吸附法工艺的关键问题，目前采用较多的是水蒸气或氮气加热脱附，将吸附剂表面的VOCs 脱附带出吸附器，再经过冷凝或者蒸馏将 VOCs 纯化回收。此外，混合气中的水汽易在吸附剂表面形成竞争吸附，因此对进入吸附器的混合气湿度有较高要求。吸附法适用于大部分 VOCs 的回收，但是会与吸附剂如活性炭发生反应的 VOCs 则不适用于此法。

② 膜分离法。利用挥发性有机物各组分通过膜的传质速率不同实现分离，在常温低压情况下气相 VOCs 传质速率是空气的 10～100倍，膜分离法的核心部分是膜单元，具体流程如图 6-1。有机废气经压缩机加压进入冷凝器，冷凝下来的液态 VOCs 直接回收，未液化部分进入膜单元，不能透过膜的气体是清洁空气直接排放，通过膜的有机气体继续循环冷凝。该工艺适合处理低浓度大流量的有机废气，运行费用与气体流速成正相关。目前已经工业化的膜有中孔纤维膜、平板膜和卷式膜，分别对应不同膜分离装置。

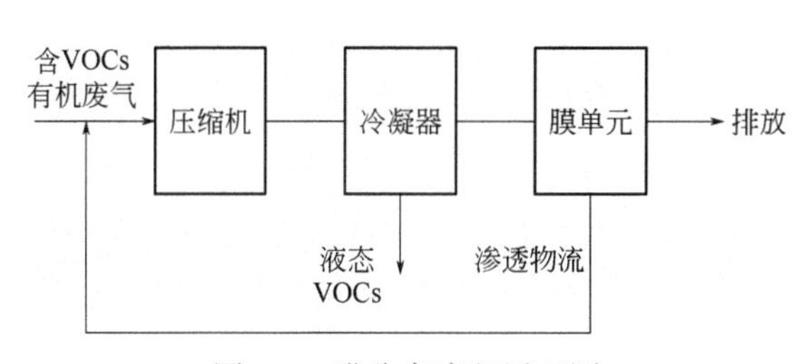

图 6-1 膜分离流程原理图

③ 燃烧法。挥发性有机物和一定氧化剂或助燃剂在一定温度下发生燃烧反应，最终生成 CO_2 和水等小分子。根据燃烧的方式还可分为直接燃烧、蓄热燃烧和热力燃烧。直接燃烧是针对难以再回收的较高浓度的 VOCs，采取例如火炬式燃烧方法。这种方法存在热量浪费、形成二噁英等二次污染物等缺点，正逐渐被替代。蓄热燃烧是指将燃烧后的净化气体通过蓄热室进行热交换留下热量用于下一次废气的

预热而自身达到冷却的目的，如图 6-2。简言之，以高温净化气体的热量供给低温废气的预热，属于自供热系统，能耗低，是目前最常用的燃烧方式。而蓄热燃烧还可细分为蓄热式氧化器(RTO)和蓄热式催化氧化器(RCO)，这两种系统非常相似，其差别在于 RCO 在反应器中加入了催化剂床层。由于催化剂存在可使有机废气燃烧更完全且降低燃烧温度，减少 CO 和 NO 的生成，具有更节能环保的特点。其具体的机理将在第 6.2 节中进行阐述。

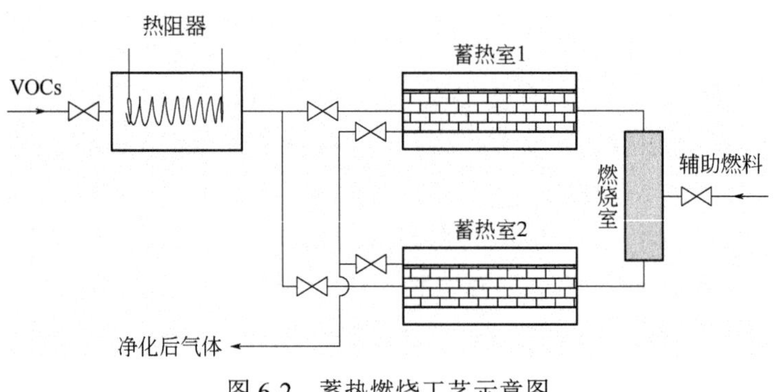

图 6-2　蓄热燃烧工艺示意图

④ 光催化法。利用半导体光催化材料在光照下形成光生电子-空穴对，分别具有强的还原性和氧化性，从而将与其接触的 VOCs 降解为 CO_2 和水。这种方法操作简单，以太阳光为能源，最终产物环境友好，具有较好的应用前景。但在技术方面还存在较大挑战，例如光反应器的设计、光解效果受光照强弱影响大、光催化剂本身量子效率低等。

⑤ 生物法。含 VOCs 的混合气经过生物滤池，被微生物吸收并经过新陈代谢最后降解成 CO_2 和水。滤池的参数包括填料、滤床厚度、湿度、pH 值、菌种和含氧量等都直接影响 VOCs 的净化效果。依据 VOCs 的进样方式生物滤池还可细分为生物滴滤池、生物过滤池和生物洗涤池。这种方法能耗低、无二次污染，适用于低浓度有机废气的处理。

VOCs 处理技术多样，各有其优缺点，一个具体的案例需要根据被处理对象的特征来选择恰当的方法。不难发现，任何一种技术都有其核心或者关键部分，例如吸附法中的吸附剂、膜分离法中的膜元件、蓄热催化燃烧中的催化剂、生物法中的生物滤池。而其中的主体材料才是这些核心部分的技术关键，材料的选择直接关系相关技术的处理效果。本书着重介绍催化技术，其中催化材料则是该技术的关键。VOCs 催化净化材料依据活性组分的特性可分为贵金属催化材料和非贵金属催化材料。贵金属催化材料如 Pt、Pd、Rh 等在挥发性有机物催化氧化中显示优良活性和稳定性，因此占据目前主要的催化剂市场。贵金属催化材料也存在显著的局限性，即其储量有限、价格昂贵、抗氯/硫等杂原子中毒能力差，因此具有一定替代能力的非贵金属催化剂如 Cu、Mn、Ni 等也占据一定的市场。在贵金属或非贵金属催化材料中，稀土材料尤其是稀土铈基催化材料起到至关重要的作用，后续将重点介绍稀土铈基催化材料在 VOCs 消除中的应用。

6.2 稀土铈基催化材料在VOCs催化消除中的机理

6.2.1 催化燃烧机理

催化燃烧技术是较低浓度的有机废气通过催化床层，在少加或者不加辅助燃料的条件下，在较低温度下完全氧化成为 CO_2 和 H_2O。这种方法具有节能、高效、无二次污染的特点。普遍认为，VOCs 氧化反应存在三种机理[4]。第一种是 Mars-van Krevelen（MVK）机理，认为晶格氧与污染物反应形成氧空位，气相氧补充氧空位，速控步是氧空位形成能力；第二种是 Langmuir-Hinshelwood（LH）机理，认为反应是在吸附氧和吸附污染物之间进行，速控步是表面反应；第三种是 Eley-Rideal（ER）机理，认为反应是在吸附氧和气相污染物分子间进行。从这些反应机理来看，活性氧是反应的关键物种。而活性氧有两种来源，一是催化剂本身的晶格氧，另一种则是气相反应条件下空气中的氧气在催化剂表面形成的吸附氧。在不同的催化剂表面其机理不一定相同，但是催化剂设计的基本原理还是从调控催化剂表面的氧空位、晶格氧活性、对氧气的吸附性能等方面入手。要弄清楚这些关系还需结合催化剂的结构特性。

VOCs 催化燃烧催化剂可分为负载型和复合氧化物两大类。负载型一般以比表面积大、结构稳定的氧化物如 Al_2O_3、SiO_2 等作载体，将活性组分贵金属或者非贵金属分散在其表面。除了载体与活性组分外常常还会添加一些助剂如 La_2O_3、CeO_2、K^+，其作用是帮助活性组分在载体表面更好地分散或者在活性组分与载体间形成电子传递等进而提高催化剂的性能。复合氧化物则是指两种或者两种以上的金属氧化物形成的化合物直接作为催化剂，它具有比例可调、结构可调等特性，在 VOCs 催化燃烧中显示出独特的优势。从这两类催化剂的构成来看，氧化物都是它们的主要成分，这就为催化剂提供了晶格氧。

而稀土材料，尤其是轻稀土元素具有独特的4f电子结构和镧系收缩等特性，在催化剂中往往起到以下作用：①提高催化剂的储释氧能力；②提高氧空位形成能力；③活化催化剂中的晶格氧；④调节催化剂表面的酸碱性；⑤提高活性组分在载体表面的分散度。

当VOCs中含有卤素或硫等杂原子时，其催化燃烧过程需要注意杂原子对催化剂的毒害作用。杂原子往往会占据催化剂表面的贵金属活性位点或者氧空位，当这些位点被全部占据催化剂则不再具有催化能力。因此往往需要考虑在催化剂中加入一些抗卤素或硫中毒的成分，具体内容将在后续的第6.6节中阐述。

6.2.2 催化加氢脱卤机理

卤代有机污染物(halogenated organic contaminants，HOCs)作为重要的化工原料和有机溶剂，广泛应用于化工、医药、农药及电子等行业。对于HOCs的处理技术，尽管催化燃烧也是其中一种，但是却面临二噁英生成和催化剂易中毒失活的双重挑战，催化加氢脱卤技术也就应运而生。催化加氢脱卤技术是指在催化剂的作用下卤代有机污染物与氢气反应，将卤代有机污染物中的卤素以卤化氢的形式去除最终得到不含卤素的有机物。这个过程反应条件相对温和，可以在气相或液相中进行，且生成的有机物可以回收利用。卤代有机污染物加氢脱卤的机理总体上可分为两步。第一步是氢气活化，或叫氢气解离即形成活性氢原子。第二步则是活性氢原子与卤代有机污染物的反应。第二步反应比较复杂，活性氢可以与卤代有机污染物发生取代反应生成卤化氢，亦可生成卤素单质；对于在脱卤过程中形成的不饱和烃亦可与活性氢继续加氢最终形成饱和烃。以简单的1,2-二氯乙烷加氢脱氯为例：

$$H_2 \longrightarrow 2H_{ads} \tag{6-1}$$

$$ClCH_2—CH_2Cl+H_{ads} \longrightarrow ClCH_2CH_3+HCl \tag{6-2}$$

$$ClCH_2—CH_2Cl+H_{ads} \longrightarrow ClCH=CH_2+HCl \tag{6-3}$$

$$ClCH_2CH_3+H_{ads} \longrightarrow CH_3—CH_3 \tag{6-4}$$

$$ClCH_2CH_3 \longrightarrow CH_2=CH_2+HCl \tag{6-5}$$

$$CH_2=CH_2+2H_{ads} \longrightarrow CH_3—CH_3 \tag{6-6}$$

可见，第一步首先是经过氢气解离［式（6-1)］；第二步是1,2-二氯乙烷与活性氢反应，可能经历式（6-2）～式（6-6）的5种途径，其产物可以有氯乙烷、氯乙烯、乙烷和乙烯，当然乙烷和乙烯是最终脱氯产物。而催化剂在其中的作用就显得非常重要，它可以使 1,2-二氯乙烷有选择性地转化成乙烯或者是乙烷。具有较高加氢活性的催化剂包括 Pt、Pd、Rh 等贵金属催化剂，镍基催化剂也具有很高的加氢脱卤活性，且其价格更低。加氢脱卤催化剂不可避免面临卤素原子中毒的问题，相对来说 Ni 基催化剂具有较好的抗中毒能力。此外在 Pt、Pd、Rh 中掺入 Ag、Cu、Co、Ni 等二元金属也能起到提升抗中毒能力的作用，并且二元金属的引入可以有效调控催化剂对最终产物的选择性。例如在 Pd/Al_2O_3 中引入 Ag 可以有效地将最终产物乙烯的选择性提高到 95%左右，而相较乙烷，乙烯则具有更高的经济价值。

6.3 稀土铈基催化材料在催化氧化低碳烃中的应用

挥发性有机物由于自身碳链长短，饱和与不饱和，是否含有卤、硫、氮杂原子等特性的差异在催化燃烧过程中也显示不同特性。下面就从不同类别 VOCs 来介绍铈基材料在其中的应用。有数据显示我国城市地区大气中 VOCs 浓度较高，排在前几位的依次是乙烷、乙炔、乙烯、甲苯、丙烷、正丁烷、异丁烷、异戊烷、苯等[1]。可见，除了甲苯和苯以外，其余几种均属于低碳烃，因此我们首先介绍稀土铈基材料在低碳烃中催化氧化的应用。尽管甲烷也属于低碳烷烃，但是通常所指的挥发性有机物并不包括甲烷。因为甲烷结构非常稳定，在绝大多数光化学反应中呈惰性。因而人们更多地考虑其温室效应以及天然气燃烧中甲烷的催化燃烧。在此，我们省略甲烷的催化氧化。从前述的几种低碳烷烃看，乙烷、丙烷、乙烯、乙炔都属于重要的化工原料，尤其是乙烯属于高价值的原料，对它们的处理以物理回收为主。用催化氧化技术处理的低碳烷烃主要有丙烷和丁烷。稀土铈基催化材料在低碳烷烃的催化氧化中作为催化剂的载体或者是稀土复合氧化物中的组分[5]。

6.3.1 丙烷催化氧化

丙烷化学结构稳定，属于较难催化氧化的低碳烷烃。丙烷催化氧化，一般采用贵金属基催化剂，如 Pt、Pd、Rh、Ru 常作为催化剂活性组分，氧化铈则常被用作催化剂载体。研究发现，丙烷氧化属于结构敏感反应。Hu 等[6]以不同形貌的 CeO_2 负载 Pd，他们发现，由于载体晶面暴露不同，金属与载体间相互作用不同影响了 Pd 在载体表面的存在形态。纳米棒和纳米立方体 CeO_2 表面的 Pd 形成了 $Pd_xCe_{1-x}O_{2-\delta}$ 固溶体，八面体 CeO_2 表面的 Pd 则形成了 PdO_x 物种。对于丙烷氧化反应，八面体 CeO_2 负载的 Pd 催化剂显示更优的性能。为了进一步研究 Pd/CeO_2 催化氧化丙烷的作用机理，Luo 等[7]在载体 CeO_2 中分别掺入 Mn、Fe、Co、Ni、Cu 等过渡金属以改变载体的氧活化能力。结果他们发现丙烷氧化反应中 C—H 键的活化是速控步，引入的过渡金属的 d 带位置是决定 C—H 键活化的关键因素。此外，贵金属的价态也密切影响其催化性能，铈锆固溶体表面的 Pt 催化剂中，Pt^0 比 Pt^{2+} 具有更高的丙烷氧化活性[8]。

除了 Pd、Pt 以外，Hu 等[9]将 Ru 负载到不同特性的 Al_2O_3、CeO_2 和 TiO_2 载体表面制成催化剂，发现 Ru/CeO_2 具有最好的丙烷催化氧化性能。他们认为，由于 Ce 独特的 4f 轨道电子结构导致 Ru 与 CeO_2 之间形成了金属与载体强相互作用，促进 Ru 的分散；此外，以 Al_2O_3 为载体时，活性氧是分子氧经 Ru 形成 RuO，再活化丙烷，而 CeO_2 做载体时，除了 Ru 活化分子氧以外，CeO_2 的晶格氧也直接参与了丙烷活化，从而加快了反应进程。即如图 6-3 所示的反应历程。

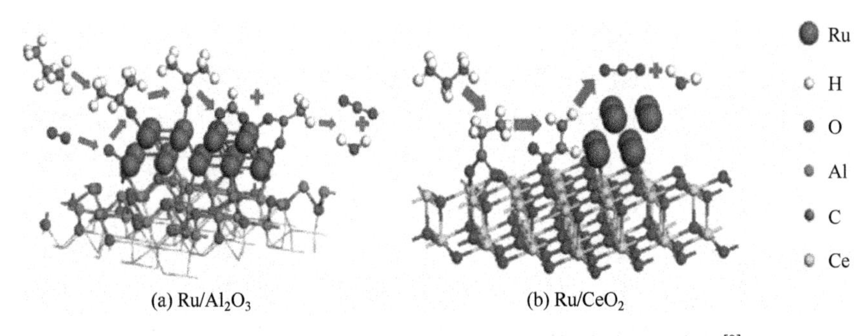

图 6-3　丙烷在 Ru/Al_2O_3 和 Ru/CeO_2 表面氧化路径示意图[9]

Ru 与 CeO_2 间的强相互作用，不仅能提升其对丙烷的催化氧化活性，还有助于增强 Ru/CeO_2 催化剂的稳定性。Okal 等[10-12]发现，对于 Ru/CeO_2 催化剂，以含氯的钌做前驱盐，由于表面氯离子的存在，会显著降低 Ru 对丙烷和丁烷燃烧的催化活性。然后，他们仍然以 $RuCl_3$ 为前驱盐用多元醇还原的方法可以避免氯离子负载于 CeO_2 载体表面，从而避免了氯离子对 Ru/CeO_2 性能的干扰。他们还发现氯离子存在会减弱 CeO_2 的氧化还原性，这是导致催化剂活性降低的原因。此外，由于丙烷燃烧温度较高，而 CeO_2 在较高温度下易发生烧结。在 CeO_2

载体中引入锆，形成铈锆固溶体，可以有效提高载体热稳定性[13]。

除了贵金属基催化剂，在 CeO_2 中引入 Cu、Co、Ni、Mn 等过渡金属氧化物往往也具有良好的 VOCs 催化氧化性能。Solsona 等[14]研究了 CuCeO 催化剂对丙烷催化氧化的性能。发现当 CuO 以小颗粒形式存在时会进入 CeO_2 晶格，由于离子半径差异导致缺陷形成。这种体相和亚表面的缺陷是 CuCeO 较单纯的 CeO_2 具有更高丙烷燃烧活性的主要原因。Hu 等[15]则是以 NiO 为载体，在其表面负载 CeO_2。他们发现，当 Ni 与 Ce 形成均匀的 $NiCeO_x$ 纳米粒子负载于 NiO 表面比仅仅以 CeO_2 的形态负载于 NiO 表面具有更高的丙烷催化活性。这是由于 $NiCeO_x$ 具有更高的 C—H 键活化能力。

此外，钙钛矿型 $LaMnO_3$ 也对丙烷有较好的催化性能。Zhao 等[16]用柠檬酸法合成了 Ce 取代的 $La_{0.8}Ce_{0.2}MnO_3$，再用硝酸溶液刻蚀，会溶解掉部分晶格 La，同时增加样品的比表面积，提高 Mn^{4+}/Mn^{n+}、Ce^{3+}/Ce^{n+}和 O_α/O_{tot} 比例，增强氧的迁移能力，从而提升催化剂对丙烷燃烧的活性。

6.3.2 丙烯、乙烷等其他低碳烷烃催化氧化

在丙烯催化氧化中，CeO_2 作为载体负载 Au 具有较高活性。此外，在丙烯、乙烷氧化中，铈作为助剂被引入到催化剂中。例如，在 Au/TiO_2 催化剂中引入 Ce，Ce 既作为结构助剂稳定 Au，还可以作为化学助剂提供更多的活性氧，使催化剂对丙烯具有高活性[17]。另外，Kucherov 等[18]发现在 Cu/ZSM-5 中加入 5%的 Ce 或 La，均可以提高催化剂对乙烷的催化氧化性能。因为 Ce 或 La 可以稳定住具有平面四配位的孤立态 Cu^{2+}物种，而此物种正是反应的活性中心。

6.4 稀土铈基催化材料在催化氧化芳香类 VOCs 中的应用

苯、甲苯和二甲苯（三苯类）有机物，广泛存在于油漆、涂料的喷涂和使用，有机黏合剂的作业以及食品、油脂、皮革和毛的加工等行业，毒性大，容易通过呼吸道吸入或皮肤接触进入人体。随着我国经济的快速发展，特别是一些轻工业比较集中的城市，含苯废气的排放量日益增多，易发生苯系物中毒事故。三苯类有机物是 VOCs 处理中的一类重要代表性有机物。如前所述的吸附、吸收、膜处理等技术

在三苯类有机物的处理中均有报道，而催化燃烧技术则是三苯类有机物处理中应用最广泛的技术。三苯类有机物催化燃烧常用的催化剂包括贵金属催化剂（Pt、Pd 和 Au）和金属氧化物催化剂。稀土铈基材料在其中既可作为催化剂又可作为载体还可以作为助剂。

6.4.1 CeO_2作为主催化剂

① 形貌效应。近年来，CeO_2 催化剂在挥发性有机化合物的催化氧化处理方面也引起了广泛关注。如我们在第 2 章所述，目前，具有特殊结构和形貌的 CeO_2 的制备已有大量研究，包括 CeO_2 纳米线、纳米薄片、纳米棒、纳米立方体、纳米多面体、纳米球、纳米管以及多级复合结构等。通过提高 CeO_2 的比表面积、降低 CeO_2 的粒径或者暴露更多具有较高活性的晶面，可以提高 CeO_2 在氧化反应中的活性。例如，何丽芳等[19]采用水热法合成 CeO_2 纳米棒、纳米颗粒和纳米立方体，并考察了其对甲苯的催化氧化性能。结果表明，CeO_2 纳米棒因具有高比表面积，且表面主要暴露高活性的（100）/（110）晶面，拥有更多的氧空位和高活性氧物种，因此，催化活性最高，CeO_2 纳米颗粒次之，立方体最低。通过原位红外，他们还发现，CeO_2 纳米颗粒和纳米立方体上生成的羧酸盐物质难以进一步深度氧化，而纳米棒能在贫氧和低温条件下诱导甲苯的完全氧化和产物脱附，使甲苯得以快速降解。Wang 等[20]在邻二甲苯的氧化反应中也发现纳米棒 CeO_2 比纳米立方体的 CeO_2 具有更高的活性。此外，他们还发现不同形貌的 CeO_2 在水汽存在时的活性变化不同，水汽降低了纳米棒和纳米颗粒 CeO_2 的活性却促进了纳米立方体 CeO_2 的活性。

② 复合金属氧化物。单一 CeO_2 对芳香烃具有一定的催化活性，但是还存在比表面积较小、热稳定性差等局限性。因此引入 Cu、Mn、Co 等第二种金属形成复合氧化物可以极大提升其催化性能。例如，杜琴香等[21]考察了焙烧温度对 CuCeO 催化三苯类物质的活性影响。发现，焙烧温度影响铜铈固溶体的形成、复合氧化物的结晶度以及氧化还原性能。当焙烧温度是 350℃时所制得的催化剂具有最佳的性能，同时对苯基类有机物的催化活性顺序是：乙苯>二甲苯>甲苯>苯。此外，由于氧化锰自身的氧化还原性及晶格氧活性，也被引入 CeO_2 中形成 MnCe 复合氧化物用于 VOCs 的催化氧化反应。Du 等[22]采用水热法合成了不同锰铈比例的复合氧化物，并考察其对甲苯的催化燃烧活性。他们合成了由纳米片自组装形成的纳米微球，具有

大比表面积，例如 $Mn_{0.6}Ce_{0.4}O_2$ 的比表面积可达 $298m^2/g$，复合氧化物的比表面积远远大于单组分 CeO_2 和 MnO_x 的比表面积。同时，Mn 进入 CeO_2 的晶格中形成了锰铈固溶体，并且 Ce^{3+}和 Mn^{3+}大量存在导致晶格中形成大量氧空位，从而使该催化剂具有较其他比例样品更优的甲苯催化氧化活性。作者认为，锰铈固溶体中 CeO_2 主要起吸附甲苯的作用，MnO_x 则主要起氧化甲苯的作用，二者协同使样品具有高的活性。MnCe 复合氧化物又进一步被负载到 Al_2O_3[23]、TiO_2[24]等载体上用于甲苯等催化氧化，结果表明 Mn、Ce 之间的协同作用导致双组分比单组分样品具有更高的活性，催化剂性能还受载体与活性组分间的相互作用的影响。此外，Ce 也被引入到 CuMn 复合氧化物中，用于甲苯等催化氧化性能考察。Ce 的引入也能有效调节 CuMn 复合氧化物的氧空位、晶格氧活性等，从而提升催化剂性能。

6.4.2 CeO_2作为载体

① Pt/CeO_2 催化剂。CeO_2 纳米材料一方面可以锚定贵金属颗粒，提升催化剂稳定性；另一方面可以直接参与反应，提供新的反应活性位点，进而提升反应性能。李淑君等[25]将 Pt 分别负载到 Al_2O_3 和 CeO_2 表面制得催化剂，他们发现尽管在 CeO_2 表面 Pt 颗粒比在 Al_2O_3 表面大，但是 Pt/CeO_2 对甲苯催化性能却优于 Pt/Al_2O_3。这是由于，一方面负载在 CeO_2 表面存在高电子密度的 Pt 原子，具有更强的活化甲苯能力，可以直接使苯基和甲基间的 C—C 键发生断裂；另一方面 Pt 的负载促进了 CeO_2 氧空位形成，进一步提高了 CeO_2 的储氧性能，加速氧循环。除了 Pt 解离气相氧之外，CeO_2 还可以提供活性氧物种参与催化氧化甲苯的反应，进一步提高甲苯催化氧化效率。Mao 等[26]对 Pt/CeO_2 体系中氧空位形成能进行 DFT 理论计算，结果发现，载体 CeO_2 自身的结构对氧空位形成能有显著影响。如图 6-4，在具有纳米孔的 CeO_2 材料表面负载 Pt 团簇的相邻氧空位形成能是 1.66eV［图 6-4(e)］，而在完整晶面的立方体 CeO_2 表面负载 Pt 团簇的相邻氧空位形成能是 2.29eV［图 6-4(d)］。因为苯催化氧化遵循 Mars-van Krevelen 机理，氧空位在其中起着关键作用，因此具有微孔结构的 CeO_2 负载 Pt 团簇比纳米立方体 CeO_2 负载 Pt 团簇具有更高的苯催化氧化性能。

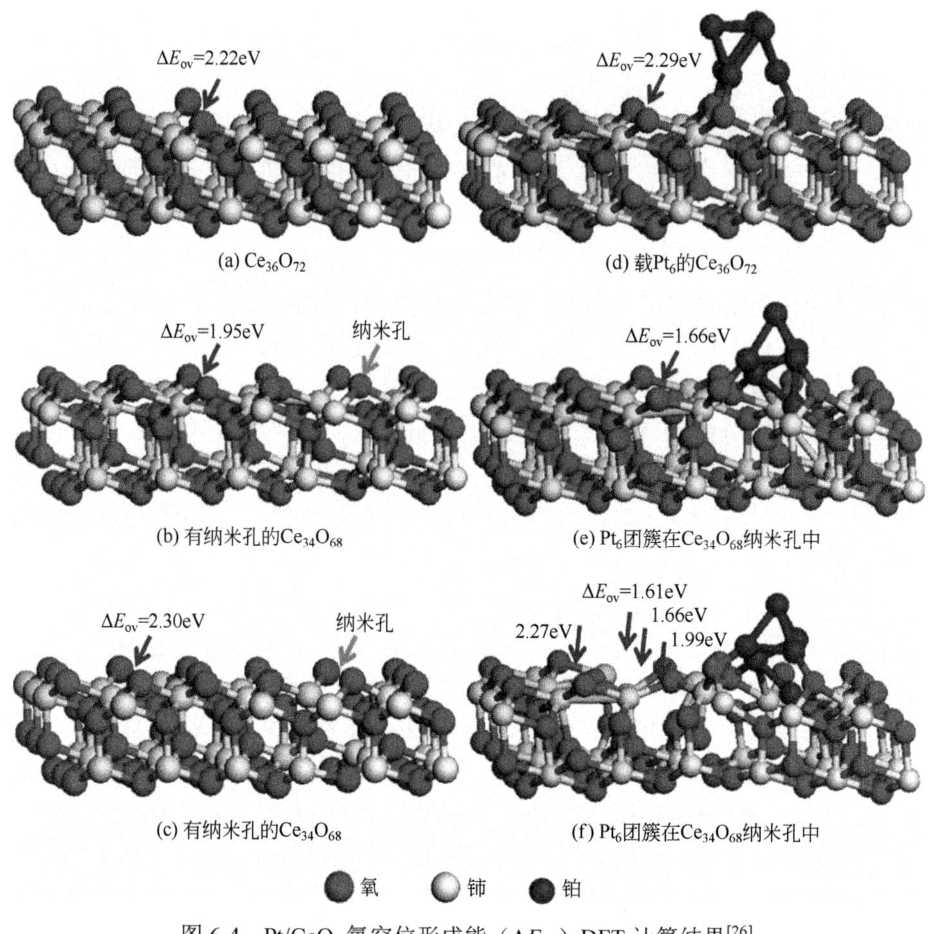

图 6-4 Pt/CeO_2 氧空位形成能（ΔE_{ov}）DFT 计算结果[26]

除了载体的性质以外，贵金属粒子尺寸也影响催化剂性能。孙西勃等[27]考察了 Pt 的粒径对 Pt/CeO_2 催化甲苯性能的影响，结果发现当 Pt 的尺寸位于中等大小 1.79nm 时显示最优的催化性能。这是由 Pt 的分散度以及 CeO_2 表面氧空位浓度双重作用所致。Wang 等[28]利用原位拉曼和红外光谱手段研究了 Pt@CeO_2 催化甲苯氧化的机理，如图 6-5。他们提出甲苯氧化过程是：a．低温时甲苯以苯甲酸盐的中间体形式吸附在催化剂表面的过氧化物上；b．污染物与缺陷位作用，晶格氧参与反应、苯环打开、反应起活，同时催化剂发生重构；c．在晶格氧参与下开环有机小分子完全氧化成二氧化碳和水，气相氧补充氧空位完成催化剂的氧循环。在此过程中，Pt-CeO_2 间的相互作用促进 Ce^{3+}形成，有利于吸附过氧物种，以吸附甲苯氧化的中间过渡物种苯甲酸盐。

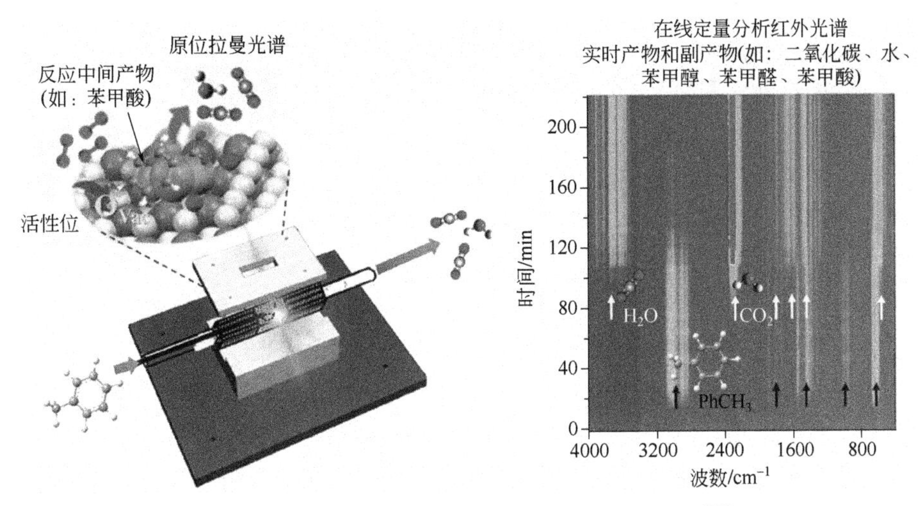

图 6-5　Pt@CeO_2 催化剂表面甲苯氧化机理研究[28]

② Pd/CeO_2 间相互作用。Pd 也常被负载到 Al_2O_3、SiO_2 等载体上用于三苯类有机物催化燃烧。载体不同时，Pd 与载体间的相互作用亦不相同。载体除了分散活性组分 Pd 外，Pd 与载体间还存在以下作用：第一，金属与载体间强相互作用；第二，可还原的氧化物起“蓄氧池”的作用。因此，载体性质的变化会直接影响催化剂活性。Lin 等[29]以 CeO_2 为载体，采用浸渍法用 Cu、Zn、Zr、Mn 对 CeO_2 进行表面改性，再在其上负载 Pd 制得催化剂，研究其对甲苯催化氧化性能。结果发现，改性剂的加入可提高 CeO_2 的储氧能力，改性剂与 CeO_2 间形成协同作用，有利于载体表面形成更多的金属 Pd，导致其催化甲苯燃烧性能提升。具体催化活性顺序是：Pd/ZrO_2-CeO_2 > Pd/MnO_2-CeO_2 > Pd/CuO-CeO_2 > Pd/ZnO-CeO_2 > Pd/CeO_2。Lee 等[30]在 Pd/CeO_2 单组分催化剂中引入了 Au，形成了 AuPd/CeO_2 二元金属催化剂。发现 AuPd 间存在协同作用，有利于形成更多金属 Pd 从而提升其对甲苯的催化氧化性能。

虽然 CeO_2 具有高的储释氧能力，但其体相氧的迁移速率太慢，在反应过程中并不能有效地提供体相氧。随着 Zr 的引入，储/放氧效率得到明显提高，且铈锆固溶体($Ce_xZr_{1-x}O_2$) 的储释氧性能与 Ce/Zr 摩尔比紧密相关，当 x=0.5 时($Ce_{0.5}Zr_{0.5}O_2$)储放氧效率达到最大值，相较于纯 CeO_2 可提高两个数量级[31]。Wang 等[32]采用密度泛函理论的计

算方法系统研究了 $Ce_xZr_{1-x}O_2$(x = 0, 0.25, 0.50, 0.75,1)的氧空位形成能，发现在 Ce/Zr 摩尔比为 1 时的铈锆固溶体具有最低的氧空位形成能，并提出了以形成氧空位相关的成键强度和结构弛豫程度为手段来理解和定量分析材料储释氧性能的理论模型。张庆豹[33]、赵雷洪等[34]研究了 $Ce_{0.8}Zr_{0.2}O_2$ 和 $Ce_{0.6}Zr_{0.4}O_2$ 固溶体负载 Pd 的整体式催化剂对甲苯催化燃烧性能。结果发现这两组催化剂在 210℃时就可将甲苯完全氧化，同时还具有良好的抗震性能和稳定性。

6.4.3 CeO_2作为助剂

氧化铈的储释氧性能也使其成为优良的助剂。在 CuO/Al_2O_3 中引入 CeO_2，催化剂对甲苯燃烧性能有显著促进作用[35]。Yu 等[36]通过溶胶-凝胶法在 MnO_x/TiO_2 的催化剂中一步加入 CeO_2，一方面会改变 MnO_x 在催化剂表面的存在形态，产生更多无定型的氧化锰物种；另一方面还会改变 MnO_x 与 Ce-Ti 载体间的相互作用，最终提升催化剂对甲苯氧化反应的性能。Chen 等[37]在载体 TiO_2 表面先用湿浸渍法负载 CeO_2，再在其上负载 Pd。结果 CeO_2 的引入可以提升催化剂的氧化还原能力。同时，由于 CeO_2 与 Pd 间的相互作用，使样品中形成了更多的活性物种 Pd^0，导致样品显示更高的甲苯催化氧化性能。

6.5 稀土铈基催化材料在催化氧化含氧类 VOCs 中的应用

VOCs 中还有一类物质，他们的分子结构中本身就含有氧原子，使他们在氧化反应中具有独特的性能。比如甲醛、甲醇、乙醛、乙醇、乙酸乙酯等。下面就分甲醛，酯类、醇类两部分进行介绍。

6.5.1 甲醛氧化

甲醛(formaldehyde，HCHO)是室内环境污染的罪魁祸首之一，在我国有毒化学品优先控制名单上高居第二位[38]。甲醛不仅能引发眼睛刺激、头痛、咳嗽、过敏性鼻炎和支气管炎，造成肝脏、心肌、肺和肾脏神经毒性损伤，还会导致失眠、精神不集中、记忆力下降、情绪反常、食欲不振、流产、不孕等不良症状，甚至能引发鼻咽癌、结肠癌、脑瘤等疾病。室内甲醛主要来源于脲醛树脂黏合剂，装修使用的各种人造板材、新式家具、墙面地面的装饰铺设都要使用黏合剂。凡是使用黏合剂的地方，都会有甲醛释放。研究表明，室内家具和装修材料中的甲醛释放期一般为8～15年，甲醛的危害已经引起人们的广泛关注，甲醛的处理关乎人类的生命健康。甲醛的去除方法有多种：通风换气法、物理吸附法、臭氧氧化法、等离子法、植物吸收法、联合法及催化氧化法等。我们这里重点介绍催化氧化技术，尤其是稀土铈基催化材料在甲醛催化氧化中的应用。

① MnCeO 基催化剂。Pt、Pd、Rh 等负载于 CeO_2 或者铈基复合氧化物表面在低碳烷烃、三苯类物质氧化中均有应用。但是，对于甲醛氧化，CeO_2 较少用于直接负载 Pt、Pd、Rh。研究表明，TiO_2 表面负载 Pt、Pd、Rh 在室温下对甲醛的去除率可达 40%，而 $CeZrO_2$ 负载 Pt 对甲醛的去除率为40%时需要 120℃以上。Tang 等[39]研究了 MnCeO 复合氧化物载 Pt 催化剂对甲醛催化氧化性能。结果发现，当 Mn/(Mn+Ce)摩尔比为 0.5 时，Pt/MnCeO 具有最佳催化活性。作者认为是由此时 MnCe 间强相互作用所致。他们还发现，当 Pt 的前驱盐中含有氯离子时对催化剂的活性不利。若以亚硝酸氨 Pt 为前驱盐，所制得的催化剂经适当的还原温度预处理后，在室温下即可将甲醛完全氧化成 CO_2 和水，并在运行 120h 后仍无明显失活。此外，他们在 MnCeO 复合氧化物表面负载 Ag[40]，发现 Ag/MnO_x-CeO_2 催化剂对甲醛完全氧化反应具有较高的催化活性，在 100℃下即可将甲醛完全氧化成 CO_2 和水。作者提出活性氧物种是氧从 CeO_2 经过 MnO_x 转移到活性位 Ag_2O(Ce→Mn→Ag)产生的。这个机理合理地解释了 Ag/MnO_x-CeO_2 催化剂在低温下对甲醛的氧化具有较高催化活性的原因。

② Ag/CeO_2 催化剂。Imamura 等[41]将 Ag 负载在 CeO_2 上，在 150℃时甲醛能完全转化，作者认为 Ag/CeO_2 催化剂上的表面氧物种比 CeO_2 或 Ag_2O 上的氧物种容易脱附，因而对甲醛的催化分解活性较高。Ding 等[42]在 70℃、常压下，在 Ag/CeO_2 小球上通过介质阻挡放电，对气流中的甲醛进行等离子体催化氧化。结果发现 99%的甲醛被消除，CO_2 产率为 86%，输入放电能量密度为 108J/L。而在相同的实验条件下，在等离子体诱导氧化和在 Ag/CeO_2 上催化氧化（不放电）中，甲醛氧化成 CO_2 的转化率仅为 6%和 33%。作者认为等离子体产生的气相自由基（如 O·和 HO_2·）在甲醛氧化成 CO 和 CO_2 中起了重要作用。与采用 γ-Al_2O_3 小球的情况[43]相比，Ag/CeO_2 上甲醛的脱除效率更高，CO_2 产率也更高，这是由于在介质阻挡放电中产生的等离子体和

Ag/CeO_2催化剂之间存在协同效应。一方面等离子体协助CO在催化剂上的氧化；另一方面等离子体协助的氧化还原循环可促进甲醛及其过渡态甲酸的氧化。

③ Au/CeO_2催化剂。自Jia等[44]发现纳米Au在CeO_2表面显示出较优异的甲醛氧化性能以来，Au/CeO_2催化剂在甲醛氧化中得到较多研究。Li等[45]采用模板剂法合成了大比表面积的CeO_2，在其上负载纳米Au，考察其对甲醛氧化性能。他们成功合成出了比表面积高达$270m^2/g$的CeO_2，而传统方法合成的CeO_2比表面积仅为$37m^2/g$。用沉淀沉积的方法将Au负载其上，这样得到的催化剂在37℃时对甲醛的催化净化去除率是92.3%，传统方法合成的CeO_2负载Au催化剂的去除率仅为12.5%。作者认为，这主要是由两方面原因所致：第一是Au在CeO_2表面形成了AuCeO固溶体，Au具有较高的价态对甲醛有较强的吸附能力；第二是CeO_2具有大比表面积，可提供更多氧空位而有利于氧气活化。Liu等[46]又合成了具有三维大孔结构的CeO_2-Co_3O_4载体，并将Au负载其上。结果发现，在39℃时这种特殊结构的催化剂可将甲醛完全催化氧化。Xu等[47]则考察了CeO_2暴露晶面对Au/CeO_2催化甲醛性能的影响。作者合成了具有特定暴露晶面的纳米棒CeO_2，主要暴露晶面是（110）和（100），在其上负载Au，在甲醛氧化反应中显示出优于粉末CeO_2载Au催化剂。作者认为这主要是由于纳米棒CeO_2暴露的（110）和（100）晶面形成氧空位所需能量更低，亦即更易形成氧空位。另一方面Au的存在会导致CeO_2中Ce—O键强度减弱，在甲醛氧化中起促进作用，如图6-6。Wang等[48]采用水热法合成了尺寸均匀的CeO_2纳米球，并在其上负载AuPd，研究其对甲醛催化氧化性能的影响。作者得到了尺寸范围在100～500nm的CeO_2球，且尺寸根据溶剂的醇水比例、阻隔剂PVP比例、硝酸铈溶液浓度等参数可调。以其为载体负载的AuPd双组分催化剂在50℃左右可以将甲醛完全催化氧化。

在CeO_2表面或晶格中引入杂原子，形成更多氧空位是调节CeO_2氧化性能的常用方法。引入原子的价态、半径等参数对氧空位的形成有至关重要的影响。例如，在CeO_2晶格中引入Pr^{3+}、Tb^{3+}等低价离子，可降低晶格氧迁移所需的能量；引入半径较小的离子如Zr^{4+}，则可增强CeO_2的储氧量。Huang等[49]将Eu^{3+}掺杂进纳米片状CeO_2晶格中。作者发现，Eu的掺入，能提升CeO_2对甲醛热催化氧化和光催化氧化的性能。一方面是Eu掺入导致CeO_2更易形成氧空位，另一方面是

Eu 掺入能改善样品的亲疏水性，增加了样品与甲醛的接触面积，使反应速率加快。

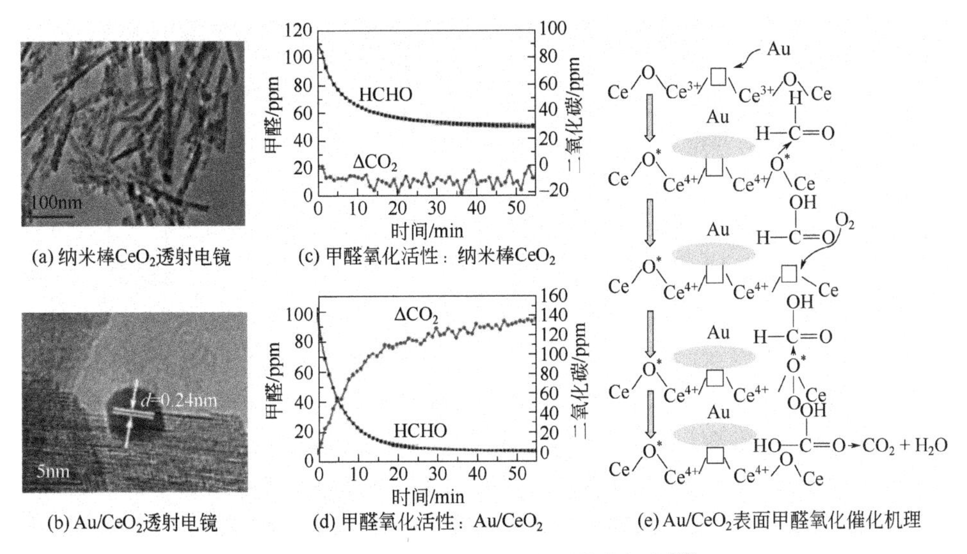

(a) 纳米棒CeO_2透射电镜　(b) Au/CeO_2透射电镜　(c) 甲醛氧化活性：纳米棒CeO_2　(d) 甲醛氧化活性：Au/CeO_2　(e) Au/CeO_2表面甲醛氧化催化机理

图 6-6　甲醛在 Au/CeO_2 表面催化氧化[47]

（甲醛：1ppm=1.34g/L；二氧化碳：1ppm=1.96g/L）

6.5.2　酯类、醇类氧化

为了迎接能源与环境面临的双重挑战，在传统化石燃料中引入清洁燃料具有重要的战略意义。乙醇与汽油相似，具有较高的辛烷值。如果在汽油中加入一定量的乙醇，可提高辛烷值并增强汽油的抗爆性能，从而提高发动机压缩比和发动机功率。乙醇的含氧量高，所以乙醇汽油在气缸内完全燃烧的需氧量要比纯汽油少，燃烧较充分。含氧量高的特性能提高发动机的热效率。乙醇为液体，易于储存和运输，水溶性强且易挥发，容易降解。目前，石油资源紧缺，发展乙醇及其他醇类替代燃料能有效缓解对石油的依赖。甲醇与乙醇相似，也被用作替代燃料。醇类汽油车尾气中存在未燃烧的醇类和副产物醛类等污染物。例如甲醇燃料车尾气中主要含甲醇和甲醛等污染物，而乙醇燃料车尾气中存在乙醇、甲醛和乙醛等。乙醇和甲醇都属于易燃物质，单纯处理仅含乙醇和甲醇的有机废气只需直接燃烧即可。下面以乙酸乙酯作为含氧有机物的代表，介绍稀土铈基催化材料在其催化氧化中的应用。

乙酸乙酯是一种典型酯类 VOCs，主要来源于工业溶剂，大量释放到环境中会引起健康问题，人体接触会导致恶心、眩晕、刺激眼睛等危害。稀土铈基材料在乙酸乙酯催化燃烧中有较多应用。

在 CeO_2 中掺入其他过渡金属常用作催化氧化反应的催化剂。研究表明，在氧化铈中掺入 Cu、Co、Ni、Mn、Zr 等有利于构建更多的氧空位、活化晶格氧、调节氧化物的氧化还原性能，从而提升其在氧化反应中的催化活性。Chen 等[50]合成了 CeCu、CeCo 和 CeNi 三种复合氧化物，结果发现 CeCo 复合氧化物具有更优的乙酸乙酯催化氧化活性。Konsolakis 等[51]采用简单的浸渍法将 Co_3O_4 负载到 CeO_2 表面，结果发现 Co_3O_4 负载后与 CeO_2 间产生相互作用，使 CeO_2 晶格氧的迁移能力增强，使其对乙酸乙酯催化氧化活性得到提升。当 Co_3O_4 的负载量为 20%（质量分数）时，催化剂活性最优。乙酸乙酯 T_{90} 约 260℃，而纯的 CeO_2 的 T_{90} 是 300℃。当进一步增加 Co_3O_4 的负载量，其催化活性反而降低。Akram 等[52]采用水热法在无表面活性剂的条件下合成了纳米棒状 CeO_2-CoO_x 复合氧化物。作者认为 $Ce_{0.5}Co_{0.5}O_x$ 是钴铈固溶体，其对乙酸乙酯催化氧化的 T_{90} 是 195℃。可见相较于前述的直接浸渍负载 T_{90} 有显著降低。并且在反应中引入 1.5%（体积分数）水汽，其活性几乎不受影响，说明样品具有很强的抗水汽能力。

除了采用铈基复合氧化物直接作催化剂，也有将复合氧化物负载到其他载体上的催化剂。李欣等[53]将 MnCeO 负载到 Al_2O_3 表面，结果发现 Ce 的引入不仅提升了 MnO/Al_2O_3 对乙酸乙酯的催化氧化活性，$Mn_{0.8}Ce_{0.2}O_x/Al_2O_3$ 上 T_{90} 是 225℃，而 MnO/Al_2O_3 上 T_{90} 是 270℃，同时，还提升了催化剂的抗水汽性能。Tsoncheva 等[54]将 CuCeO 复合氧化物负载到多孔氧化硅载体表面，结果发现载体的孔道结构会直接影响 CeO_2 物种的分散，三维孔道结构比二维孔道更利于分散，在三维孔道表面形成界面层，在二维孔道表面则形成纳米颗粒。而 Cu 离子更易进入界面层 CeO_2 的晶格，从而对乙酸乙酯催化氧化显示更优良的性能。此外，CuCe 的摩尔比也将对催化性能产生影响。Carabineiro 等[55]以 Gd、La、Pr、Nd、Sm 稀土元素掺杂 CeO_2 形成 $Ce_{0.5}Ln_{0.5}O_{1.75}$（Ln = Gd、La、Pr、Nd、Sm）载体，在其表面负载 CuO。结果发现，$Ce_{0.5}Pr_{0.5}O_{1.75}$ 为载体时，其活性比掺入其他稀土元素活性更高。作者认为，乙酸乙酯在 CuO/CeLnO 催化剂表面的反应遵循 Mars-van Krevelen 机理，即乙酸乙酯与晶格氧反应，因此晶格氧的活化能力是影响活性的关键因素。此外，CuCeZrO 复合氧化物负载于 ZSM-5 分子筛上用于乙酸乙酯氧化的研究也有报道[56]。$CuCe_{0.75}Zr_{0.25}$/ZSM-5 活性最佳，T_{90} 是 248℃。

Ce 作为助剂用于醇、酯催化氧化的催化剂中。Lin 等[57, 58]以掺Al的介孔 SiO_2 为载体负载 Ce，结果发现含 Al 介孔 SiO_2（Al-MSPs）较 ZMS-5 分子筛负载 Ce 具有同样的乙酸乙酯催化氧化活性，但是却有更好的稳定性。接着，他们在 Ce-Al-MSPs 上分别负载 Cu、Co、Ni、Mn、Fe，结果发现 Mn 与 Ce 之间作用更强，促进了催化剂表面可还原性，对乙酸乙酯具有更强的吸附作用，从而显示更优的催化性能。助剂 Ce 在载体中的具体位置也会影响催化剂的性能。Zhang 等[59]合成了 Ce 具有不同位置的 Ce-Ti-Al 载体。一是用溶胶法一步合成标记为 CAT，一是在 TiAl 载体表面浸渍 Ce 标记为 Ce/AT。结果发现，一步合成的载体 Ce 进入骨架，而浸渍法的 Ce 分散在表面。骨架中掺 Ce 会使 CAT 具有更多的表面吸附氧，同时更易形成 Al—O—Ti 键；而表面的 Ce 则会对孔道造成堵塞，且不利于形成 Al—O—Ti 键。因此，一步法合成的 CAT 负载 Pd 或 Pt 比浸渍法合成的 Ce/AT 负载 Pd 或 Pt 具有更高的甲醇催化氧化性能。

6.6 稀土铈基催化材料在催化净化含卤类 VOCs 中的应用

含氯挥发性有机化合物（CVOCs）是含杂原子 VOCs 中的一类，在工业生产中排放较多，其对环境存在着持久性的污染和危害，如破坏大气层中的臭氧、导致臭氧层空洞、造成温室效应等。主要包括氯苯、二氯甲烷、四氯化碳、二氯乙烷、三氯乙烷、三氯乙烯、四氯乙烯以及多氯二苯并二噁英、多氯二苯并呋喃和多氯联苯等有机氯化物。含氯挥发性有机化合物的消除，包括催化燃烧、催化加氢脱氯、光催化降解、催化水蒸气重整等。

6.6.1 催化燃烧

CVOCs 催化燃烧是一种在催化剂的作用下，使废气中的 CVOCs 被氧化剂（如空气）完全氧化生成 H_2O、CO_2 或 CO、HCl 或 Cl_2 的方法，被广泛用于 CVOCs 的处理。催化燃烧能够在较低的温度下处理较低浓度的 CVOCs，能耗较低，效率高，是一种较为成熟的 CVOCs 消除技术。CVOCs 催化燃烧的常用催化剂亦可以分为负载型贵金属催化剂、非贵金属氧化物催化剂、固体酸催化剂。由于负载型贵金属催化剂上 Deacon 反应和氧氯反应[60]都具有较高的活性，使得反应过程中会产生很多氯气和多氯代副产物，要使氯代烃类完全氧化为二氧化碳等燃烧终产物则需要更高的温度。由于贵金属和燃烧过程产生的氯物种之间存在较强的相互作用，造成贵金属催化剂氯中毒。因此，贵金属催化剂在 CVOCs 催化燃烧中的应用受到了很大的限制。

用于 CVOCs 催化燃烧的非贵金属氧化物催化剂中，氧化铬、氧化锰由于具有很高的活性而受到广泛研究。Yim 等[61]将氧化铬负载到 Al_2O_3、SnO_2、多孔碳、沸石表面，研究其对四氯乙烯的催化氧化性能。结果发现，各种载体负载的氧化铬催化剂都具有较高的催化燃烧活性，但是在反应过程中氧化铬会生成易挥发的氧氯化铬($Cr_2O_2Cl_2$)。由于该物质具有很高的毒性，从而对环境造成二次污染。Mn 基催化剂在二氯甲烷、三氯乙烯、三氯苯酚的氧化反应中均显示优良的催化性能。

催化剂稳定性一直是 CVOCs 催化燃烧催化剂必须解决的问题。研究表明[62, 63]，H-ZMS-5，H-Y，H-MOR 等固体酸催化剂对 CVOCs 催化燃烧都具有较高的稳定性。这主要是因为，B 酸中心是 CVOCs 催化燃烧活性中心，适当的酸浓度和酸强度可以促进 CVOCs 的分解。同时，在固体酸中加入金属元素，可以构建催化剂表面 B 酸中心和金属活性双功能中心，从而提升催化剂的性能。除上述材料以外，稀土铈基催化材料在 CVOCs 催化燃烧中也有广泛应用。

① CeO_2 催化剂。Dai 等[64-66]发现 CeO_2 对三氯乙烯(TCE)具有良好的催化氧化活性，其 T_{90} 为 205℃。作者认为三氯乙烯在 CeO_2 表面催化氧化主要包括两步，TCE 首先在 CeO_2 表面弱碱性位吸附，通过双氯解离脱除两个 Cl 原子生成 CHCCl，然后 CHCCl 在 CeO_2 表面进一步解离成 CHC^+Cl^- 物种；其次，该物种与催化剂表面活性氧物种发生氧化反应。但反应产生的 HCl 和 Cl_2 在催化剂 CeO_2 上的强吸附，使催化剂快速失活。为了解决 CeO_2 失活的问题，作者又用原位生长的办法在 CeO_2 纳米片外面包裹一层 ZSM-5 膜，形成具有核壳结构的 CeO_2@ZSM-5 催化剂，结果发现可以有效提升催化剂抗 Cl 中毒的能力。Cen 等[67]用第一性原理研究了 CVOCs 氧化时氯原子在 CeO_2 的(111)晶面的转化过程，结果发现尽管氯原子在 CeO_2 表面吸附强，但是若在反应中引入水汽或者含氢物质可以减弱 CeO_2 的氯中毒。

② $CeMO_x$ 复合氧化物。为了提高 CeO_2 的催化活性，一般可通过

掺杂各种元素的方法在 CeO_2 中造成更多的缺陷位和氧空位来实现。Gutiérrez-Ortiz 等[68]研究了氧化铈、氧化锆和混合氧化物上正己院、二氯乙烷、三氯乙烯的催化燃烧。结果发现，Zr 离子的掺杂可以提高催化剂的活性。其原因是 Zr 进入 CeO_2 晶格中，造成了氧化铈晶体结构的扭曲，促进了大量晶格氧的流动性。此外，氧化锆比例较高的催化剂如 $Ce_{0.5}Zr_{0.5}O_2$ 和 $Ce_{0.15}Zr_{0.85}O_2$ 活性更高[69]，这是铈锆混合氧化物表面酸性和晶格氧的高迁移性协同作用的结果。因此，作者认为 TCE 催化燃烧反应的第一步是氯原子在强酸性位的吸附，随后 CeO_2 催化剂中的活性氧物种通过 MVK 机理进攻吸附的氯原子。

过渡金属由于具有未充满的 d 轨道，性质与其他元素有明显差别。该类元素的电子构型中都有不少单电子，较容易失去，所以这些金属都有可变价态，可以用于 CeO_2 结构和性能的修饰。吴勐[70]用浸渍法合成了不同 Mn/Ce 比例的 $MnCe/Al_2O_3$ 催化剂，结果发现所得催化剂对氯苯均有良好催化燃烧活性。同时他们还发现当反应温度低于 350℃催化剂有失活现象，这是由于反应中生成的 Cl 物种在催化剂表面上吸附较强，降低了催化剂中氧的流动性。当反应温度高于 350℃时，表面吸附的 Cl 通过与气相中 O_2 发生 Deacon 反应生成 Cl_2，或者以 HCl 的形式被带走，从而使催化剂寿命得以延长。作者又进一步在体系中加入 Mg，发现可以提升催化剂的活性但是对于 350℃以下的失活并没有显著改善。作者又将 Mn、Fe、Co、Ni 引入 VCe 结构中，发现催化剂对氯苯的催化燃烧 T_{90} 降为 350℃，由于 V 的存在催化剂显示较好的稳定性。

CeO_2 具有一定的碱性，也是其在 CVOCs 氧化反应中易失活的原因。因此在其表面引入一定的酸性位点可以有效提升其催化性能。Dai 等[71]、Zhang 等[72]在纳米片的 CeO_2 表面引入磷酸根，其对二氯甲烷氧化的活性和稳定性都得到显著增强。这是由于 CeO_2 表面引入磷酸根，增加了 B 酸位点的同时减少了 O^{2-} 碱性位点，可以有效避免二氯甲烷氧化的副产物一氯甲烷的形成，使氯原子顺利转化成 HCl。

③ Ru/CeO_2 催化剂。贵金属基催化剂如 Pt、Pd、Rh、Ru 等在 CVOCs 的催化燃烧中也显示出低温活性。Miranda 等[73]考察了氧化铝负载的 Pt、Pd、Rh、Ru 催化剂对三氯乙烯催化燃烧性能。结果表明，不同贵金属催化剂反应活性顺序为 Ru≥Pd > Rh > Pt。在 Rh、Pd 和 Pt 催化剂反应体系中，四氯乙烯是唯一的副产物；而 Ru 催化剂反应体系中，检测到三氯甲烷和四氯甲烷，说明对于 C═C 键的氧化 Ru 具有较

高的活化能力。Ran 等[74]在 Ru/Al_2O_3 中引入 Ce 合成了 $Ru/Ce\text{-}Al_2O_3$ 催化剂并考察其对二氯甲烷的催化燃烧性能，结果发现，Ce 的引入可以降低 Ru/Al_2O_3 催化二氯甲烷的稳定活性温度，由 285℃降低至 250℃，表明 Ce 的引入提升了 Ru/Al_2O_3 的催化活性。这是由于 Ru 进入 CeO_2 的晶格从而提升了 Ru 的分散度；Ce 的引入还提升了催化剂表面氧的流动性和酸性。Ce 的加入也提高了催化剂 Deacon 反应活性，并减弱了催化剂表面对 Cl 的吸附强度。以上是 Ce 引入提升催化剂活性的主要原因。

Dai 等[75]以 CeO_2 为载体负载 MO_x(M = Pt、Pd、Ru、Fe、Co、Cu)，再以磷酸根酸化处理，发现磷酸化的 RuO/CeO_2 具有最佳的 CVOCs 催化氧化性能。他们提出了如图 6-7 的反应机理：除了前述的磷酸根引入 B 酸位点以外，RuO 独特的化学稳定性也是决定其性能的重要因素，正是磷酸根、RuO_x 和 CeO_2 之间的协同作用使其具有优秀的 CVOCs 催化氧化活性和稳定性。

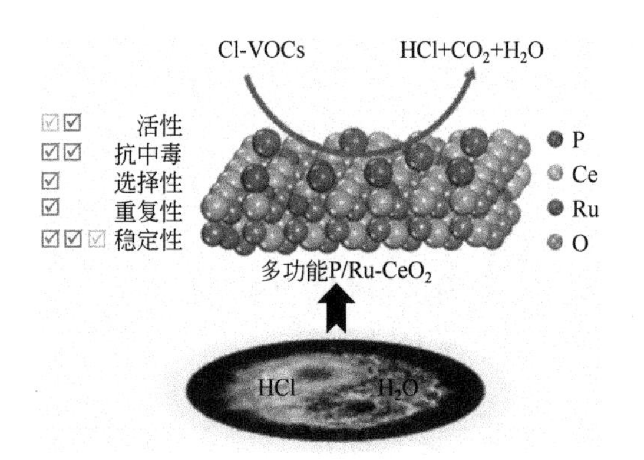

图 6-7　$PO_x/RuO_x\text{-}CeO_2$ 催化氧化 CVOCs 机理示意图[75]

分子筛由于具有特殊孔道结构、酸性可调等特点在传统催化中起着至关重要的作用。将稀土元素引入分子筛在 CVOCs 的催化氧化中也有重要应用。Huang 等[76]将 CeO_2 引入超稳定 Y 型分子筛（USY），发现其对 1,2-二氯乙烷(DCE)的催化燃烧活性显著高于 Al_2O_3 和 SiO_2 负载的 CeO_2 催化剂。作者认为，催化剂的酸性强度及强弱酸比例是影响 DCE 催化脱氯性能的关键因素。CeO_2 与 USY 分子筛之间的相互作用增加了催化剂上强酸中心的数目，显著促进了催化剂上活性氧物种的流动，从而提高了催化剂的脱氯能力和深度氧化能力。Yang 等[77]将 CeCrO 复合氧化物负载到不同类型的分子筛包括 H-BETA、

H-ZSM-5、H-MOR、USY，研究其对 DCE 的催化燃烧性能。结果发现，CeCrO 与分子筛间存在相互作用，其活性优于单纯的复合氧化物和单纯的分子筛；H-ZSM-5 具有特殊的三维“之”字型交叉孔道结构、较大的介孔体积、丰富的强弱酸中心，结合 CeCrO 的强氧化还原性，使 CeCrO/H-ZSM-5 具有最优的催化性能。

此外，水汽也是使催化剂失活的一大因素。为了提升材料的抗水性能，Wu 等[78]在 Ru/TiCeO$_x$ 催化剂表面包裹了一层超疏水的苯基三乙氧基硅烷（PhTES），使催化剂的抗水性得到显著提升。从图 6-8 可见，包裹苯基三乙氧基硅烷的催化剂表面由完全亲水变至完全疏水，避免了氧空位被水分子占据，从而在邻二氯苯的氧化中显示更高的活性和更长的寿命。

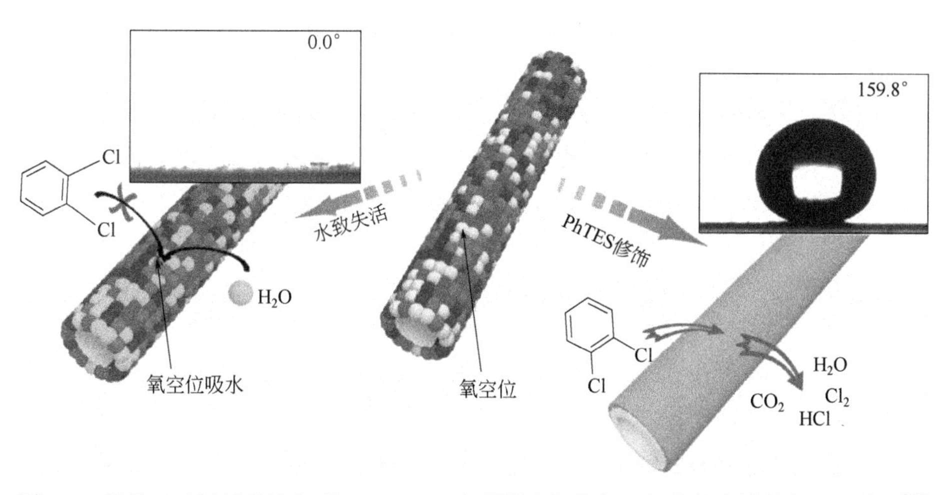

图 6-8　苯基三乙氧基硅烷包裹 Ru/TiCeO$_x$ 表面提升氧化邻二氯苯抗水性的机理示意图[78]

6.6.2　催化加氢脱氯

加氢脱氯(hydrodechlorination，HDC)技术即在催化剂的作用下，含氯有机物选择性地进行催化转化反应，分子中脱去氯原子引入氢原子，从而消除含氯有机物对气候的破坏作用，并得到高附加值的产品，如 1,2-二氯乙烷催化加氢转化为高附加值的乙烯。催化加氢脱氯过程反应条件相对温和，反应物中的氯原子被消除的同时生成了可以回收利用的有机化合物，并且无 CO_2 排放。因此，催化加氢脱氯被认为是消除氯代有机物对环境污染的一种简单、有效的处理技术。

在 CVOCs 加氢脱氯反应过程中，C—Cl 键发生断裂生成 HCl，可以通过催化剂的选择、反应条件的改变使 CVOCs 脱氯并选择性加氢，以提高产物的选择性。一般而言，氯代烷烃的加氢脱氯反应比氯代芳烃和氯代烯烃更不容易进行。实现氯代有机化合物催化加氢脱氯最关键技术是高活性及高稳定性催化剂的设计及制备。自 20 世纪 80 年代以来，关于加氢脱氯催化剂的研究报道很多，但真正进入工业化应用的很少，当前的加氢脱氯催化剂普遍存在催化活性差、目标产物选择性不高，特别是由于含氯化合物加氢脱氯反应体系的特殊性，使得催化剂活性组分易流失、易烧结、易积炭，催化剂寿命短、重复使用后再生和回收困难等，难以进行工业化放大生产[79]。

目前，用于加氢脱氯的催化剂活性组分主要包括贵金属 Pt、Pd、Rh 及镍基材料，载体主要包括 Al_2O_3、SiO_2、TiO_2、ZrO_2、碳基材料等。稀土铈基材料在加氢脱氯反应中也有报道。Fan 等[80]比较了碳纳米管、CeO_2、SBA-15、ZrO_2、SiO_2 和 Al_2O_3 作载体负载 Pd 对 1,2,4,5-四氯苯加氢脱氯性能的影响。结果发现，碳纳米管、CeO_2 和 SBA-15 负载的 Pd 催化剂比其他几种载体负载 Pd 催化剂具有更高的活性。作者认为载体大的比表面积、Pd 物种高的分散度是影响催化剂活性的主要原因。Gopinath 等[81]的报道也证实了这一点，他们采用沉淀沉积法和浸渍法合成了 Pd/CeO_2 催化剂，发现沉淀沉积法制得的样品 Pd 具有更高的分散度，在氯苯加氢脱氯反应中也显示更高的反应稳定性。Cobo 等[82]在 CeO_2 载体表面分别负载 Pd、Rh、PdRh 并考察其对液相三氯乙烯(TCE)加氢脱氯的性能。结果发现双组分的 PdRh 催化剂比单组分催化剂具有更高的活性。作者认为由于 PdRh 双组分和 CeO_2 间发生了更强的相互作用，双金属形成更多的低价态 Pd^0、Rh^0 物种，而这正是对三氯乙烯加氢脱氯贡献最大的物种。Wu 等[83]研究了 Pd/CeO_2 催化双氯酚酸钠加氢脱氯反应，发现与 Al_2O_3 等其他载体相比，Pd 与 CeO_2 间产生强的金属载体相互作用，是催化剂具有更高活性的主要原因。作者还认为 Pd/CeO_2 催化还原双氯芬酸钠的过程符合 Langmuir-Hinshelwood 模型,是吸附控制过程。整个脱氯反应同时存在一步脱氯和分步脱氯过程,Pd 负载量增加促进一步脱氯过程的发生。

稀土铈基材料也被用作助剂引入加氢脱氯催化剂中。黏土具有纳米级层间域以及层间交换、层间吸附等物化特性，因而可用特定离子或离子团替代黏土纳米层间域中的可交换离子固定在层间形成支柱，从而制备具有一定孔径或孔道的柱撑黏土材料(PILC)。Pizarro 等[84]研究了 Ce 引入对柱撑黏土材料分别载 Pt 和 Ir 催化 4-氯酚和 4-氯苯胺加氢脱氯的影响，并得到一些有趣的结果。作者发现，Ce 引入提升了 Pt 基催化剂对 4-氯酚加氢脱氯的活性，却降低了 Ir 基催化剂对 4-氯酚加氢脱氯的活性；而对于 4-氯苯胺加氢脱氯，Ce 引入 Pt 基和 Ir 基催化剂的活性都得到提升。作者认为 Ce 的引入会形成强的 PtCe、IrCe 相互作用，而这种相互作用在不同催化剂以及不同反应体系中的贡献并不完全一致。由于柱撑黏土材料自身组成也比较复杂，对于 IrCe 体系除了 IrCe 间的相互作用，其他组分如 Si、Fe 等元素也可能影响催化剂活性。

Ni 基材料也常用于加氢脱氯。除了 Al_2O_3、SiO_2、ZrO_2 和 TiO_2 常用载体以外，Chary 等[85]以 CeO_2 为载体负载 Ni，研究了合成方法对 Ni/CeO_2 催化氯苯加氢脱氯的影响。结果发现，用共沉淀法合成的样品比浸渍法合成的样品具有更高活性和稳定性。作者认为，采用共沉淀法制得的样品 Ni 的颗粒更小、分散性更好，从而与 CeO_2 之间形成更强的相互作用，这些是其活性高、稳定性好的主要原因。

催化燃烧技术在 VOCs 控制过程中起着重要作用，其中铈基等稀土材料在这一重要技术中扮演着不可或缺的角色，使我国储量丰富的稀土资源得到高质高效应用。近几十年来，稀土铈基催化材料在 VOCs 净化催化剂中的作用得到广泛研究。从电子结构到晶体结构，从晶格缺陷到反应物吸附，从键能到污染物活化，从晶面暴露到催化性能，由宏观到微观，我们对其催化作用机制已经有了比较清晰和全面的认识。可以有的放矢地设计新材料，通过恰当的合成方法、技术路线制成一些新型高效的催化材料。但是，一些条件苛刻的反应，例如含氯挥发性有机物的催化净化、混有含硫物质的有机废气处理等仍是我们面临的严峻挑战。如何让稀土铈基催化材料在这些实际体系中发挥更充分的作用有待科技工作者们继续努力。

参考文献

[1] 邵敏, 董东. 我国大气挥发性有机物污染与控制[J]. 环境保护, 2013, 41(5): 25-28.

[2] 李长英, 陈明功, 盛楠, 等. 挥发性有机物处理技术的特点与发展[J]. 化工进展, 2016, 35(3): 917-925.

[3] 李明哲, 黄正宏, 康飞宇. 挥发性有机物的控制技术进展[J]. 化学工业与工程, 2015, 32(3): 2-9.

[4] Huang H B, Xu Y, Feng Q Y, et al. Low temperature catalytic oxidation of volatile organic compounds: A review[J]. Catalysis Science & Technology, 2015, 5(5): 2649-2669.

[5] 詹望成, 郭耘, 郭杨龙, 等. 稀土催化材料的制备、结构及催化性能[J]. 中国科学: 化学,

2012, 42(9): 1289-1307.

[6] Hu Z, Liu X, Meng D, et al. Effect of ceria crystal plane on the physicochemical and catalytic properties of Pd/Ceria for CO and propane oxidation[J]. ACS Catalysis, 2016, 6(4): 2265-2279.

[7] Luo J Y, Meng M, Yao J, et al. One-step synthesis of nanostructured Pd-doped mixed oxides MO_x-CeO_2 (M = Mn, Fe, Co, Ni, Cu) for efficient CO and C_3H_8 total oxidation[J]. Applied Catalysis B: Environmental, 2009, 87(1-2): 92-103.

[8] 廖文敏, 卢英, 赵培培, 等. Pt /$Ce_xZr_{1-x}O_2$ 催化剂上丙烷完全氧化性能研究[J]. 中国稀土学报, 2020, 38(1): 31-39.

[9] Hu Z, Wang Z, Guo Y, et al. Total oxidation of propane over a Ru/CeO_2 catalyst at low temperature[J]. Environmental Science & Technology, 2018, 52(16): 9531-9541.

[10] Okal J, Zawadzki M. Catalytic combustion of butane on Ru/γ-Al_2O_3 catalysts[J]. Applied Catalysis B: Environmental, 2009, 89(1-2): 22-32.

[11] Okal J, Zawadzki M. Influence of catalyst pretreatments on propane oxidation over Ru/γ-Al_2O_3[J]. Catalysis Letters, 2009, 132: 225-234.

[12] Okal J, Zawadzki M, Kraszkiewicz P, et al. Ru/CeO_2 catalysts for combustion of mixture of light hydrocarbons: Effect of preparation method and metal salt precursors[J]. Applied Catalysis A, General, 2018, 549: 161-169.

[13] Li L, Chen F, Lu J Q, et al. Study of defect sites in $Ce_{1-x}M_xO_{2-\delta}$ (x = 0.2) solid solutions using Raman spectroscopy[J]. The Journal of Physical Chemistry A, 2011, 115: 7972-7977.

[14] Solsona B, Sanchis R, Dejoz A, et al. Total oxidation of propane using CeO_2 and CuO-CeO_2 catalysts prepared using templates of different nature[J]. Catalysts, 2017, 7(12): 96.

[15] Hu Z, Qiu S, You Y, et al. Hydrothermal synthesis of NiCeO_x nanosheets and its application to the total oxidation of propane[J]. Applied Catalysis B: Environmental, 2018, 225: 110-120.

[16] Zhao B H, Ran R, Sun L, et al. A high-surface-area La-Ce-Mn mixed oxide with enhanced activity for CO and C_3H_8 oxidation[J]. Catalysis Communications, 2018, 105: 26-30.

[17] Gluhoi A C, Bogdanchikova N, Nieuwenhuys B E. The effect of different types of additives on the catalytic activity of Au/Al_2O_3 in propene total oxidation: Transition metal oxides and ceria[J]. Journal of Catalysis, 2005, 229: 154-162.

[18] Kucherov A V, Hubbard C P, Kucherova T N, et al. Stabilization of the ethane oxidation catalytic activity of Cu-ZSM-5[J]. Applied Catalysis B: Environmental, 1996, 7: 285-298.

[19] 何丽芳, 廖银念, 陈礼敏, 等. 纳米 CeO_2 催化氧化甲苯的形貌效应研究[J]. 环境科学学报, 2013, 33(9): 2412-2421.

[20] Wang L, Wang Y F, Zhang Y, et al. Shape dependence of nanoceria on completely catalytic oxidation of o-xylene[J]. Catalysis Science & Technology, 2016, 6(13): 4840-4848.

[21] 杜琴香, 周桂林, 杨瑶. 焙烧温度对 CeCu 氧化物催化剂上苯基挥发性有机物催化燃烧的影响[J]. 石油化工, 2015, 44(8): 1002-1008.

[22] Du J P, Qu Z P, Dong C, et al. Low-temperature abatement of toluene over Mn-Ce oxides catalysts synthesized by a modified hydrothermal approach[J]. Applied Surface Science, 2018, 433: 1025-1035.

[23] Kim H J, Choi S W, Inyang H I. Catalytic oxidation of toluene in contaminant emission

control systems using Mn-Ce/γ-Al_2O_3[J]. Environmental Technology, 2008, 29(5): 559-569.

[24] Yu D Q, Liu Y, Wu Z B. Low-temperature catalytic oxidation of toluene over mesoporous MnO_x-CeO_2/TiO_2 prepared by sol-gel method[J]. Catalysis Communications, 2010, 11(8): 788-791.

[25] 李淑君, 彭若斯, 孙西勃, 等. Pt/CeO_2 催化氧化甲苯反应机制研究[J]. 环境科学学报, 2018, 38(4): 1426-1436.

[26] Mao M Y, Lv H Q, Li Y Z, et al. Metal support interaction in Pt nanoparticles partially confined in the mesopores of microsized mesoporous CeO_2 for highly efficient purification of volatile organic compounds[J]. ACS Catalysis, 2016, 6 (1): 418-427.

[27] 孙西勃, 彭若斯, 李淑君, 等. Pt颗粒尺寸对 Pt/CeO_2 催化氧化甲苯性能影响[J]. 环境科学学报, 2017, 37(4): 1297-1306.

[28] Wang Q Y, Li Y X, Lotina A S, et al. Operando investigation of toluene oxidation over 1D Pt@CeO_2 derived from Pt cluster-containing MOF[J]. Journal of the American Chemical Society, 2021, 143(1): 196-205.

[29] Lin H Q, Chen Y W. Complete oxidation of toluene on Pd/modified-CeO_2 catalysts[J]. Journal of the Taiwan Institute of Chemical Engineers, 2016, 67: 69-73.

[30] Lee D S, Chen Y W. The mutual promotional effect of Au-Pd/CeO_2 bimetallic catalysts on destruction of toluene[J]. Journal of the Taiwan Institute of Chemical Engineers, 2013, 44(1): 40-44.

[31] Sugiura M. Oxygen storage materials for automotive catalysts: Ceria-zirconia solid solutions[J]. Catalysis Surveys from Asia, 2003, 7(1): 77-87.

[32] Wang H F, Guo Y L, Lu G Z, et al. Maximizing the localized relaxation: The origin of the outstanding oxygen storage capacity of kappa-$Ce_2Zr_2O_8$[J]. Angewandte Chemie (International Ed. in English), 2009, 48(44): 8289-8292.

[33] 张庆豹, 赵雷洪, 滕波涛, 等. 用于甲苯催化燃烧的 Pd/$Ce_{0.8}Zr_{0.2}O_2$/基底整体催化剂[J]. 催化学报, 2008, 29(4): 373-378.

[34] 赵雷洪, 张庆豹, 罗孟飞, 等. Pd-$Ce_{0.4}Zr_{0.6}O_2$ 直接涂覆的整体催化剂的甲苯催化燃烧性能[J]. 中国稀土学报, 2007, 25(6): 682-687.

[35] 姚杰, 张宏, 尤鹏, 等. 掺铈负载型氧化铜催化剂催化氧化甲苯研究[J]. 哈尔滨商业大学学报(自然科学版), 2009, 25(2): 150-154.

[36] Yu D Q, Liu Y, Wu Z B, Low-temperature catalytic oxidation of toluene over mesoporous MnO_x-CeO_2/TiO_2 prepared by sol-gel method[J]. Catalysis Communications, 2010, 11: 788-791.

[37] Chen Y W, Lee D S. Catalytic combustion of toluene on Pd/CeO_2-TiO_2 catalysts[J]. Journal of Nanoscience and Nanotechnology, 2013, 13(3): 2171-2178.

[38] 王垒, 赵斌元, 甘琦, 等. 催化氧化去除室内甲醛技术的研究进展[J]. 材料导报, 2012, 26(增刊 1): 307-309,320.

[39] Tang X F, Chen J L, Huang X M, et al. Pt/MnO_x-CeO_2 catalysts for the complete oxidation of formaldehyde at ambient temperature[J]. Applied Catalysis B: Environmental, 2008, 81(1-2): 115-121.

[40] Tang X F, Chen J L, Li Y G, et al. Complete oxidation of formaldehyde over Ag/MnO_x-CeO_2 catalysts[J]. Chemical Engineering Journal, 2006, 118(1-2): 119-125.

[41] Imamura S, Uchihori D, Utani K, et al. Oxidative decomposition of formaldehyde on silver-cerium composite oxide catalyst[J]. Catalysis Letters, 1994, 24(3/4): 377-384.

[42] Ding H X, Zhu A M, Lu F G, et al. Low-temperature plasma-catalytic oxidation of formaldehyde in atmospheric pressure gas streams[J]. Journal of Physics D: Applied Physics, 2006, 39(16): 3603-3608.

[43] Ding H X, Zhu A M, Yang X F, et al. Removal of formaldehyde from gas streams via packed-bed dielectric barrier discharge plasmas[J]. Journal of Physics D: Applied Physics, 2005, 38(23): 4160-4167.

[44] Jia M L, Shen Y N, Li C Y, et al. Effect of supports on the gold catalyst activity for catalytic combustion of CO and HCHO[J]. Catalysis Letters, 2005, 99(3/4): 235-239.

[45] Li H F, Zhang N, Chen P, et al. High surface area Au/CeO_2 catalysts for low temperature formaldehyde oxidation[J]. Applied Catalysis B: Environmental, 2011, 110: 279-285.

[46] Liu B C, Li C Y, Zhang Y F, et al. Investigation of catalytic mechanism of formaldehyde oxidation over three-dimensionally ordered macroporous Au/CeO_2 catalyst[J]. Applied Catalysis B: Environmental, 2012, 111/112: 467-475.

[47] Xu Q L, Lei W Y, Li X Y, et al. Efficient removal of formaldehyde by nanosized gold on well-defined CeO_2 nanorods at room temperature[J]. Environmental Science & Technology, 2014, 48(16): 9702-9708.

[48] Wang Q, Jia W J, Liu B C, et al. Controllable synthesis of nearly monodisperse spherical aggregates of CeO_2 nanocrystals and their catalytic activity for HCHO oxidation[J]. Chemistry - an Asian Journal, 2012, 7(10): 2258-2267.

[49] Huang Y C, Long B, Tang M N, et al. Bifunctional catalytic material: An ultrastable and high-performance surface defect CeO_2 nanosheets for formaldehyde thermal oxidation and photocatalytic oxidation[J]. Applied Catalysis B: Environmental, 2016, 181: 779-787.

[50] Chen X, Carabineiro S A C, Bastos S S T, et al. Catalytic oxidation of ethyl acetate on cerium-containing mixed oxides[J]. Applied Catalysis A: General, 2014, 472: 101-112.

[51] Konsolakis M, Carabineiro S A C, Marnellos G E, et al. Effect of cobalt loading on the solid state properties and ethyl acetate oxidation performance of cobalt-cerium mixed oxides[J]. Journal of Colloid and Interface Science, 2017, 496: 141-149.

[52] Akram S, Wang Z, Chen L, et al. Low-temperature efficient degradation of ethyl acetate catalyzed by lattice-doped CeO_2-CoO_x nanocomposites[J]. Catalysis Communications, 2016, 73: 123-127.

[53] 李欣, 苏伟, 刘世念, 等. 催化剂 $Mn_yCe_zO_x/Al_2O_3$ 催化氧化乙酸乙酯的性能[J]. 广东化工, 2013, 40(17): 62-63,72.

[54] Tsoncheva T, Issa G, López Nieto J M, et al. Pore topology control of supported on mesoporous silicas copper and cerium oxide catalysts for ethyl acetate oxidation[J]. Microporous and Mesoporous Materials, 2013, 180: 156-161.

[55] Carabineiro S A, Konsolakis M, Marnellos G E, et al. Ethyl acetate abatement on copper catalysts supported on ceria doped with rare earth oxides[J]. Molecules, 2016, 21(5): E644.

[56] Li S M, Hao Q L, Zhao R Z, et al. Highly efficient catalytic removal of ethyl acetate over Ce/Zr promoted copper/ZSM-5 catalysts[J]. Chemical Engineering Journal, 2016, 285: 536-543.

[57] Lin L Y, Wang C, Bai H. A comparative investigation on the low-temperature catalytic oxidation of acetone over porous aluminosilicate-supported cerium oxides[J]. Chemical Engineering Journal, 2015, 264: 835-844.

[58] Lin L Y, Bai H. Promotional effects of manganese on the structure and activity of Ce-Al-Si based catalysts for low-temperature oxidation of acetone[J]. Chemical Engineering Journal, 2016, 291: 94-105.

[59] Zhang S, Guo Y Y, Li X Y, et al. Effects of cerium doping position on physicochemical properties and catalytic performance in methanol total oxidation[J]. Journal of Rare Earths, 2018, 36(8): 811-818.

[60] Dai Q G, Bai S X, Wang X Y, et al. Catalytic combustion of chlorobenzene over Ru-doped ceria catalysts: Mechanism study[J]. Applied Catalysis B: Environmental, 2013, 129: 580-588.

[61] Yim S D, Chang K H, Koh D J, et al. Catalytic removal of perchloroethylene (PCE) over supported chromium oxide catalysts[J]. Catalysis Today, 2000, 63(2/3/4): 215-222.

[62] Gutiérrez-Ortiz J I, López-Fonseca R, Aurrekoetxea U, et al. Low-temperature deep oxidation of dichloromethane and trichloroethylene by H-ZSM-5-supported manganese oxide catalysts[J]. Journal of Catalysis, 2003, 218(1): 148-154.

[63] Abecassis-Wolfovich M, Landau M V, Brenner A, et al. Low-temperature combustion of 2, 4, 6-trichlorophenol in catalytic wet oxidation with nanocasted Mn-Ce-oxide catalyst[J]. Journal of Catalysis, 2007, 247(2): 201-213.

[64] Dai Q G, Wang X Y, Lu G Z. Low-temperature catalytic combustion of trichloroethylene over cerium oxide and catalyst deactivation[J]. Applied Catalysis B: Environmental, 2008, 81(3/4): 192-202.

[65] Dai Q G, Wang X Y, Lu G Z. Low-temperature catalytic destruction of chlorinated VOCs over cerium oxide[J]. Catalysis Communications, 2007, 8(11): 1645-1649.

[66] Dai Q G, Wang W, Wang X Y, et al. Sandwich-structured CeO_2@ZSM-5 hybrid composites for catalytic oxidation of 1, 2-dichloroethane: An integrated solution to coking and chlorine poisoning deactivation[J]. Applied Catalysis B: Environmental, 2017, 203: 31-42.

[67] Cen W L, Liu Y, Wu Z B, et al. Cl species transformation on CeO_2(111) surface and its effects on CVOCs catalytic abatement: A first-principles investigation[J]. The Journal of Physical Chemistry C, 2014, 118: 6758-6766.

[68] Gutiérrez-Ortiz J I, de Rivas B, López-Fonseca R, et al. Catalytic purification of waste gases containing VOC mixtures with Ce/Zr solid solutions[J]. Applied Catalysis B: Environmental, 2006, 65(3/4): 191-200.

[69] Cutrufello M G, Ferino I, Monaci R, et al. Acid-base properties of zirconium, cerium and lanthanum oxides by calorimetric and catalytic investigation[J]. Topics in Catalysis, 2002, 19(3/4): 225-240.

[70] 吴勐. Ce 基催化剂上氯苯的低温催化燃烧研究[D]. 上海：华东理工大学, 2012.

[71] Dai Q G, Zhang Z Y, Yan J R, et al. Phosphate-functionalized CeO_2 nanosheets for efficient catalytic oxidation of dichloromethane[J]. Environmental Science & Technology, 2018, 52(22): 13430-13437

[72] Zhang L, Deng W, Cai Y P, et al. Comparative studies of phosphate-modified CeO_2 and

Al_2O_3 for mechanistic understanding of dichloromethane oxidation and chloromethane formation [J]. ACS Catalysis, 2020, 10(21): 13109-13124.

[73] Miranda B, Díaz E, Ordóñez S, et al. Performance of alumina-supported noble metal catalysts for the combustion of trichloroethene at dry and wet conditions[J]. Applied Catalysis B: Environmental, 2006, 64(3/4): 262-271.

[74] Ran L, Wang Z Y, Wang X Y. The effect of Ce on catalytic decomposition of chlorinated methane over RuO_x catalysts[J]. Applied Catalysis A: General, 2014, 470: 442-450.

[75] Dai Q G, Shen K, Deng W, et al. HCl-tolerant H_xPO_4/RuO_x-CeO_2 catalysts for extremely efficient catalytic elimination of chlorinated VOCs[J]. Environmental Science & Technology, 2021, 55(6): 4007-4016.

[76] Huang Q Q, Xue X M, Zhou R X. Decomposition of 1,2-dichloroethane over CeO_2 modified USY zeolite catalysts: Effect of acidity and redox property on the catalytic behavior[J]. Journal of Hazardous Materials, 2010, 183(1/2/3): 694-700.

[77] Yang P, Shi Z N, Tao F, et al. Synergistic performance between oxidizability and acidity/texture properties for 1, 2-dichloroethane oxidation over (Ce, $Cr)_xO_2$/zeolite catalysts[J]. Chemical Engineering Science, 2015, 134: 340-347.

[78] Wu S L, Zhao H J, Dong F, et al. Construction of superhydrophobic Ru/$TiCeO_x$ catalysts for the enhanced water resistance of *o*-dichlorobenzene catalytic combustion[J]. ACS Applied Materials & Interfaces, 2021, 13(2): 2610-2621.

[79] 刘武灿, 张金柯, 石能富, 等. 加氢脱氯技术及其催化剂研究进展[J]. 浙江化工, 2012, 43(1): 1-6,32.

[80] Fan Y H, Zhang L R, Zhang G L, et al. Catalytic hydrodechlorination of 1, 2, 4, 5-tetrachlorobenzene over various supports loaded palladium catalysts[J]. Journal of the Chinese Chemical Society, 2015, 62(2): 117-124.

[81] Gopinath R, Lingaiah N, Sreedhar B, et al. Highly stable Pd/CeO_2 catalyst for hydrodechlorination of chlorobenzene[J]. Applied Catalysis B: Environmental, 2003, 46(3): 587-594.

[82] Cobo M, Becerra J, Castelblanco M, et al. Catalytic hydrodechlorination of trichloroethylene in a novel NaOH/2-propanol/methanol/water system on ceria-supported Pd and Rh catalysts[J]. Journal of Environmental Management, 2015, 158: 1-10.

[83] Wu K, Qian X J, Chen L Y, et al. Effective liquid phase hydrodechlorination of diclofenac catalysed by Pd/CeO_2[J]. RSC Advances, 2015, 5(24): 18702-18709.

[84] Pizarro A H, Molina C B, Fierro J L G, et al. On the effect of Ce incorporation on pillared clay-supported Pt and Ir catalysts for aqueous-phase hydrodechlorination[J]. Applied Catalysis B: Environmental, 2016, 197: 236-243.

[85] Chary K V R, Rao P V R, Vishwanathan V. Synthesis and high performance of ceria supported nickel catalysts for hydrodechlorination reaction[J]. Catalysis Communications, 2006, 7(12): 974-978.

第7章

稀土铈基催化材料在光催化消除污染物中的基础应用

7.1 光催化简介

自从掌握了以原油催化裂化和催化重整为代表的石油化工催化技术，人类社会经济得以蓬勃发展，但与此同时我们赖以生存和发展的环境也在不断恶化。如今，环境问题已成为阻碍社会经济可持续发展的重要因素之一。如果说催化技术奠定了现代工业发展的基础，那么其也将是解决人类面临重大生存环境问题的关键技术。太阳光能量丰富，取之不尽，用之不竭，是理想的能量来源。光催化技术不仅可以利用太阳能去除大气污染物分子（如 NO_x、VOCs 等）、温室气体（如 CO_2 等）、有机污染物、重金属离子，还可以获取洁净能源。这有利于保护大气、土壤及水资源，改善我们的生存环境，并且在一定程度上缓解能源危机。因此，光催化技术广泛应用于国防军事、化学工业、印染行业、医疗卫生、建筑行业、汽车工业、家用电器等领域。

20 世纪 30 年代，研究者发现在氧气及紫外光照射下，二氧化钛（TiO_2）可以降解染料和纤维，并且反应前后 TiO_2 无耗损[1]。但是由于当时人们对半导体理论理解不深以及测试分析水平不成熟，这种光催化降解有机污染物的现象被忽略，而被理解为紫外光的作用促使氧气在 TiO_2 表面产生高活性物种。20 世纪 70 年代，日本科学家 Fujishima 等在 *Nature* 杂志上发表“本多藤岛效应”的光催化现象，即 TiO_2 在紫外光下能够光电催化分解水产生氢气[2]，他们提出的太阳光催化分解水制氢的方法受到广泛的关注。随后，光催化技术在污染物降解中的应用也被逐渐发现，如：氧化多氯联苯[3]、烷烃氯化物[4]等污染物生成无污染的 H_2O 和 CO_2，这主要是由于光催化反应中会产生羟基自由基，这种活性物种有利于有机物污染物的氧化降解[5]。近几十年来，光催化已成为国内外热门的研究领域之一，各国科研工作者都做出了不懈的努力。

光催化反应指在光子的激发下起到催化作用的化学反应，“光合作用”是生活中最常见的光催化反应，它是以叶绿素作为光催化剂，将无机物转化为有机物。光催化的微观反应如图 7-1（a）所示。其中，价电子所占据的能带称为价带（VB），未被电子占满的能带称为导带（CB），两者间的空隙为禁带，禁带宽度 Eg 与半导体的光吸收阈值关系如下：λ_g(nm)=1240/Eg。当光照射到半导体表面，光能等于或超过半导体材料的带隙能量时，电子从价带跃迁到导带，价带上形成光生空穴，同时导带上形成光生电子；电子和空穴在电场的作用下分离，扩散到半导体表面，空穴是强氧化剂，电子是强还原剂，分别与表面分子发生氧化、还原反应；或者，电子和空穴在半导体表面、体相发生复合，以辐射形式将能量释放。

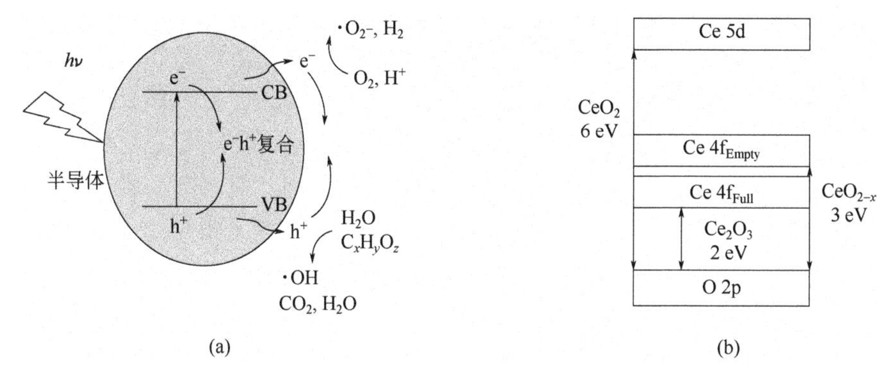

图 7-1　光催化微观反应和氧化铈的能带结构示意图

通过上述光催化反应的微观过程可以发现，半导体材料是多相光催化的核心，只有控制好半导体材料的光吸收、光生电子-空穴分离、表面反应三个方面的性质，才能获得优异的光催化性能。当光辐照的能量不小于半导体光催化剂的带隙能，且半导体光催化剂的导带和价带位置与 $\cdot O_2^-$、$\cdot OH$、产 H_2/O_2 的还原和氧化电位相匹配时，才能发生相应的反应。锐钛矿 TiO_2 因其较高的光催化性能、较好的稳定性以及低廉的价格等优势，成为应用最广泛的光催化材料。锐钛矿 TiO_2 的禁带宽是 3.2eV，其具有较高的导带和较低价带位置，光生电子、空穴的还原和氧化能力较强，可以深度还原和氧化反应物分子，避免二次污染和有毒中间物种生成。但是，TiO_2 作为直接利用太阳光的催化材料仍然存在一些不足，如：只能吸收紫外光，太阳能的利用率低；光催化反应的还原位点和氧化位点同时在 TiO_2 半导体材料表面，极容易造成光生电子和空穴复合；对反应物吸附性能较差等。因此，寻求高性能的光催化材料成为研究重点。

近年来，稀土元素以其丰富的能级结构，在光、电、磁等方面得到广泛应用。从电子结构看，4f 和 5d 轨道分别作为提供和转移电子的轨道，是光催化反应中光生电子的“转移站”；同时，在形成的氧化物中，正离子外层 d 和 s 电子的空态可以形成交叠导带，具有半导体性质。因此，稀土材料，尤其是铈基氧化物材料[6-8]，在光催化领域具有潜在的应用前景。

7.2 稀土铈基光催化剂的结构调变

CeO_2是常见的n型半导体[9, 10]，能带结构如图7-1（b）所示。理论上CeO_2的能带宽度是6.0eV，主要由价带O 2p和导带Ce 5d构成；但是，由于CeO_{2-x}中少量氧空位的存在，价带和导带分别变成O 2p与Ce 4f能级，能带宽度会减小到3.0eV左右；当在Ce_2O_3中，4f能级分裂为$4f_{Empty}$和$4f_{Full}$，价带和导带分别变成O 2p和Ce $4f_{Full}$，能带宽度变为2.0eV[11]。因此，相比于传统的金属氧化物TiO_2光催化剂，氧化铈因其特殊的电子结构，从而具有近紫外-可见光的响应，可以增强太阳光的吸收利用。同时，由于具有稳定的晶体结构、优异的氧流动性、较好的光学性质等优点，铈基催化剂被认为是最有应用前景的光催化材料之一，在大气污染物和工业废水消除等领域都具有广泛的研究。

然而，目前氧化铈光催化材料仍然存在一些不足，比如：禁带宽度为3.2eV，只能吸收波长范围小于444nm的光，不能充分利用太阳光；光生电子和空穴易于复合，导致量子效率较低，这严重降低了光催化性能；比表面积较小，不能有效地吸附反应物分子，影响表面反应等。针对上述问题，研究者对CeO_2材料进行表面改性和优化，通过引入表面缺陷、形成异质结、产生更多的反应位点等方式提高光催化反应中光吸收、光生电子-空穴分离、表面反应这三个方面的效率，进而改善光催化反应性能。这里主要从表面改性、离子掺杂以及形貌调控三个方面介绍氧化铈基光催化剂的研究进展。

7.2.1 表面改性

表面改性一般通过贵金属沉积、碳材料修饰等方式，从而显著地提高稀土铈基催化材料的光催化性能。在CeO_2表面沉积适量的贵金属可以起到如下作用：①贵金属沉积后，半导体的能带将弯向表面生成的损耗层，在金属-CeO_2界面上形成俘获电子的浅势阱能垒，抑制光生电子-空穴的复合。②光生电子快速地从CeO_2表面传输到贵金属粒子上，加快电子运输到吸附氧的速率；同时Ag、Au负载后会产生等离子体共振效应，增强光催化剂的可见光吸收。③高度分散的贵金属粒子具有特殊的电子结构，表面易吸附反应物分子，从而成为催化反应活性中心。Primo等用生物聚合物模板法合成出CeO_2纳米颗粒，将贵金属Au负载于CeO_2纳米颗粒表面，发现相比于原来的CeO_2，Au-CeO_2具有优异的光催化分解水的活性，并且1%（质量分数）Au

负载时性能最优[12]。Zhao 等合成了 CeO_2@Ag@CdS 复合材料，发现 Ag 可以增强复合材料对可见光的吸收，以及加快光生电子的迁移[13]。类似地，Pt[14]、Pd[15]沉积到 CeO_2 上亦有所报道。

另外，与半导体复合可以提高铈基催化剂的光催化性能。通过与半导体的复合形成 TypeⅡ、Z 型型异质结，如图 7-2 所示。扩展 CeO_2 光谱响应范围，同时加快光生电子-空穴的分离。常见的复合半导体有 CeO_2-TiO_2，CeO_2-CuO，CeO_2-ZnO，Fe_3O_4/CeO_2，CeO_2/CdS，CeO_2/g-C_3N_4 等[16-21]。

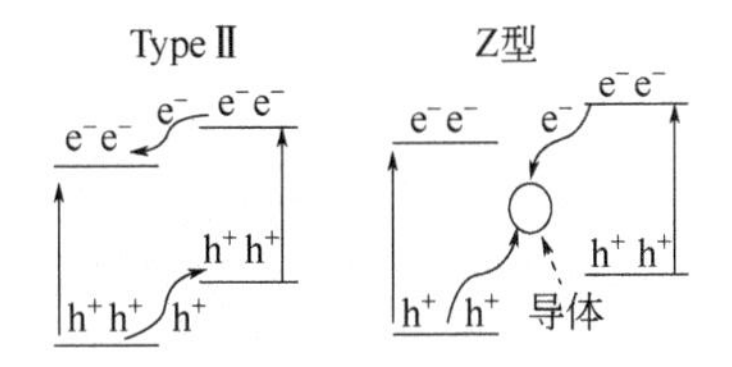

图 7-2　两种典型的复合光催化材料的光生电子和空穴传递的示意图

7.2.2　离子掺杂

离子掺杂是利用物理或化学方法，将离子引入 CeO_2 晶格结构内部，从而形成缺陷或改变晶格类型，影响光生电子和空穴的迁移方向、或改变 CeO_2 的能带结构，进而提高 CeO_2 的光催化性能。常用的掺杂离子包括非金属离子、过渡金属离子、稀土金属离子及其他离子。大量的研究表明非金属离子掺杂改性 CeO_2 可以显著提高其光催化反应的活性。Wu 等发现在非金属 N 元素掺杂过程中，少量 CeO_2 的晶格氧被替换，禁带宽度减小，其激发波长由紫外扩展到了可见光区，提高了可见光下的催化活性，实现了直接利用太阳光能中的可见光来降解有机污染物[22]。除了 N 的研究[23, 24]，还有 F[25]掺杂，以及 S、N[26]共掺杂等。另外，过渡金属离子、稀土金属离子掺杂的相关报道也不少。过渡金属离子主要集中在 Fe^{3+}、Cr^{3+}、V^{4+}等的掺杂[27-30]，稀土金属离子主要是 Eu^{3+}、Y^{3+}、Pr^{3+}等[31-33]。一般来说，掺杂离子的电位要与 CeO_2 的价带、导带相匹配，掺杂的稀土离子半径与 Ce^{4+}相近。利用离子掺杂的手段，可以增大载流子扩散长度，形成捕获中心和掺杂能级，从而抑制光生电子与空穴的复合，形成更多的氧缺陷和 Ce^{3+}物种，提高可见光的吸收。

7.2.3　形貌调变

通常，催化剂的催化性能很大程度上依赖于其结构，因此，调控催化剂结构（特殊孔道、空心结构）是提升催化活性的重要途径。近年来，新型结构的 CeO_2 光催化材料，如零维的量子点[34]，一维的纳米棒[35]、纳米管[36]，介孔结构[37]，3D 结构[38]等，吸引不少研究者的关注。Qi 等可控合成了多层 CeO_2 介孔材料，发现特殊的三层空心球结构有利于太阳光的充分利用，且大比表面积、高孔容、低密度的优点促进反应物分子的接触和连续碰撞，加强与活性组分的相互作用，因此相比于单层、双层空心球和纳米颗粒，三层介孔空心材料具有优异的光催化产氧性能[39]。另外，关于 CeO_2 的晶面效应在光催化反应中的作用机制也有一些报道[40, 41]。Li 等发现在光催化反应过程中，光生电子倾向于迁移到 CeO_2（111）晶面，而空穴倾向于迁移到 CeO_2（100）晶面[40]；本课题组研究并分别比较了 CeO_2（110）、（100）、（111）/氮化碳的复合催化剂的光解水产氢性能，发现光催化性能与复合材料界面间的电子结构密切相关，CeO_2（110）与氮化碳间的电子转移作用最强，产生的内建电场有利于光生电子-空穴分离，因而具有最优的光催化反应性能[42]。

7.3 稀土铈基催化材料在光催化消除 VOCs 中的应用

大气中的 VOCs 主要来源于工业废气、交通运输尾气以及房屋装修涂料、胶合剂等[43]。在室温下 VOCs 易挥发，对环境和人体健康产生诸多危害。因此，VOCs 的治理技术受到不少研究者的关注。近年来光催化氧化技术因为无二次污染、能耗低等优点，在去除低浓度空气污染物方面受到关注[44]。光催化氧化技术是指在光照下纳米半导体催化剂将室内空气中的挥发性有机污染物转化为无污染的 H_2O 和 CO_2。空穴的高氧化电位和在光生电荷存在下生成的反应活性中间体是光催化降解 VOCs 反应的关键。

稀土铈基材料由于具有较好的储释氧能力和丰富的表面氧缺陷等优点，应用于甲醛、乙醛、苯、甲苯等 VOCs 污染物光催化消除反应中[45-52]，其反应性能如表 7-1 所示。研究表明光催化消除 VOCs 反应性能与铈基催化剂表面的结构密切相关，特别是表面氧缺陷浓度。Eu 掺杂 CeO_2 催化剂，相比于纯 CeO_2，甲醛光催化降解性能显著提升，这主要由于 Eu 的掺入，提高了样品氧缺陷浓度，进而加快光生电子-空穴的分离；同时缺陷引入促进更多表面羟基的生成（O 1s XPS

结果），样品与甲醛的接触角实验结果进一步说明了 Eu 掺杂 CeO_2 催化剂有利于甲醛的吸附、活化[45]。Muñoz-Batista 等比较了 CeO_2-TiO_2 和 TiO_2 光催化降解乙醛反应的光吸收效率和量子效率，发现催化反应性能依赖于催化剂的表面性质，在紫外光和可见光下，CeO_2-TiO_2 都具有最优的反应活性和稳定性[48]。另外，研究发现一些铈基材料还可以将光能转化为热能，进而提高光催化氧化性能。例如：$CeMn_xO_y/TiO_2$ 材料可以吸收太阳光中全光谱（200～2400nm），产生热能，提高催化体系的热量，达到光热协同高效催化消除苯污染物[49]。

表 7-1　稀土铈基催化材料在光催化消除大气污染物中的研究

催化剂	大气污染物	污染物浓度 反应条件	催化转化效率	文献
Eu/CeO_2	HCHO	500μg/m³， 100W 卤钨灯（λ>420nm）	80%	[45]
Ce-GO-TiO_2	HCHO	2000μg/m³， 氙灯	85%	[46]
CeO_2-TiO_2	乙醛	300μg/m³， 45%湿度（体积分数）， 紫外/可见光	70%（紫外光） 5%（可见光）	[47]
CeO_2-TiO_2/g-C_3N_4	甲苯	700μg/m³， 75%湿度（体积分数）， 6W 日光灯	6.37×10^{-10} mol/(s·m)（紫外光） 3.52×10^{-10} mol/(s·m)（可见光）	[48]
$Pt@CeO_2$	苯甲醇	0.1mmol， 300W 氙灯（λ<420nm）	40%	[49]
Ce^{3+}-TiO_2	苯	5.5μg/m³， （52±2）%湿度（体积分数）， 8W 汞灯	70%（紫外光） 15%（可见光）	[50]
Mn-TiO_2/CeO_2	甲苯	30μg/m³， 50%湿度（体积分数）， 4W 紫外灯	50%	[51]
CeO_2/TiO_2 锐钛矿	甲苯	700μg/m³，90%湿度， 6W 灯（λ>290nm）	1.2×10^{-9} mol/(s·m)（紫外光） 3.5×10^{-10} mol/(s·m)（太阳光）	[52]

续表

催化剂	大气 污染物	污染物浓度 反应条件	催化转化效率	文献
Ce-TiO_2	NO	1.25μg/m^3， 50%湿度（体积分数）， 卤素灯（λ>400nm）	27.38%	[59]
Au/CeO_2-TiO_2		0.500μg/m^3， 150W 卤钨灯/4W 汞灯	80%	[60]
CeO_2/g-C_3N_4		100μg/m^3， 70%湿度（体积分数）， 500W 氙灯 （λ>420nm）	55%	[62]
MCe-LDHs	CO_2	300W 氙灯，水	CO：13.5μmol/g	[63]
Ce-TiO_2		8W 汞灯， NaOH 溶液	CH_4：16μmol/g	[64]
Fe-CeO_2		300W 氙灯，水	CH_4：17.5μmol/g CO：75μmol/g	[65]
CeO_2		300W 氙灯	CO：0.2μmol/g	[66]
CrCeO_2		500W 氙灯（λ>420nm）	CH_4：10.5μmol/g CO：16μmol/g	[29]
CeO_{2-x}		300W 氙灯，水	CO：13×10^{-6}（体积分数）	[67]
Pd/Ce-TiO_2		氙灯，CO_2/H_2：1/4	CH_4：225μmol/g CO：28μmol/g	[69]
Cu_2O-CeO_2		300W 氙灯，水	CO：1.1μmol/g	[70]

对于光催化氧化 VOCs 多相反应，光催化反应与表面吸附间存在一定关系。Liu 等利用动力学手段，研究了 Ce-TiO_2 光催化降解苯反应的决速步，他们认为光催化氧化苯的反应可以分为吸附和光催化两步反应，当吸附速率大于光催化反应速率时，光催化反应是决速步，反之则是吸附是决速步。他们比较苯分子在 Ce-TiO_2 上吸附和光催化反应速率，发现光催化反应是决速步，且这个反应速率依赖于催化剂中 Ce^{3+}含量[50]。Wu 等利用 ESR（电子自旋共振）表征技术，以叔丁醇作为捕获剂测出在 Mn-TiO_2/CeO_2 光催化氧化甲苯反应中的活性氧物种，提出·OH 氧化机制[51]。另外，研究发现光催化降解 VOCs 反应与激发光波长也有关系（图 7-3）。当紫外光照射 CeO_2-TiO_2 复合材料时，光生电荷在 TiO_2 表面激发，TiO_2 表面的光生空穴将甲苯氧化，而

光生电子通过 $Ce^{3+/4+}$ 氧化还原电对转移到 CeO_2；当可见光照射时，光生电荷在 CeO_2 表面激发，CeO_2 表面的光生空穴将甲苯氧化，而光生电子被 CeO_2 中氧空位捕获[52]。

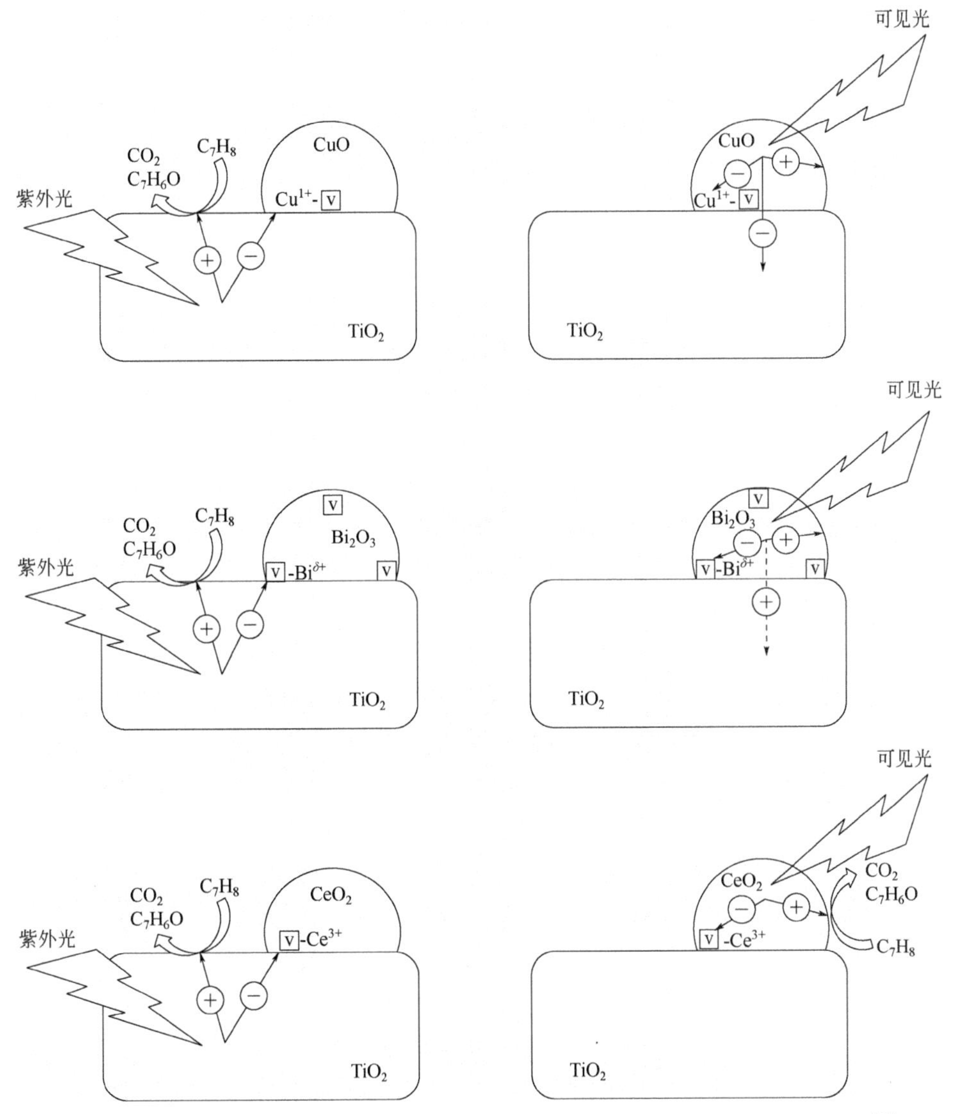

图 7-3 光生电荷在 TiO_2 复合材料界面处紫外光和可见光激发下迁移的示意图[52]

目前光催化降解 VOCs 的技术虽然得到显著的发展，但是仍存在效率低、性能不稳定、反应会产生有毒中间产物等瓶颈问题，限制了该技术的进一步应用。后期研究将进一步关注功能性稀土铈基材料的可控合成：利用载体与活性组分间强相互作用提高催化剂的稳定性；形成异质结或核壳结构从空间上促进光生电子-空穴分离，以及通过大比表面积有机材料增多吸附位，提高其 VOCs 降解能力。最终构建高效、绿色、环保的稀土铈基光催化氧化 VOCs 的技术体系。

7.4 稀土铈基催化材料在光催化消除 NO_x 中的应用

氮氧化物（NO_x）是造成大气污染的主要污染物之一，不仅会引起酸雨、雾霾、光化学烟雾、温室效应、臭氧层破坏等恶劣的环境问题，而且对人体以及动植物也会产生严重的毒害作用。随着社会经济的迅速发展，机动车保有量的不断增加，人类向大气中排放的 NO_x 越来越多。因此，大气治理刻不容缓，而解决问题的关键是控制氮氧化物的排放以及有效地消除 NO_x。如今，选择性催化还原 NO_x 是应用最广泛的脱硝技术，其主要具有效率高、副产物少、操作简单等优点，但是存在能耗大、成本高等缺点，因此需要开发低温下高效的脱硝工艺和脱硝催化剂。

光催化消除氮氧化物因其能耗小、操作简单等优点受到不少研究者的关注。早在 1984 年，Courbon 和 Pichat 就报道了 TiO_2 在紫外光、常温下可以将少量的 NO 转化为 N_2 和 N_2O [53]。Liu 等研究了反应条件对光催化脱硝性能的影响，发现在 8%（体积分数）O_2，5%（体积分数）H_2O 的条件下，脱硝效率最高[54]。上述研究表明，利用光催化反应可以实现对少量氮氧化物的有效消除。但是，在低温下，硝酸盐物种易形成并黏附于催化剂表面，导致催化剂中毒，降低光催化反应活性。因此，防止副产物的生成是提高稳定性的关键。

目前，光催化消除少量 NO_x 主要有两种反应机理（图 7-4）：①光催化氧化机理。NO 先被光生空穴氧化成 NO_2，再进一步被羟基自由基、超氧自由基氧化成 NO_3^-[55, 56]。②光催化还原机理。NO 被催化剂表面氧空位吸附，进一步解离成 N_2 和表面氧，表面氧释放出 O_2 和电中性的氧空位，电中性的氧空位被光生空穴氧化成氧空位[57]。光催化 NO 还原成 N_2 因转化率较低而研究较少，文献中主要研究的是光催化氧化 NO 成 NO_3^-。

光催化氧化NO反应机理：

$$h\nu \xrightarrow{CeO_2} e^- + h^+$$

$$Ce(O_2)_{ads} + e^- \longrightarrow Ce(\cdot O_2^-)_{ads}$$

$$Ce—OH^- + h^+ \longrightarrow Ce—OH\cdot$$

$$Ce(\cdot O_2^-)_{ads} + NO(g) \longrightarrow Ce(NO_3^-)_{ads}$$

$$Ce—OH\cdot + NO \longrightarrow Ce—H + NO_2(g)$$

光催化还原NO反应机理：

$$V''_{O(surf)} + 2e^- + NO(g) \longrightarrow O_{surf}—N$$

$$2O_{surf}—N \longrightarrow 2O_{surf} + N_2(g)$$

$$2O_{surf} \longrightarrow 2V^x_O + O_2(g)$$

$$V^x_O + 2h^+ \longrightarrow V''_O$$

图 7-4　光催化消除少量 NO_x 的两种反应机理示意图

稀土氧化铈材料因丰富的氧空位、表面缺陷、可变的价态等优点，成为光催化脱硝反应的理想材料[58-62]。一方面，CeO_2 是碱性氧化物，可以有效地吸附、活化 NO；另一方面，氧化铈催化剂表面存在氧空位，可以通过掺杂、还原等方式增大表面氧空位浓度，进而增加可见光的吸收、减少光生电子-空穴的复合概率，提高光催化效率。Yu 等合成了 CoO_x 负载的 N 掺杂 CeO_2 样品，用于光催化氧化 NO 反应。结果表明，N 的掺入提高了催化剂对 NO 分子的吸附能力，同时 Co 与 Ce 物种间的电子作用有利于催化剂中氧空位的产生，增强 O_2 的活化以及反应性能[58]。Cao 等研究了 Ce-TiO_2 光催化氧化 NO 的反应性能，发现 Ce 掺入到 TiO_2 的晶胞中，改变其表面电荷密度，增加了激发电子数，进而有利于光催化消除 NO 反应效率的提高[59]。Zhu 等发现在 Au/CeO_2-TiO_2 光催化界面处形成 Au-Ce^{3+}物种，可以锚定 O_2 分子，进而与光生电子反应产生更多的活性自由基（图 7-5）[60]。另外，Ângelo 等还研究了光照强度、NO 停留时间、NO 浓度、湿度这些反应因素对光催化氧化 NO 反应性能的影响规律。他们发现增大光照强度、延长停留时间有助于提高 NO 的转化率和选择性；低浓度 NO 有利于反应转化率的提升，但不利于选择性；适当的反应湿度可以产生更多的活性自由基，氧化 NO，提高反应活性，但是过多的水汽会阻碍 NO 分子的吸附，不利于 NO 氧化[61]。因此，选择合适的反应条件对催化反应性能十分关键。

综上所述，目前光催化消除 NO 技术主要利用催化剂将 NO 氧化成硝酸根，此技术只适用于低浓度 NO。但是，光催化消除 NO 方法存在转化率低、选择性差等缺点，大部分还处于实验阶段。如何有效地利用稀土铈基催化剂提高光催化消除 NO 的性能以及明析反应机制等科学问题仍需深入探究。

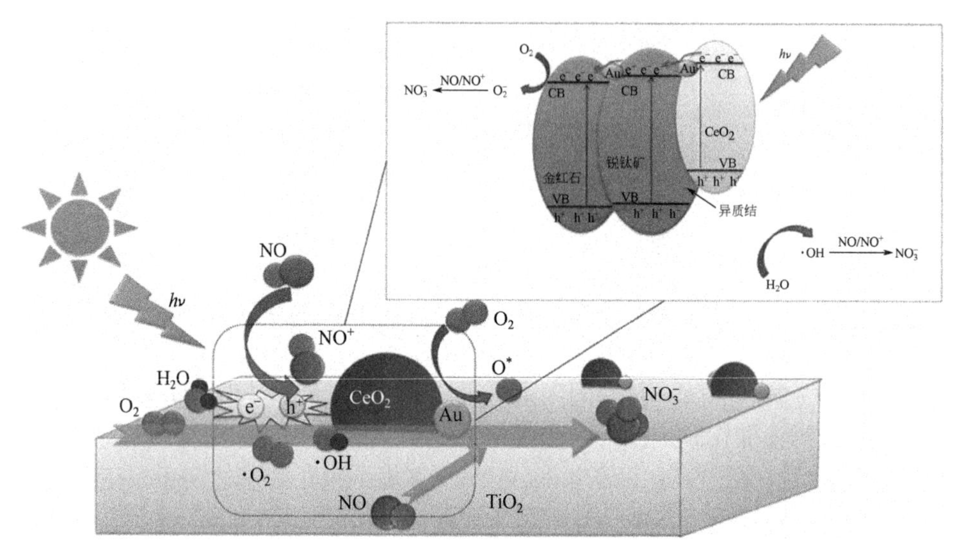

图 7-5　Au/CeO_2-TiO_2 光催化氧化 NO 的反应机制[60]

7.5　稀土铈基催化材料在光催化还原 CO_2 中的应用

在全球气候变化加剧的现实背景下，世界各国开始通过多项行政、经济手段，逐步加强对碳排放的控制。我国也宣布于 2030 年前力争二氧化碳排放达到峰值，努力争取 2060 年前实现碳中和。因此，在“碳达峰”“碳中和”目标下，实现二氧化碳大规模减排具有重要意义。其中，利用光催化技术在太阳能驱动下将 CO_2 还原为甲醇、甲烷等清洁的碳氢燃料不仅能减缓全球气候变暖，更能实现工业废气的资源化利用，达到缓解石化能源危机的目的，最终实现碳的循环利用和开发清洁能源。

CO_2 是一种相对稳定的化合物，虽然光催化还原 CO_2 的研究起步较早，但是太阳能转换效率最高只有千分之一量级，转化效率极低。因此，光催化还原 CO_2 极具挑战性。其中，将 CO_2 分子还原形成 $\cdot CO_2^-$ 的活化过程很难进行，导致光催化还原 CO_2 反应效率至今未达到实际工业应用的要求。基于此，研发高效的绿色催化剂是实现温和条件下 CO_2 再循环利用技术的关键。

研究表明，稀土元素的存在可以调节催化剂表面酸碱性。其中，氧化铈材料作为稀土催化材料中最重要组成，凭借独特的4f电子层、丰富的表面氧缺陷、良好的 Ce^{3+}/Ce^{4+} 切换能力等特点，在能源化工、环境保护和精细化学品生产等新兴领域展现出良好的催化性能和应用前景[63-66]。CeO_2 具有较强碱性可吸附活化 CO_2 酸性分子，同时表面 Ce^{3+}/Ce^{4+} 氧化还原电对可以有效地分离光生电子和空穴。Ye等首次可控合成层状单金属铈双氢氧化物（MCe-LDHs），通过调变 Ce^{3+}/Ce^{4+} 浓度比，控制反应物 CO_2 分子吸附活化能力[63]。Ce^{3+}/Ce^{4+} 氧化还原电对可以改变Ce掺杂的 TiO_2 表面电荷密度，进而影响 CO_2 分子吸附活化位点[64]。另外，稀土铈基催化材料表面吸附的氧物种在光催化还原 CO_2 反应中起到重要作用。本课题组前期工作发现氧化铈表面上的氧空位有助于羟基物种吸附，羟基物种可以提供电子，作为Lewis碱位与 CO_2 分子中C空轨道作用，从而降低 CO_2 吸附能（图7-6）[66]。Wang等的研究也进一步证明，Cr掺入介孔 CeO_2 光催化剂中，可以提高表面活性氧物种的含量，最终提升光催化还原 CO_2 的反应性能[29]。

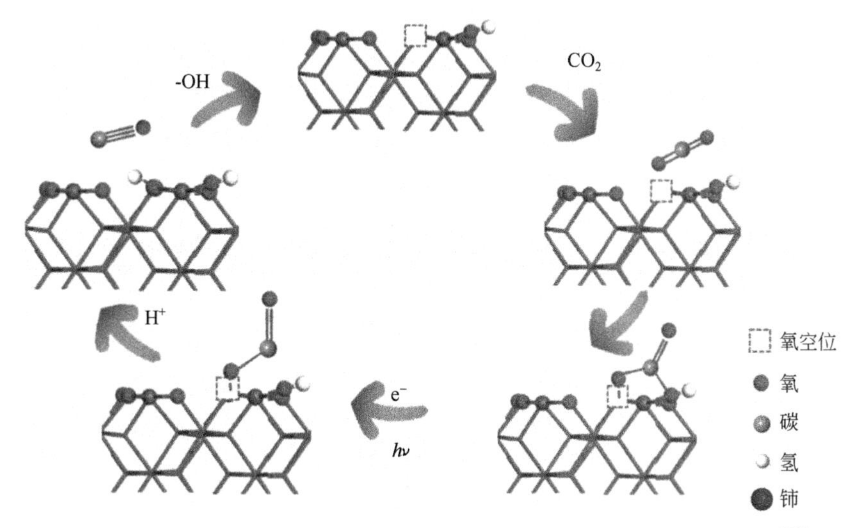

图7-6　反应物 CO_2 分子在催化剂 CeO_2（110）表面的光还原反应机制[66]

相比于其他传统无机材料，氧化铈一个突出特征在于其具有较低的氧空位形成能，如 CeO_2（101）表面的氧空位形成能在2.0eV左右，

要远低于 TiO_2（101）表面的氧空位形成能（4.8eV）。研究表明，表面少量缺陷相比于其体相结构和化学组成具有更重要的作用，微量缺陷的产生往往伴随着化学键的断裂与重组、晶格畸变、电子局域化等一系列的变化，进而对材料的物理化学性能甚至催化性能产生非常重要的影响。氧化铈表面的氧空位可以作为 Lewis 酸位，接受 CO_2 分子中 O 原子的 p 电子，进而促进 CO_2 分子的吸附和活化[67-70]。Wang 等利用草酸和 N_2 预处理 CeO_2 催化剂，发现表面氧空位浓度增加，原位红外技术表明产生的氧空位有助于 CO_2 分子还原成 CO，但其表面大量强吸附的碳酸盐物种反而会影响催化剂的性能[67]。Rhatigan 等利用理论计算也进一步证明存在氧空位的催化剂有助于 CO_2 分子吸附活化和 H_2O 分子的解离[68]。另外，本课题组提出了氧化铈表面的氧空位作为 Lewis 酸位和其负载的 Cu_2O 协同促进 CO_2 分子吸附、活化、还原的反应机制[70]。

随着以 CO_2 为主的温室气体排放量不断增加，寻求新型能源来构建绿色、低碳可持续发展的需求越来越迫切。通过催化剂将大气中的 CO_2 光催化还原是一项极具挑战性的前沿科技。其目标是合成有效的光催化材料来驱动氧化还原反应，实现超过自然界光合作用的转换效率和选择性。但是目前反应效率不高以及选择性差限制了此技术的实际应用。后期可以从以下几方面进行改性：①选择合适的半导体催化剂，提高产物的选择性和产率。②选择合适的还原剂。目前水是光催化还原 CO_2 反应中常见的还原剂，但是 CO_2 在水中溶解度不高，且存在产物 H_2 和 H_2O_2 竞争反应。因此可以选择一些有机溶剂代替水。③设计合适的光催化反应器，包括入射光强度、波长、温度、压力等的设计。最终实现光催化还原 CO_2 技术的大规模商业化应用。

7.6 稀土铈基催化材料在环境领域其他方面的应用

目前化工产业的发展十分迅速，但随之而来的污染状况也非常严重，特别是水污染。工业废水是水环境污染的重要污染源，主要来源于电子、塑胶、电镀、五金、印刷、食品、印染等行业，其成分复杂，水质、水量变化大。根据工业废水的排放量以及对环境污染的危害程度，可以分为电镀、线路板、表面处理等以无机类污染物为主的工业废水和食品、印染、印刷及生活污水等以有机类污染物为主的工业废水，如重金属（镉等）废水、染料废水、含酚/醛废水、酸性废水和含氰废水等。近年来，工业废水的净化处理已成为一个亟须解决的全球性问题，受到世界各国政府的广泛关注。光催化技术是工业废水处理的主要方法之一，此技术基于氧化剂、光催化剂，利用光能在反应中产生氧化性较强的羟基自由基和超氧自由基，将有机污染物转化成 CO_2 和 H_2O，或者强还原性的电子将高价态的重金属离子还原成无毒的低价态。该技术具有反应条件温和、能耗小、降解速度快、绿色环保、无二次污染等优点[71-73]。根据工业废水污染物的主要成分，本节分别讨论了稀土铈基光催化材料在重金属、染料、酚/醛等废水中的基础应用研究。

7.6.1 重金属废水

重金属废水主要来自矿山坑内排水，废矿场淋浸水，有色金属冶炼厂除尘排水，以及电解、农药、医药、烟草、油漆、颜料等工业废水[74]。通常，有机化合物可以通过自然界物理、化学或生物作用净化，使其有害性降低或者消除。但是，重金属污染与其他有机化合物污染不同，它是一类极具潜在危害的污染物，具有如下特点：①生物富集特性，通过食物链在人体中积累，富集倍数可达上万倍，严重危害人类健康；②难降解，危害持续时间长；③在微生物作用下，微量浓度的重金属会转化为毒性更强的有机化合物[75]。因此，解决重金属污染问题已成为研究重点。

当今较为流行的重金属废水处理技术有沉淀法、膜分离法、电解法、离子交换法、吸附法等，基本属于分离过程，未从根本上消除污染物，从而易带来二次污染[76]。光催化还原降解废水中重金属离子，因其低能耗、无毒化、高性能等优点，日益受到重视[77]。光催化降解重金属离子，主要利用的是光电子的还原性，当重金属离子的还原电位高于光催化剂导带边位置，则会被还原降解（$M^{n+} + ne^- \longrightarrow M^0$）。另外，重金属离子光催化还原降解的反应性能与两个因素相关：①酸碱度。当 pH 值升高时，光催化剂导带、价带位置降低，而重金属离子（Cr^{6+}除外）的还原电位不变，因而，高 pH 值的反应环境有利于重金属离子的光催化还原。②浓度。离子浓度越低，其还原电位越低，光催化还原的驱动力越小；同时，研究表明氧还原电位很高，易于优先还原，因此，通常使用氩气或者氮气作为载气，以消除氧对光生电子的竞争反应[78]。

目前，文献中稀土铈基催化剂光降解重金属废水污染物主要集中在含铬废水[15, 79, 80]。铬是一种常见的工业污染物，主要来源于采矿、电镀、制革等工业排放的废水中，属于难生物降解类型。通常以六价、三价形式存在，其中 Cr^{6+}具有剧毒，有致癌作用，是重点防治对象。Li 等可控合成了三明治结构的 CeO_2@Pt@TiO_2 双层空心结构，发现助剂 CeO_2 与 Pt 的协同作用，有效地减弱光生电子-空穴复合概率，提高光催化还原 Cr^{6+}的反应效率[79]。Cai 等认为光催化还原 Cr^{6+}主要遵循如下过程，即 $Cr_2O_7^{2-} + 14H^+ + 6e^- \longrightarrow 2Cr^{3+} + 7H_2O$，反应体系中 pH 值的变化需要考虑[80]。对于上述光催化还原的反应机理，有文献利用 ESR 手段，间接推测出来，Cr^{6+}被还原成 Cr^{3+}不是三电子转移过程，而是单电子转移[81]，认为 Cr^{6+}在催化剂表面的吸附是光催化降解的前提[82]。

7.6.2 染料废水

染料广泛应用于印染、医药、食品和化妆品等行业，因此，在生产和使用过程中越来越多的染料被释放到环境中，这些染料多数极其稳定，进入环境水域后难以自然降解，具有数量庞大、化学需氧量（COD）高、色度高、成分复杂、毒性大等特点。特别是，受污染的水域色度增加，影响入射光线量，进而影响到水生动植物的正常生命活动，破坏水体的生态平衡。同时，有毒的染料大多致癌，排放到环境中严重威胁到人类健康[83]。因此，染料废水处理受到国内外工作者的充分重视并被广泛研究。目前，国际上染料废水处理方法主要有物理法、化学法和生物法等，化学方法应用最多。其中，光催化氧化法，主要是光催化剂在光的作用下激发，产生强氧化性的羟基自由基或超氧自由基，将有机物催化氧化成低分子中间产物，最终生成无污染的 CO_2 和 H_2O。这种方法在处理环境中难降解的有机污染物时更为有效。

CeO_2 是重要且低廉的稀土氧化物，具有良好的储释氧能力和较强的氧化能力，作为催化剂或者载体在光催化氧化染料反应中具有广泛的应用，特别是在含氮染料中的光催化降解[84-87]。Zhu 等发现 CeO_2 的加入有利于罗丹明 B（RhB）在催化剂表面的吸附，同时 Ce^{3+}与 Ce^{4+}间的氧化还原电对促进活性氧物种超氧自由基的生成，进而加快 RhB 的光催化氧化过程[84]。而 Issarapanacheewin 等则认为，羟基自由基才是 CeO_2/Bi_2WO_6 光催化降解 RhB 反应中的活性氧物种，主要是 CeO_2/Bi_2WO_6 材料的导带位置不足以使 O_2 还原成 $\cdot O_2^-$，但是价带位置可以使 OH^-氧化成 $\cdot OH$ [87]。RhB 结构较为复杂，因而其光催化氧化过程的产物也较为复杂，因此需要利用先进表征技术对其反应过程中的物种进行深入分析。Li 利用液相色谱-质谱联用技术研究了 RhB 在 ZrO_2-CeO_2-TiO_2 上的反应中间物种，他们提出在 RhB 光催化降解过程中，其苯环上的碳链优先被氧化消除[86]。亚甲基蓝（MB）[88-92]、甲基橙（MO）[93-96]也是一类重要的染料污染物。She 等研究了 MB 在 CeO_2/g-C_3N_4 上的光催化降解反应动力学，发现此反应遵循一级反应动力学[89]。Lv 等利用不同的捕获剂研究 CeO_2/ZnO 光催化降解 MB 的反应活性物种，发现 •OH 有利于反应的进行，而—•O_2^-在反应中不起作用[91]。Vieira 等也研究了 MB 在 CeO_2/TiO_2 上的反应机理，认为存在两种反应机制：①直接氧化机理，光生电子产生的—•O_2^-直接氧化污染物；②间接氧化机理，•OH 夺走污染物分子中的 H 原子或者氧化 C═C 双键，这既可以发生在催化剂表面，又可以发生在溶液中[88]。对于 MO 的光催化氧化，Tian 等认为和其他染料污染物的降解类似，存在污染物的捕获—光降解—产物脱附这样的过程[96]。另外，酸性橙 7 也是主要的酸性染料废水污染物源之一。Chen 等发现 CeO_2 中的 Ce^{3+}在与 H_2O_2 反应时，经历了类似 Fe^{3+}催化 H_2O_2 的过程而产生 •OH，因此 CeO_2 可作为类芬顿催化剂处理酸性染料废水[97]。Au/CeO_2 和 Cu_2O/CeO_2 催化剂降解酸性橙 7 也有所报道[98, 99]。同时，研究表明溶液 pH 值会影响酸性橙 7 在 CeO_2 催化剂表面的吸附，Ji 等比较酸性橙 7 在不同 pH 值（2.96，4.5，6.8，10.5）下的吸附曲线，发现酸性条件下，CeO_2 表面带正电，有利于染料阴离子的吸附降解，而碱性条件下，CeO_2 表面带负电，阻止染料阴离子的进一步消除[100]。

7.6.3 酚醛废水

酚醛树脂生产过程中，不可避免会产生含有大量酚、醛、醇类有机物的废水，造成环境的严重破坏，同时对人、动物以及水体生物均会带来不同程度的毒害作用，影响生物的生长繁殖，阻碍经济的可持续发展[101]。因此，加强对含酚、醛废水的治理研究，不断改进含酚、醛废水的处理技术，是研究的重点，也是亟须解决的难题之一。近年来，光催化氧化技术作为一种高级氧化技术应用于废水处理，日益受到研究者的关注。

目前，铈基材料光催化氧化酚醛废水的研究，主要集中在苯酚、氯酚、苯甲醇、甲醛等污染物[14, 102-107]。研究表明，酚醛光催化氧化过程与催化剂表面的性质密切相关。Li 等可控合成 Au/CeO_2 催化剂，利用 Au 与 CeO_2 界面间的协同作用光催化氧化苯甲醇，即形成金属-醇中间物加强苯甲醇分子的吸附，同时，CeO_2 表面的氧空位活化氧气分子，形成超氧自由基，最终氧化吸附的苯甲醇 β 氢，形成苯甲醛和水[106]。Silva 等分别对比氯酚在 Ce-TiO_2 和 TiO_2 表面的光催化氧化过程，发现两者反应过程的中间产物不同，在 Ce-TiO_2 表面观察到对苯二酚和苯醌，而 TiO_2 表面则未观察到[105]。另外，苯酚的光催化氧化也同样说明了催化剂的重要性。Valente 等发现对于 CeO_2/MgAl 双层氢氧化物，催化剂表面同时存在 B 碱位和 L 酸位，这影响了苯酚分子在催化剂表面的吸附形式[102]。

稀土二氧化铈因其特殊的 4f 电子结构，具有近紫外-可见光的响应，同时，稳定的晶体结构、优异的氧流动性、较好的光学性质等优点，使其成为最具潜力的光催化材料之一，在光催化消除 VOCs、NO_x、CO_2，以及光催化处理工业废水等环境领域都具有潜在的应用前景。但是目前对稀土铈基材料的研究还处于实验阶段，主要关注其结构性质、结构与性能间的关系、反应机理。后期应重点开发高效稀土铈基光催化材料，提高催化剂的量子效率和催化性能，进而推动稀土铈基光催化剂的工业化应用。

参考文献

[1] Hashimoto K, Irie H, Fujishima A. TiO_2 photocatalysis: A historical overview and future prospects[J]. Japanese Journal of Applied Physics, 2005, 44(12): 8269-8285.

[2] Fujishima A, Honda K. Electrochemical photolysis of water at a semiconductor electrode[J]. Nature, 1972, 238(5358): 37-38.

[3] Carey J H, Lawrence J, Tosine H M. Photodechlorination of PCB's in the presence of titanium dioxide in aqueous suspensions[J]. Bulletin of Environmental Contamination and Toxicology, 1976, 16(6): 697-701.

[4] Pruden A L, Ollis D F. Degradation of chloroform by photoassisted heterogeneous catalysis in dilute aqueous suspensions of titanium dioxide[J]. Environmental Science & Technology, 1983, 17(10): 628-631.

[5] Hisanaga T, Harada K, Tanaka K. Photocatalytic degradation of organochlorine compounds in suspended TiO_2[J]. Journal of Photochemistry and Photobiology A: Chemistry, 1990, 54(1): 113-118.

[6] Bamwenda G R, Arakawa H. Cerium dioxide as a photocatalyst for water decomposition to O_2 in the presence of Ce_{aq}^{4+} and Fe_{aq}^{3+} species[J]. Journal of Molecular Catalysis A: Chemical, 2000, 161(1/2): 105-113.

[7] Coronado J M, Javier Maira A, Martínez-Arias A, et al. EPR study of the radicals formed upon UV irradiation of ceria-based photocatalysts[J]. Journal of Photochemistry and

Photobiology A: Chemistry, 2002, 150(1/2/3): 213-221.

[8] Hernández-Alonso M D, Hungría A B, Martínez-Arias A, et al. EPR study of the photoassisted formation of radicals on CeO_2 nanoparticles employed for toluene photooxidation[J]. Applied Catalysis B: Environmental, 2004, 50(3): 167-175.

[9] Shoko E, Smith M F, McKenzie R H. Charge distribution and transport properties in reduced ceria phases: A review[J]. Journal of Physics and Chemistry of Solids, 2011, 72(12): 1482-1494.

[10] Ghom S A, Zamani C, Nazarpour S, et al. Oxygen sensing with mesoporous ceria-zirconia solid solutions[J]. Sensors and Actuators B: Chemical, 2009, 140(1): 216-221.

[11] Kullgren J, Castleton C W M, Müller C, et al. B3LYP calculations of cerium oxides[J]. The Journal of Chemical Physics, 2010, 132(5): 054110.

[12] Primo A, Marino T, Corma A, et al. Efficient visible-light photocatalytic water splitting by minute amounts of gold supported on nanoparticulate CeO_2 obtained by a biopolymer templating method[J]. Journal of the American Chemical Society, 2011, 133(18): 6930-6933.

[13] Zhao M, Li H H, Shen X P, et al. Facile electrochemical synthesis of CeO_2@Ag@CdS nanotube arrays with enhanced photoelectrochemical water splitting performance[J]. Dalton Transactions, 2015, 44(46): 19935-19941.

[14] Zhang N, Fu X Z, Xu Y J. A facile and green approach to synthesize Pt@CeO_2 nanocomposite with tunable core-shell and yolk-shell structure and its application as a visible light photocatalyst[J]. Journal of Materials Chemistry, 2011, 21(22): 8152.

[15] Saravanakumar K, Karthik R, Chen S M, et al. Construction of novel Pd/CeO_2/g-C_3N_4 nanocomposites as efficient visible-light photocatalysts for hexavalent chromium detoxification[J]. Journal of Colloid and Interface Science, 2017, 504: 514-526.

[16] Jiang B T, Zhang S Y, Guo X Z, et al. Preparation and photocatalytic activity of CeO_2/TiO_2 interface composite film[J]. Applied Surface Science, 2009, 255(11): 5975-5978.

[17] Wang N, Pan Y, Lu T, et al. A new ribbon-ignition method for fabricating *p*-CuO/*n*-CeO_2 heterojunction with enhanced photocatalytic activity[J]. Applied Surface Science, 2017, 403: 699-706.

[18] Rajendran S, Khan M M, Gracia F, et al. Ce^{3+}-ion-induced visible-light photocatalytic degradation and electrochemical activity of ZnO/CeO_2 nanocomposite[J]. Scientific Reports, 2016, 6: 31641.

[19] Mohammadiyan E, Ghafuri H, Kakanejadifard A. Synthesis and characterization of a magnetic Fe_3O_4@CeO_2 nanocomposite decorated with Ag nanoparticle and investigation of synergistic effects of Ag on photocatalytic activity[J]. Optik, 2018, 166: 39-48.

[20] You D T, Pan B, Jiang F, et al. CdS nanoparticles/CeO_2 nanorods composite with high-efficiency visible-light-driven photocatalytic activity[J]. Applied Surface Science, 2016, 363: 154-160.

[21] Li X Z, Zhu W, Lu X W, et al. Integrated nanostructures of CeO_2/attapulgite/g-C_3N_4 as efficient catalyst for photocatalytic desulfurization: Mechanism, kinetics and influencing factors[J]. Chemical Engineering Journal, 2017, 326: 87-98.

[22] Wu C L. Solvothermal synthesis of N-doped CeO_2 microspheres with visible light-driven

photocatalytic activity[J]. Materials Letters, 2015, 139: 382-384.

[23] Chen J, Shen S H, Wu P, et al. Nitrogen-doped CeO_x nanoparticles modified graphitic carbon nitride for enhanced photocatalytic hydrogen production[J]. Green Chemistry, 2015, 17(1): 509-517.

[24] Jorge A B, Fraxedas J, Cantarero A, et al. Nitrogen doping of ceria[J]. Chemistry of Materials, 2008, 20(5): 1682-1684.

[25] Ahmad S, Gopalaiah K, Chandrudu S N, et al. Anion (fluoride)-doped ceria nanocrystals: Synthesis, characterization, and its catalytic application to oxidative coupling of benzylamines[J]. Inorganic Chemistry, 2014, 53(4): 2030-2039.

[26] Mansingh S, Padhi D K, Parida K M. Enhanced visible light harnessing and oxygen vacancy promoted N, S co-doped CeO_2 nanoparticle: A challenging photocatalyst for Cr(Ⅵ) reduction[J]. Catalysis Science & Technology, 2017, 7(13): 2772-2781.

[27] Wang Y G, Wang F, Chen Y T, et al. Enhanced photocatalytic performance of ordered mesoporous Fe-doped CeO_2 catalysts for the reduction of CO_2 with H_2O under simulated solar irradiation[J]. Applied Catalysis B: Environmental, 2014, 147: 602-609.

[28] Peng D Z, Chen S Y, Chen C L, et al. Understanding and tuning electronic structure in modified ceria nanocrystals by defect engineering[J]. Langmuir, 2014, 30(34): 10430-10439.

[29] Wang Y G , Bai X, Wang F, et al. Nanocasting synthesis of chromium doped mesoporous CeO_2 with enhanced visible-light photocatalytic CO_2 reduction performance[J]. Journal of Hazardous Materials, 2019, 372: 69-76.

[30] Bellakki M B, Baidya T, Shivakumara C, et al. Synthesis, characterization, redox and photocatalytic properties of $Ce_{1-x}Pd_xVO_4$ $(0 \leqslant x \leqslant 0.1)$[J]. Applied Catalysis B: Environmental, 2008, 84(3/4): 474-481.

[31] Thorat A V, Ghoshal T, Carolan P, et al. Defect chemistry and vacancy concentration of luminescent europium doped ceria nanoparticles by the solvothermal method[J]. The Journal of Physical Chemistry C, 2014, 118(20): 10700-10710.

[32] Coduri M, Scavini M, Allieta M, et al. Defect structure of Y-doped ceria on different length scales[J]. Chemistry of Materials, 2013, 25(21): 4278-4289.

[33] Hao S Y, Hou J, Aprea P, et al. Mesoporous CePrO solid solution with efficient photocatalytic activity under weak daylight irradiation[J]. Applied Catalysis B: Environmental, 2014, 160/161: 566-573.

[34] Sreekanth T V M, Nagajyothi P C, Dillip G R, et al. Determination of band alignment in the synergistic catalyst of electronic structure-modified graphitic carbon nitride-integrated ceria quantum-dot heterojunctions for rapid degradation of organic pollutants[J]. The Journal of Physical Chemistry C, 2017, 121(45): 25229-25242.

[35] Zhao K, Qi J, Yin H J, et al. Efficient water oxidation under visible light by tuning surface defects on ceria nanorods[J]. Journal of Materials Chemistry A, 2015, 3(41): 20465-20470.

[36] Wu J S, Wang J S, Du Y C, et al. Chemically controlled growth of porous CeO_2 nanotubes for Cr(Ⅵ) photoreduction[J]. Applied Catalysis B: Environmental, 2015, 174/175: 435-444.

[37] Manwar N R, Chilkalwar A A, Nanda K K, et al. Ceria supported Pt/PtO-nanostructures: Efficient photocatalyst for sacrificial donor assisted hydrogen generation under visible-NIR

light irradiation[J]. ACS Sustainable Chemistry & Engineering, 2016, 4(4): 2323-2332.

[38] Zhong L S, Hu J S, Cao A M, et al. 3D flowerlike ceria micro/nanocomposite structure and its application for water treatment and CO removal[J]. Chemistry of Materials, 2007, 19(7): 1648-1655.

[39] Qi J, Zhao K, Li G D, et al. Multi-shelled CeO_2 hollow microspheres as superior photocatalysts for water oxidation[J]. Nanoscale, 2014, 6(8): 4072-4077.

[40] Li P, Zhou Y, Zhao Z Y, et al. Hexahedron prism-anchored octahedronal CeO_2: Crystal facet-based homojunction promoting efficient solar fuel synthesis[J]. Journal of the American Chemical Society, 2015, 137(30): 9547-9550.

[41] Jiang D, Wang W Z, Zhang L, et al. Insights into the surface-defect dependence of photoreactivity over CeO_2 nanocrystals with well-defined crystal facets[J]. ACS Catalysis, 2015, 5(8): 4851-4858.

[42] Zou W X, Deng B, Hu X X, et al. Crystal-plane-dependent metal oxide-support interaction in CeO_2/g-C_3N_4 for photocatalytic hydrogen evolution[J]. Applied Catalysis B: Environmental, 2018, 238: 111-118.

[43] 徐晨晨，张奇，许琦，等. 降解 VOCs 的有机-无机光催化剂研究进展[J]. 环境工程，2020, 38(1): 28-36.

[44] 申亮杰，程荣，陈怡晖，等. 室内挥发性有机物的净化技术研究进展[J]. 化工进展，2017, 36(10): 3887-3896.

[45] Huang Y C, Long B, Tang M N, et al. Bifunctional catalytic material: An ultrastable and high-performance surface defect CeO_2 nanosheets for formaldehyde thermal oxidation and photocatalytic oxidation[J]. Applied Catalysis B: Environmental, 2016, 181: 779-787.

[46] Li J, Zhang Q, Lai A C K, et al. Study on photocatalytic performance of cerium-graphene oxide-titanium dioxide composite film for formaldehyde removal[J]. Physica Status Solidi (a), 2016, 213(12): 3157-3164.

[47] Muñoz-Batista M J, de los Milagros Ballari M, Kubacka A, et al. Acetaldehyde degradation under UV and visible irradiation using CeO_2-TiO_2 composite systems: Evaluation of the photocatalytic efficiencies[J]. Chemical Engineering Journal, 2014, 255: 297-306.

[48] Muñoz-Batista M J, Fernández-García M, Kubacka A. Promotion of CeO_2-TiO_2 photoactivity by g-C_3N_4: Ultraviolet and visible light elimination of toluene[J]. Applied Catalysis B: Environmental, 2015, 164: 261-270.

[49] Liu H H, Li Y Z, Yang Y, et al. Highly efficient UV-Vis-infrared catalytic purification of benzene on $CeMn_xO_y/TiO_2$ nanocomposite, caused by its high thermocatalytic activity and strong absorption in the full solar spectrum region[J]. Journal of Materials Chemistry A, 2016, 4, 9890-9899.

[50] Liu T X, Li X Z, Li F B, Enhanced photocatalytic activity of Ce^{3+}-TiO_2 hydrosols in aqueous and gaseous phases[J]. Chemical Engineering Journal, 2010, 157, 475-482.

[51] Wu M Y, Leung D Y C, Zhang Y G, et al. Toluene degradation over Mn-TiO_2/CeO_2 composite catalyst under vacuum ultraviolet (VUV) irradiation[J]. Chemical Engineering Science, 2019, 195: 985-994.

[52] Muñoz-Batista M J, Kubacka A, Fontelles-Carceller O, et al. Surface CuO, Bi_2O_3, and CeO_2 species supported in TiO_2-anatase: Study of interface effects in toluene photodegradation

quantum efficiency[J]. ACS Applied Materials & Interfaces, 2016, 8(22): 13934-13945.

[53] Courbon H, Pichat P. Room-temperature interaction of $N^{18}O$ with ultraviolet-illuminated titanium dioxide[J]. Journal of the Chemical Society, Faraday Transactions 1: Physical Chemistry in Condensed Phases, 1984, 80(11): 3175.

[54] Liu H, Zhang H R, Yang H M. Photocatalytic removal of nitric oxide by multi - walled carbon nanotubes-supported TiO_2[J]. Chinese Journal of Catalysis, 2014, 35(1): 66-77.

[55] Wang J Y, Han F M, Rao Y F, et al. Visible-light-driven nitrogen-doped carbon quantum dots/$CaTiO_3$ composite catalyst with enhanced NO adsorption for NO removal[J]. Industrial & Engineering Chemistry Research, 2018, 57(31): 10226-10233.

[56] Duan Y Y, Luo J M, Zhou S C, et al. TiO_2-supported Ag nanoclusters with enhanced visible light activity for the photocatalytic removal of NO[J]. Applied Catalysis B: Environmental, 2018, 234: 206-212.

[57] Wu Q P, van de Krol R. Selective photoreduction of nitric oxide to nitrogen by nanostructured TiO_2 photocatalysts: Role of oxygen vacancies and iron dopant[J]. Journal of the American Chemical Society, 2012, 134(22): 9369-9375.

[58] Yu Y, Zhong Q, Cai W, et al. Promotional effect of N-doped CeO_2 supported CoO_x catalysts with enhanced catalytic activity on NO oxidation[J]. Journal of Molecular Catalysis A: Chemical, 2015, 398: 344-352.

[59] Cao X J, Yang X Y, Li H, et al. Investigation of Ce-TiO_2 photocatalyst and its application in asphalt-based specimens for NO degradation[J]. Construction and Building Materials, 2017, 148: 824-832.

[60] Zhu W, Xiao S N, Zhang D Q, et al. Highly efficient and stable Au/CeO_2-TiO_2 photocatalyst for nitric oxide abatement: Potential application in flue gas treatment[J]. Langmuir, 2015, 31(39): 10822-10830.

[61] Ângelo J, Magalhães P, Andrade L, et al. Optimization of the NO photooxidation and the role of relative humidity[J]. Environmental Pollution, 2018, 240: 541-548.

[62] Tian N, Huang H W, Liu C Y, et al. In situ co-pyrolysis fabrication of CeO_2/g-C_3N_4 n–n type heterojunction for synchronously promoting photo-induced oxidation and reduction properties[J]. Journal of Materials Chemistry A, 2015, 3(33): 17120-17129.

[63] Ye T, Huang W M, Zeng L M, et al. CeO_{2-x} platelet from monometallic cerium layered double hydroxides and its photocatalytic reduction of CO_2[J]. Applied Catalysis B: Environmental, 2017, 210: 141-148.

[64] Matějová L, Kočí K, Reli M, et al. Preparation, characterization and photocatalytic properties of cerium doped TiO_2: On the effect of Ce loading on the photocatalytic reduction of carbon dioxide[J]. Applied Catalysis B: Environmental, 2014, 152/153: 172-183.

[65] Zhao Y X, Cai W, Chen M D, et al. Turning the activity of Cr-Ce mixed oxide towards thermocatalytic NO oxidation and photocatalytic CO_2 reduction via the formation of yolk shell structure hollow microspheres[J]. Journal of Alloys and Compounds, 2020, 829: 154508.

[66] Zhu C Z, Wei X Q, Li W Q, et al. Crystal-plane effects of CeO_2(110) and CeO_2(100) on photocatalytic CO_2 reduction: Synergistic interactions of oxygen defects and hydroxyl groups[J]. ACS Sustainable Chemistry & Engineering, 2020, 8(38): 14397-14406.

[67] Wang M, Shen M, Jin X X, et al. Mild generation of surface oxygen vacancies on CeO_2 for improved CO_2 photoreduction activity[J]. Nanoscale, 2020, 12(23): 12374-12382.
[68] Rhatigan S, Nolan M. CO_2 and water activation on ceria nanocluster modified TiO_2 rutile (110)[J]. Journal of Materials Chemistry A, 2018, 6(19): 9139-9152.
[69] Li N X, Zou X Y, Liu M, et al. Enhanced visible light photocatalytic hydrogenation of CO_2 into methane over a Pd/Ce-TiO_2 nanocomposition[J]. The Journal of Physical Chemistry C, 2017, 121(46): 25795-25804.
[70] Pu Y, Luo Y D, Wei X Q, et al. Synergistic effects of Cu_2O-decorated CeO_2 on photocatalytic CO_2 reduction: Surface Lewis acid/base and oxygen defect[J]. Applied Catalysis B: Environmental, 2019, 254: 580-586.
[71] Shayegan Z, Lee C S, Haghighat F. TiO_2 photocatalyst for removal of volatile organic compounds in gas phase—A review[J]. Chemical Engineering Journal, 2018, 334: 2408-2439.
[72] Wang J, Wang Z, Huang B, et al. Oxygen vacancy induced band-gap narrowing and enhanced visible light photocatalytic activity of ZnO[J]. ACS Applied Materials & Interfaces, 2012, 4, 4024-4030.
[73] Di Paola A, García-López E, Marcì G, et al. A survey of photocatalytic materials for environmental remediation[J]. Journal of Hazardous Materials, 2012, 211/212: 3-29.
[74] 简敏菲，弓晓峰，游海，等．鄱阳湖水土环境及其水生维管束植物重金属污染[J]．长江流域资源与环境, 2004, 13(6): 589-593.
[75] 周怀东，彭文启．水污染与水环境修复[M]．北京：化学工业出版社, 2005.
[76] 王绍文，姜凤有．重金属废水处理技术[M]．北京：冶金工业出版社, 1993: 70-100.
[77] 付宏祥，吕功煊，李新勇，等．重金属离子的光催化还原研究进展[J]．感光科学与光化学, 1995, 13(4): 325-333.
[78] Khalil L B, Rophael M W, Mourad W E. The removal of the toxic Hg(Ⅱ) salts from water by photocatalysis[J]. Applied Catalysis B: Environmental, 2002, 36(2): 125-130.
[79] Li S X, Cai J B, Wu X Q, et al. TiO_2@Pt@CeO_2 nanocomposite as a bifunctional catalyst for enhancing photo-reduction of Cr (Ⅵ) and photo-oxidation of benzyl alcohol[J]. Journal of Hazardous Materials, 2018, 346: 52-61.
[80] Cai J B, Wu X Q, Li S X, et al. Controllable location of Au nanoparticles as cocatalyst onto TiO_2@CeO_2 nanocomposite hollow spheres for enhancing photocatalytic activity[J]. Applied Catalysis B: Environmental, 2017, 201: 12-21.
[81] Testa J J, Grela M A, Litter M I. Experimental evidence in favor of an initial one-electron-transfer process in the heterogeneous photocatalytic reduction of chromium(Ⅵ) over TiO_2[J]. Langmuir, 2001, 17(12): 3515-3517.
[82] 付宏祥，吕功煊，李树本．Cr(Ⅵ)离子在 TiO_2 表面的光催化还原机理研究[J]．化学物理学报, 1999, 12(1): 112-116.
[83] 刘友勋．染料的环境污染及其处理方法[J]．中南论坛:综合版, 2006(2)：98-107.
[84] Zhu J Y, Zhu Z L, Zhang H, et al. Enhanced photocatalytic activity of Ce-doped Zn-Al multi-metal oxide composites derived from layered double hydroxide precursors[J]. Journal of Colloid and Interface Science, 2016, 481: 144-157.
[85] Shende T P, Bhanvase B A, Rathod A P, et al. Sonochemical synthesis of Graphene-Ce-TiO_2

and Graphene-Fe-TiO_2 ternary hybrid photocatalyst nanocomposite and its application in degradation of crystal violet dye[J]. Ultrasonics Sonochemistry, 2018, 41: 582-589.
[86] Li M H, Zhang S J, Lv L, et al. A thermally stable mesoporous ZrO_2-CeO_2-TiO_2 visible light photocatalyst[J]. Chemical Engineering Journal, 2013, 229: 118-125.
[87] Issarapanacheewin S, Wetchakun K, Phanichphant S, et al. Efficient photocatalytic degradation of Rhodamine B by a novel CeO_2/Bi_2WO_6 composite film[J]. Catalysis Today, 2016, 278: 280-290.
[88] Vieira G B, José H J, Peterson M, et al. CeO_2/TiO_2 nanostructures enhance adsorption and photocatalytic degradation of organic compounds in aqueous suspension[J]. Journal of Photochemistry and Photobiology A: Chemistry, 2018, 353: 325-336.
[89] She X J, Xu H, Wang H F, et al. Controllable synthesis of CeO_2/g-C_3N_4 composites and their applications in the environment[J]. Dalton Transactions, 2015, 44(15): 7021-7031.
[90] Kumar S, Ojha A K, Patrice D, et al. Correction: One step in situ synthesis of CeO_2 nanoparticles grown on reduced graphene oxide as an excellent fluorescent and photocatalyst material under sunlight irradiation[J]. Physical Chemistry Chemical Physics, 2016, 18(18): 13126-13127.
[91] Lv Z, Zhong Q, Ou M. Utilizing peroxide as precursor for the synthesis of CeO_2/ZnO composite oxide with enhanced photocatalytic activity[J]. Applied Surface Science, 2016, 376: 91-96.
[92] Arul N S, Mangalaraj D, Kim T W. Photocatalytic degradation mechanisms of CeO_2/Tb_2O_3 nanotubes[J]. Applied Surface Science, 2015, 349: 459-464.
[93] Fan Y Y, Han D X, Cai B, et al. Ce-/S-codoped TiO_2/Sulfonated graphene for photocatalytic degradation of organic dyes[J]. Journal of Materials Chemistry A, 2014, 2(33): 13565-13570.
[94] Luo J, Zhou X S, Ma L, et al. Enhancing visible-light photocatalytic activity of g-C_3N_4 by doping phosphorus and coupling with CeO_2 for the degradation of methyl orange under visible light irradiation[J]. RSC Advances, 2015, 5(84): 68728-68735.
[95] Wang M Y, Zhu W, Zhang D E, et al. CeO_2 hollow nanospheres decorated reduced graphene oxide composite for efficient photocatalytic dye-degradation[J]. Materials Letters, 2014, 137: 229-232.
[96] Tian J, Sang Y H, Zhao Z H, et al. Enhanced photocatalytic performances of CeO_2/TiO_2 nanobelt heterostructures[J]. Small, 2013, 9(22): 3864-3872.
[97] Chen F, Shen X X, Wang Y C, et al. CeO_2/H_2O_2 system catalytic oxidation mechanism study via a kinetics investigation to the degradation of acid orange 7[J]. Applied Catalysis B: Environmental, 2012, 121/122: 223-229.
[98] Kominami H, Tanaka A, Hashimoto K. Mineralization of organic acids in aqueous suspensions of gold nanoparticles supported on cerium(Ⅳ) oxide powder under visible light irradiation[J]. Chemical Communications, 2010, 46(8): 1287-1289.
[99] Hu S C, Zhou F, Wang L Z, et al. Preparation of Cu_2O/CeO_2 heterojunction photocatalyst for the degradation of acid orange 7 under visible light irradiation[J]. Catalysis Communications, 2011, 12(9): 794-797.
[100] Ji P F, Zhang J L, Chen F, et al. Study of adsorption and degradation of acid orange 7 on

the surface of CeO_2 under visible light irradiation[J]. Applied Catalysis B: Environmental, 2009, 85(3/4): 148-154.

[101] 贺启环, 方华. 酚醛树脂生产废水处理工艺[J]. 化工环保, 2003, 23(4): 216-220.

[102] Valente J S, Tzompantzi F, Prince J. Highly efficient photocatalytic elimination of phenol and chlorinated phenols by CeO_2/MgAl layered double hydroxides[J]. Applied Catalysis B: Environmental, 2011, 102(1/2): 276-285.

[103] Yang Z M, Huang G F, Huang W Q, et al. Novel Ag_3PO_4/CeO_2 composite with high efficiency and stability for photocatalytic applications[J]. Journal of Materials Chemistry A, 2014, 2(6): 1750-1756.

[104] Seftel E M, Puscasu M C, Mertens M, et al. Assemblies of nanoparticles of CeO_2-ZnTi-LDHs and their derived mixed oxides as novel photocatalytic systems for phenol degradation[J]. Applied Catalysis B: Environmental, 2014, 150/151: 157-166.

[105] Silva A M T, Silva C G, Dražić G, et al. Ce-doped TiO_2 for photocatalytic degradation of chlorophenol[J]. Catalysis Today, 2009, 144(1/2): 13-18.

[106] Li B X, Zhang B S, Nie S B, et al. Optimization of plasmon-induced photocatalysis in electrospun Au/CeO_2 hybrid nanofibers for selective oxidation of benzyl alcohol[J]. Journal of Catalysis, 2017, 348: 256-264.

[107] Xu Y H, Chen H R, Zeng Z X, et al. Investigation on mechanism of photocatalytic activity enhancement of nanometer cerium-doped titania[J]. Applied Surface Science, 2006, 252(24): 8565-8570.